地球信息科学基础丛书

胁迫条件下的植物高光谱遥感实验研究

——以条锈病、水浸与 CO_2 泄漏胁迫为例

蒋金豹　陈云浩　李　京　张　丽　何汝艳　乔小军　著

科学出版社
北　京

内 容 简 介

本书是作者多年来从事植被胁迫光谱特征变化研究的成果。本书主要介绍了小麦在条锈病及多种植被在 CO_2 泄漏、水浸胁迫下的光谱特征变化及识别模型。全书共7章：第1章介绍研究背景及国内外研究现状；第2章介绍条锈病胁迫下小麦光谱变化特征与病情严重度反演；第3章介绍条锈病胁迫下小麦生理生化参数反演；第4章介绍水浸胁迫下多种植物单叶光谱变化分析与识别；第5章介绍 CO_2 泄漏胁迫下多种植物单叶光谱变化分析与识别；第6章介绍 CO_2 泄漏胁迫下植被冠层光谱特征分析与识别；第7章介绍模拟地下储存 CO_2 泄漏对地表生态环境影响的控制实验方法。

本书可供从事高光谱遥感、农业信息技术、环境遥感、碳捕捉与储存方面的研究人员参考，也可作为上述研究领域的教学参考书。

图书在版编目(CIP)数据

胁迫条件下的植物高光谱遥感实验研究：以条锈病、水浸与 CO_2 泄漏胁迫为例/蒋金豹等著. —北京：科学出版社，2016.5

(地球信息科学基础丛书)

ISBN 978-7-03-048319-5

Ⅰ.①胁…　Ⅱ.①蒋…　Ⅲ.①光谱分辨率-光学遥感-应用-作物-栽培-研究　Ⅳ.①S31-39

中国版本图书馆 CIP 数据核字(2016)第 108928 号

责任编辑：苗李莉　朱海燕／责任校对：张小霞
责任印制：张　伟／封面设计：陈　敬

科 学 出 版 社 出版
北京东黄城根北街 16 号
邮政编码：100717
http://www.sciencep.com
北京教图印刷有限公司 印刷
科学出版社发行　各地新华书店经销
*
2016年5月第　一　版　开本：787×1092　1/16
2016年5月第一次印刷　印张：11　插页：4
字数：261 000
定价：99.00 元
(如有印装质量问题，我社负责调换)

前　言

随着全球气候变暖，局地气候要素的异常变化会引发农作物病害，造成农作物减产，给我国粮食安全带来风险。而全球气候变暖，IPCC（Intergovernmental Panel on Climate Change）认为主要是温室气体（CO_2）过量排放造成的，希望把工业排放的 CO_2 进行液化后进行地下封存以减缓全球气候变暖速度。但储存在地下的 CO_2 存在发生泄漏的风险。

小麦条锈病是我国最为严重作物病害之一，一般发生区可损失产量 10%～20%，严重流行区可达 30%以上。常规的作物病害监测主要是植保人员通过田间调查，再运用经验辅助来判断，这种传统的方法耗时、费力，预报的精确度和时效性差，进而加大产量损失。随着现代农业发展，也迫切需要一种能够实时、科学、无损、快捷、大范围监测和诊断作物病害的技术手段。目前遥感技术是唯一能够在大范围、快速获取地表连续地表信息的手段，且其分辨率不断提高，为定量遥感在农业、生态环境领域的应用打下良好基础。

IPCC 于 2005 年撰写了《关于二氧化碳捕获和封存的特别报告》，随后法国、德国以及我国都先后试点碳捕捉与储存项目，但储存在地层深处的 CO_2 气体发生轻微泄漏，究竟会对地表植被生态造成什么样的影响与风险，以及如何在储存区探测到微泄漏点，都是一个值得研究的问题。

考虑到地表植被在外界因素胁迫作用下其生长发育状态、生理生化参数都会受到影响，进而导致植被的光谱特征发生变化。随着近年高光谱遥感技术的快速发展，在农业、生态环境监测等领域得到广泛应用。

本书侧重于研究小麦在条锈病、多种植被在 CO_2 轻微泄漏及水浸胁迫下的光谱变化特征，为将来利用高光谱遥感技术识别胁迫作用下的植被提供了理论依据与技术方法。书中主要反映了近几年项目组科研成果，主要包括：国家科技支撑项目“旱区多遥感平台农田信息精准获取技术集成与服务”（2012BAHB04），国家自然科学基金“地下封存 CO_2 泄漏对地表植被影响的光谱响应实验研究”（41101397），“地下储存天然气微泄漏地表植被胁迫与适应特征的高光谱探测实验研究”（41571412），教育部博士点基金项目“地下储存的 CO_2 气体泄漏对地表植物的影响及其光谱响应规律模拟研究”（20100023120007），中央高校基本科研业务费专项资金项目“利用高光谱遥感监测废弃煤炭矿井封存温室气体泄漏点的关键技术研究”（2009QD13），国防科工委军转民用项目“作物病害高光谱遥感监测研究”（JZ20050001—06）。本书是著者研究团队与多家科研、教学单位通力合作取得的成果，同时也反映了培养的硕士、博士的部分研究成果。

本书共有 7 章。第 1 章是绪论，主要介绍研究的背景及国内外研究现状；第 2 章是条锈病胁迫下小麦光谱变化特征与病情严重度反演，主要介绍如何利用光谱变化特征识别条锈病胁迫下的小麦以及其严重度定量反演方法；第 3 章是条锈病胁迫下小麦生理生化参数反演，主要介绍用不同方法定量反演小麦的生理生化参数；第 4 章是水浸胁迫下多种植物单叶光谱变化分析与识别，分析了 5 种植被在水浸胁迫下的光谱特征与识别方法；第

5 章是 CO_2 泄漏胁迫下多种植物单叶光谱变化分析与识别，重点阐述了 5 种植被在 CO_2 泄漏胁迫下的光谱特征与识别方法；第 6 章是 CO_2 泄漏胁迫下植被冠层光谱特征分析与识别；第 7 章是模拟地下储存 CO_2 泄漏对地表生态环境影响的控制实验方法，介绍模拟实验设计的原理与方法。

在本书成果开展实验与研究过程中，诚挚感谢英国合作导师诺丁汉大学地理学院 Michael D Steven 教授悉心指导与帮助，其提供了良好的实验条件，让我顺利完成了 CO_2 轻微泄漏与水浸胁迫实验；中国科学院遥感与数字地球研究所黄文江研究员指导我参与小麦条锈病胁迫实验。衷心感谢南京大学杜培军教授，北京师范大学刘素红教授、唐宏教授、宫阿都副教授和蒋卫国副教授，首都师范大学赵文吉教授，中国矿业大学（北京）杨可明教授等给予悉心指导并在撰写过程中提出了很多宝贵意见；感谢英国诺丁汉大学蔡一翔博士、程园园博士、张莉博士，以及大连理工大学宣亚蕾博士，北京师范大学王圆圆博士、余晓敏与邱全毅硕士，中国矿业大学（北京）卫黎光、蔡庆空、张玲、郭海强、李一凡、赵汝冰、陈绪慧、郭会敏、尤笛、鲁军景、赵可、李梦梦等同学在实验及数据处理分析过程中给予的帮助！

随着高光谱遥感技术的发展，在农作物病害，以及生态环境监测方面应用逐渐走向成熟，希望本书能够为农作物病害监测、地下气体微泄漏监测、植被胁迫监测提供参考，促进高光谱遥感技术的应用。由于著者水平有限，书中内容和观点可能存在不妥之处，恳请读者不吝赐教。

蒋金豹

2016 年 3 月

目　录

第1章　绪　　论

1.1　研究背景

植被遭受营养(冯伟等,2008b;唐延林等,2004)、水分(赵春江等,2002)、病害(黄木易等,2003;蒋金豹等,2007a;刘良云等,2004;Zhang et al.,2005)、水浸(蒋金豹,2009)、土壤重金属污染(关丽和刘湘南,2009;童庆禧等,2006a;杨璐等,2008)等因素胁迫时,其光谱特征都会发生变化。熟悉并掌握植物在胁迫作用下光谱变化特征,为将来利用高光谱遥感进行监测与识别提供理论依据与技术。本书胁迫因素选择小麦条锈病、水浸与CO_2泄漏,主要原因如下。

(1) 小麦条锈病是我国最为严重作物病害之一,有必要研究小麦在条锈病胁迫下光谱及生理生化参数的变化规律。

粮食安全是维护我们国家安全的重要基础,目前从中央到地方政府都很重视粮食生产,不断增加资金、科技等投入,以提高粮食产量。国家最近几年采取多项措施,设法提高农民的收入,调动农民的种粮积极性。但受到气候变化、环境因素的影响,严重制约着粮食产量的增加。我国幅员辽阔,每年总是有不同地方遭受水灾、旱灾、雪灾,以及病虫害的影响,致使农作物产量降低,其中,作物病害是影响农业作物高产、稳产的重要因素之一,也是农业减灾重点研究的领域之一。

小麦条锈病是我国最为严重作物病害之一(李光博等,1989),根据农业部(2006)统计,我国小麦条锈病常年发生面积6000万～8000万亩(1亩≈666.7m^2),一般发生区可损失产量10%～20%,严重流行区可达30%以上。我国小麦条锈病曾在1950年、1964年与1990年大流行,分别致使小麦减产60亿kg、32亿kg和25亿kg(万安民,2000)。2002年小麦条锈病又在全国范围严重发生,发病面积达333万hm^2,给小麦生产带来了巨大损失(黄木易等,2003)。因此如何提前预测该病的发生发展,控制其流行,受到各级政府和人民群众的高度重视。

常规的作物病害监测主要是通过植保人员田间调查,再运用经验辅助来判断,这种传统的方法耗时、费力,预报的精确度和时效性差,进而增加产量损失。随着现代农业发展,迫切需要一种能够实时、科学、无损、快捷、大面积地监测和诊断作物病害。随着空间遥感技术,尤其是传感器技术和高光谱遥感技术的快速进步,高光谱遥感图像的分辨率不断提高,为定量遥感在农业、生态环境领域的应用打下良好基础。国内外学者利用高光谱技术对作物长势监测、营养诊断和生物物理参数(叶面积指数、生物量)和生物化学参数(叶片氮素、叶绿素、水分)的遥感反演方面进行了大量细致而深入的研究(Hansen and Schjoerring,2003;Jackson and Ezra,1985;Nguyen and Lee,2006;Peñuelas et al.,1993b,1994;Seelig et al.,2008;Shibayama and Akiyama,1989;Stone et al.,1996;Strachan et al.,

2002；Yoder and Pettigrew-Crosby，1995；冯伟等，2008a，b，c；吉海彦等，2007；李凤秀等，2008；李映雪等，2003；刘占宇等，2008；孟卓强等，2007；宋开山等，2007；田永超等，2004；王纪华等，2000；王秀珍等，2004；薛利红等，2008；杨晓华等，2008），已经获得一些有益的成果，对作物病害监测也进行了初步研究（Zhang et al.，2003；黄木易等，2003；蒋金豹等，2007c，d；刘良云等，2004）。鉴于以上基础，使利用高光谱遥感监测作物病害成为可能。

（2）全球气候变化加剧，碳捕捉与储存技术研究逐渐兴起，有必要研究地下封存 CO_2 微泄漏对地表植被的胁迫影响及光谱特征变化规律。

随着全球气候变化加剧，世界气象组织（WMO）和联合国环境规划署（UNEP）于1988年联合建立了政府间气候变化专门委员会（IPCC），其主要职责是评估有关气候变化问题的科学信息，以及评价气候变化的环境和社会经济后果，并制定现实的应对策略。IPCC 于 2007 年发布第四次研究报告，报告指出："全球气候系统的变暖是'明确无疑'的，日益增加的全球大气和海洋温度、正在升高的全球海平面，以及冰雪的减少都证实了这一点"。

根据全球地表温度的器测资料（自 1850 年以来），1995～2006 年这 12 年中，有 11 年位列最暖的 12 个年份之中。自 1961 年以来，全球平均海平面每年平均上升 1.8mm，而从 1993 年以来平均每年上升 3.1mm，热膨胀、冰川、冰帽和极地冰盖的融化为海平面上升作出了贡献。从 1978 年以来的卫星资料显示，北极年平均海冰面积已经以每十年 2.7%的速率退缩，夏季的海冰退缩率较大，为每十年 7.4%。南北半球的山地冰川和积雪平均面积已呈现退缩趋势（IPCC，2007）。

气候变化的主要原因在于大气中温室气体排放量增大（图 1-1）。自工业化时代以

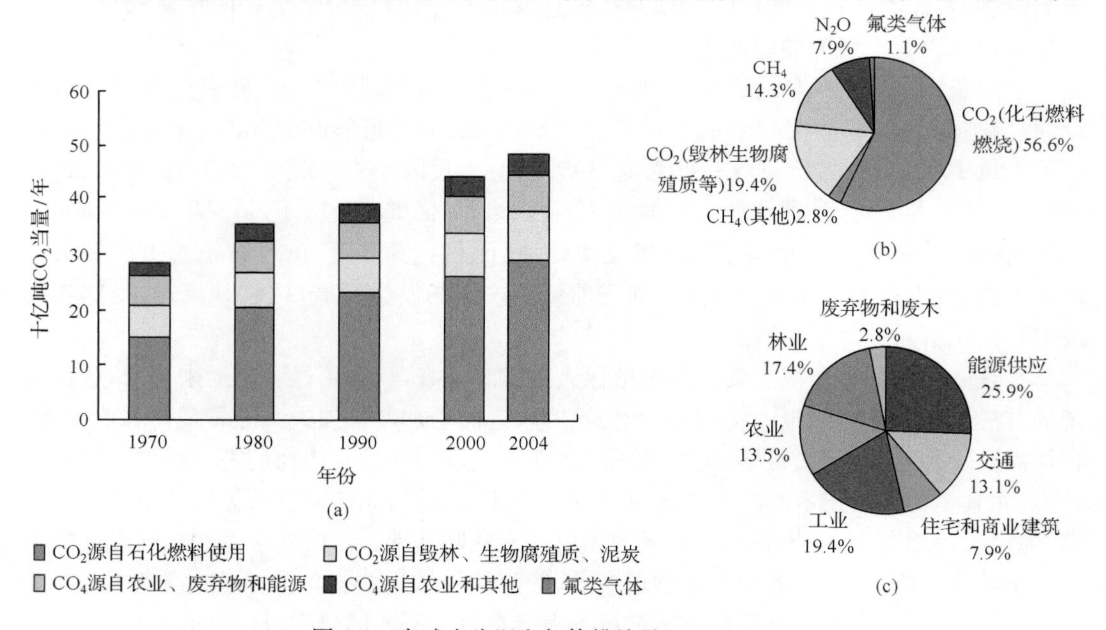

图 1-1　全球人为温室气体排放量（IPCC，2007）

（a）1970～2004 年全球人为温室气体年排放量；（b）按 CO_2 当量计算的不同温室气体占 2004 年总排放的份额；（c）按 CO_2 当量计算的不同行业排放量占 2004 年总人为温室气体排放的份额（林业包括毁林）

来，由于人类活动已引起全球温室气体排放增加，其中在1970～2004年增加了70%。二氧化碳(CO_2)是最重要的人为温室气体。在1970～2004年，CO_2的排放增加了大约80%。2000年之后，能源供应的单位CO_2排放量的长期下降趋势出现了逆转。自1750年以来，由于人类活动，全球大气CO_2、甲烷(CH_4)和氧化亚氮(N_2O)浓度已明显增加，目前已经远远超出了根据冰心记录测定的工业化前几千年中的浓度值。2005年大气中CO_2(379ppm①)和CH_4(1774ppb②)的浓度远远超过了过去650000年的自然变化的范围。全球CO_2浓度增加的主要原因是化石燃料的大规模使用(IPCC,2007)。

如何减缓气候变化，最有效的措施就是减少温室气体的排放，正如报告指出的那样，在能源供应、交通、建筑、工业、农业、林业、废弃物等领域，通过采取改进能源供应和分配效率，使用更多高燃油效率汽车和混合动力汽车，削减建筑能耗、提高能效，改进耕作和土地管理以增加其碳储存能力、造林和恢复植被，以及受控的废水处理等具体措施，可以实现减缓气候变化。但随着人类生活水平的提高，人类排放的温室气体越来越多，为了有效解决这一问题，一些专家学者提出把CO_2进行地质封存的建议。IPCC受第七次缔约方大会的邀请，于2005年撰写了《关于二氧化碳捕获和封存的特别报告》，涵盖CO_2源、CO_2的捕获、运输和采用地质方式封存、海洋封存、矿石碳化或在工业生产过程中对CO_2加以利用的技术特点。地质封存方案见图1-2(IPCC,2005)。

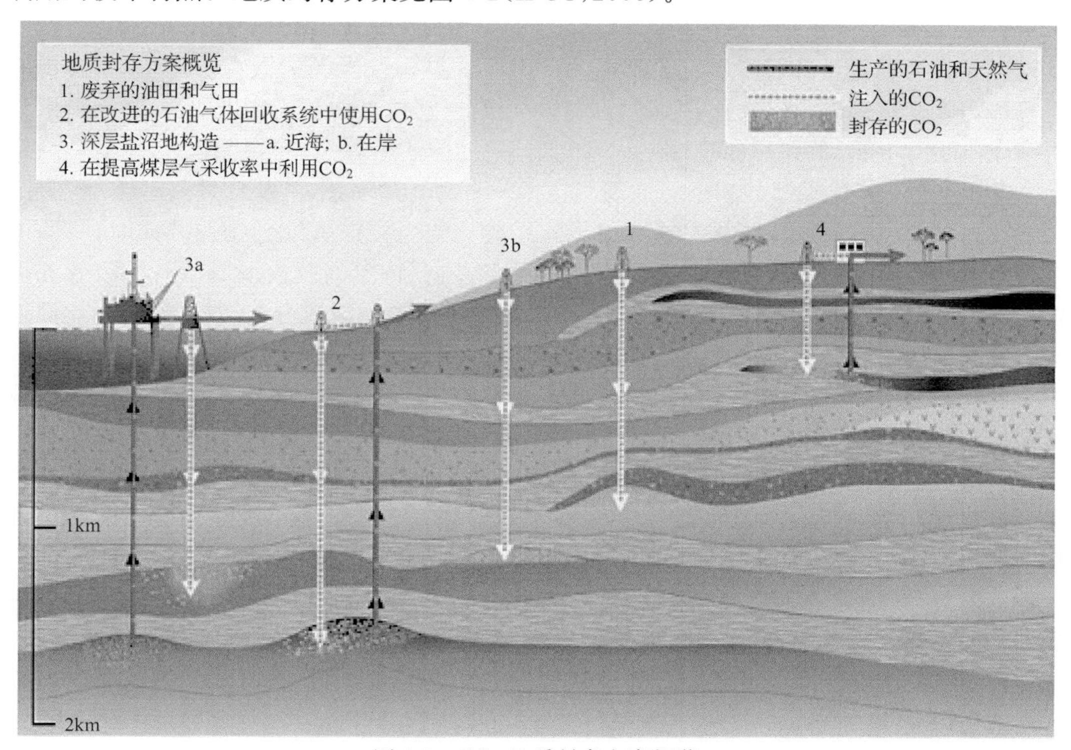

图1-2　CO_2地质封存方案概览

① 百万分之一

② 10亿分之一

当把 CO_2 捕获液化后进行地质封存，把 CO_2 封存在地下，就有泄漏的风险，一旦 CO_2 泄漏究竟怎样监测判断，本书后半部分的研究重点就在于此——能否利用高光谱遥感监测出 CO_2 的泄漏点。

(3) 洪涝灾害是造成我国损失最严重的一种自然灾害，有必要研究水浸胁迫对地表植被的影响及光谱特征变化规律。

在中国，洪涝灾害是造成损失最严重的一种自然灾害。随着全球气候变化，我国洪涝灾害发生的频率与影响范围都呈不断增加的趋势(胡田田和康绍忠，2005)。据统计，1950～2008 年全国年均受灾面积达 9.7×104km^2 以上(陈莹等，2011)。同时水浸也可以使土壤中的氧气含量降低，而 CO_2 轻微泄漏也会导致土壤中氧气含量降低。土壤中氧气含量降低将会阻碍植被根部呼吸，抑制其根部养分合成，从而影响地表植被生长发育。选择水浸胁迫因素，一方面可以研究涝渍胁迫下地表植被的光谱变化，为以后利用高光谱遥感监测洪涝灾害提供依据；另一方面水浸与 CO_2 泄漏一样，都可以导致土壤缺氧，但缺氧的机理却不一样，可为 CO_2 泄漏胁迫实验作对比实验，研究对比其与 CO_2 泄漏胁迫导致的植被光谱特征有何异同点。

1.2 高光谱遥感的概念

高光谱为高光谱分辨率遥感的简称。目前遥感界公认当光谱分辨率在 1/10 波长的遥感称为多光谱遥感，光谱分辨率在 1/100 波长的遥感信息称之为高光谱遥感，而光谱分辨率在 1/1000 波长的遥感信息称之为超光谱遥感(陈述彭等，1998)。

20 世纪 80 年代兴起的新型对地观测技术——高光谱遥感，其基础是测谱学，早在 20 世纪初测谱学就被利用于识别分子和原子的结构。当电磁波入射到物质表面时，物质内部的电子跃迁，原子、分子的振动、转动等作用使物质在特定的波长形成特有的吸收和反射特征，能够通过物质的反射(或吸收)光谱反映出物质的组成成分与结构的差异，然而这些吸收和反射特征在传统的多光谱遥感数据上很难清楚地体现(童庆禧和田国良，1990)。

高光谱遥感具有不同于传统遥感的新特点，主要表现在：①波段多——可以为每个像元提供几十、数百甚至上千个波段；②光谱范围窄——波段范围一般小于 10nm；③波段连续——有些传感器可以在 350～2500nm 的太阳光谱范围内提供几乎连续的地物光谱；④数据量大——随着波段的增加，数据量呈指数增加；⑤信息冗余增加——由于相邻波段高度相关，冗余信息也相对增加(张良培和张立福，2005)。随着信息的不断丰富，目前海量数据的处理，软件都不是很完善，致使海量数据的信息得不到充分的挖掘与处理，信息处理不能够满足现实需要。因此，遥感信息处理技术还有待进一步研究与开发。

1.3 国内外研究现状

1.3.1 植物在外界胁迫作用下的光谱信号特征

Larcher(1987)这样描述植被胁迫："…a state in which increasing demands made upon a plant lead to an initial destabilisation of functions…if the limits of tolerance are exceeded and the adaptive capacity is overworked, the result may be permanent damage or even death"研究表明适度的胁迫会激活植物细胞的新陈代谢与生理活动,并不会造成损害,即使是长期的。但是,过度胁迫会对植物造成损害,如果胁迫不去除,植物甚至会落叶或最终死亡。

植被出现枯萎、发黄是对缺乏矿物质及病害的反应,能够利用遥感进行探测因为在黄波段(580nm)反射率增加,但是很难确定胁迫症状出现的原因,因为在很多种胁迫下,枯萎是植物都会出现的反应,如干旱与真菌病害能够在红外波段产生相同的影响(Carter,1993)。所以,利用遥感可以探测植物处于胁迫条件下,但难以识别究竟是什么因素导致的胁迫。

1.3.2 高光谱遥感识别与探测作物病害胁迫

传统的病虫害监测主要是由植保人员田间取样、调查,综合其他农情数据,做出决策,但是传统的方法在病虫害大面积发生的时候,费时、费力,且无法准确预报发生的面积及严重度,致使无法指导使用农药及杀虫剂的量,导致环境遭到污染。而利用高光谱遥感技术不仅可以大面积、快速、简便、无损探测各种作物的病虫害,还可以有效指导病虫害防治,以及决策支持等。

研究表明小麦在病害胁迫之下,病害小麦的光谱反射率在可见光波段大于正常小麦的光谱,而在近红外波段则小于正常小麦的光谱(Huang et al.,2007;刘良云等,2004)。Zhang 等(2003)研究表明不同病害胁迫程度的马铃薯光谱在近红外波段有较大的不同,不同品种之间也存在光谱差异。Zhang 等(2005)利用 5 点聚类法识别西红柿的病害胁迫,且能够在造成经济损害之前就可以区分出病害与健康的西红柿。

植物在病菌的胁迫下,总体上会影响作物叶绿素的光合作用和光学辐射,致使在 400～700nm 区域光谱反射率增强(Knipling,1970)。Malthus 和 Madeira(1993)测量了感染真菌的大豆叶片反射率(400～1100nm),随着病情的加重,在可见光区域光谱逐渐平坦,而在近红外 800nm 出现降低。Lelong 等(1998)利用近红外以及可见光波段信息绘制小麦胁迫图。Delalieux 等(2007)利用 1350～1750nm 与 2200～2500nm 区域信息,在遭受生物胁迫后即可从健康作物中识别出病害胁迫的作物。黄木易等(2003)研究表明 630～687nm、740～890nm 及 976～1350nm 为遥感监测条锈病的敏感波段。Huang 等(2007)利用 PRI 反演小麦病害严重度,取得较好效果。蒋金豹等(2007c)研究发现病情指数与一阶微分在 432～582nm、637～701nm 及 715～765nm 区域内有极显著相关性。刘良云等(2004)利用多时相的航空高光谱遥感影像监测小麦条锈病,取得较好效果。竞霞等(2010)研究了棉花在黄萎病胁迫下的光谱特征,认为红光光谱(650～700nm)是识别棉花单叶黄萎病病情严重度的最佳波段。刘占宇等(2008)研究发现水稻在受到病虫害胁迫后,"红边"和"蓝边"均发生蓝移,向短波方向偏移 10nm 左右;"绿峰"和"红谷"则均发生红移,向长波方向偏移 8nm 左右。蒋金豹等(2010)发现一阶微分光谱的红边与黄边距离可以提前肉眼 12 天识别出小麦条锈病。

1.3.3 条锈病胁迫下小麦生理生化参数变化及定量反演

1. 植被叶绿素浓度高光谱遥感定量反演

植被光合作用过程中起吸收光能作用的色素有叶绿素 a(Chla)、叶绿素 b(Chlb)和类胡萝卜素(Cars),其中,叶绿素是吸收光能的物质,直接影响植被对光能的利用和吸收(Filella and Peñuelas,1994;唐延林等,2003)。植被色素含量与其光合能力、发育阶段和营养状况有较好的相关性,它们通常是植被环境胁迫、光合作用能力和植被发育阶段的指示器(Collins,1978)。张宏名(1994)研究了小麦叶绿素含量与可见光反射率之间的关系。Horler 等(1983a,b,c)研究了植被光谱与叶绿素浓度的关系,并提出了光谱“红边”位置在植被叶绿素浓度估计中的应用。Blackburn(1998)研究表明冠层与叶片单位质量色素浓度和 Log(1/R)的一阶导数、二阶导数强相关。

2. 植被氮素含量高光谱遥感定量反演

测量作物叶片氮素含量是精准农业中一项重要而又关键的工作,只有精确诊断作物的营养水平,才能及时进行精确、科学施肥。Walburg 等(1982)研究认为玉米冠层的光谱测量可用于检测氮水平;薛利红等(2004)认为与小麦叶片含氮量关系最佳的指数为红波段(660nm)和蓝波段(460nm)的组合;Femandez 等(1994)发现用红光(660nm)和绿光(545nm)两波段的线性组合可以预估小麦的氮含量;王人潮等(1993)、Cheng 等(2003)通过研究认为水稻氮素营养与光谱特征有良好的相关关系,通过光谱测定可以诊断水稻不同的氮素水平;刘宏斌等(2004)发现采用红光波段和近红外波段计算的比值植被指数 RVI 可以较为灵敏地反映冬小麦氮素营养水平;Mutanga 等(2003)用包络线去除法研究作物在不同供氮水平下光谱吸收特征,发现施氮肥过量的作物比缺氮作物的吸收谷要深且宽;黄文江等(2004)利用归一化最小振幅来反演叶片全氮含量;张喜杰等(2004)研究认为原始光谱,以及一阶微分光谱都可用于温室内叶片含氮量的预测,而且一阶微分光谱在一些特殊的波长处具有更强的预测能力;Yoder 和 Pettigrew-Crosby(1995)发现树叶 TN 与 Log1/R 的一阶微分之间显著相关;牛铮等(2000)建立了微分光谱与鲜叶片中的蛋白质、全氮(TN)、全钾(TK)含量的多元逐步回归方程;Zhao 等(2005)研究表明叶氮不仅与 R_{405}/R_{715}、R_{1075}/R_{735} 极显著相关,而且与 730nm 或 740nm 处一阶微分值极显著相关。Feng 等(2008)发现可见光及近红外光谱区域对叶片氮素含量较为敏感,且红边区域与叶片氮素浓度具有较高的相关性。Clevers 等(2012,2013)研究表明指数 Clgreen、Clred-edge 估测作物冠层氮素含量具有较好的鲁棒性。Tian 等(2014)研究发现指数 SR(R_{553},R_{537})是估测水稻叶片氮素含量的最佳指数。蒋金豹等(2008)研究表明以微分指数 SD_r/SD_b 构建的对数模型能很好地估测冬小麦叶片全氮(leaf total nitrogen,LTN)含量。冯伟等(2009)发现一些红边参数(GM2、SR_{705} 和 FD_{742})能有效监测小麦叶片氮素的营养状况。熊鹰等(2013)研究表明叶片氮素含量与处于 480～520nm 和 680～720nm 范围内的波段具有较高的相关性。

3. 植被叶绿素密度高光谱遥感定量反演

叶绿素含量是植物生长过程中一个重要的生化参数，对植被光合能力、发育阶段以及营养状况有指示作用。叶片叶绿素浓度只能够反映单株植物的长势，而冠层叶绿素密度(canopy chlorophyll density，CCD)是单位面积叶绿素的含量，恰好与遥感获取的面状信息相对应，因此，研究 CCD 遥感估测方法就显得十分重要。目前，国内外有些学者已经开始这方面的研究。Pinar 和 Curran(1996)研究发现草丛冠层光谱“红边”位置能较好地反映出叶绿素密度信息；吴长山等(2000)、黄春燕等(2007)分别研究了水稻、玉米、棉花冠层光谱与叶绿素密度相关性，发现 762nm 反射率与叶绿素密度高度相关；王登伟等(2008)发现 750nm 一阶微分光谱值与叶绿素密度高度相关；Hansen 和 Schjoerring(2003)研究了小麦高光谱反射率与叶绿素密度等变量的相关波段，认为红边光谱范围内是敏感波段。Broge 和 Mortensen(2002)研究认为，用红边窄波段构建的植被指数能够提高 CCD 的预测精度；杨峰等(2010)研究表明，小麦在波长 800nm 处光谱反射率与叶绿素密度的回归模型的决定系数达到 0.8884；冯伟等(2013)通过研究白粉病胁迫下小麦冠层叶绿素密度认为，以归一化角度指数(NDAI)构建的 CCD 估算模型决定系数最大，相对误差最小；蒋金豹等(2010)发现，利用高光谱遥感微分指数$(D_{750}-D_{550})/(D_{750}+D_{550})$反演 CCD 的指数模型精度较高；梁亮等(2012)对小麦冠层叶绿素含量进行高光谱反演结果表明，利用偏最小二乘支持向量回归(LS-SVR)算法反演的精度较高，要优于线性回归方法。

4. 植被相对含水量高光谱遥感定量反演

植物的水分含量对于植物的生长具有重要意义。常规方法是通过人工采样在实验室内进行测定，而随着高光谱遥感技术的发展，利用高光谱遥感反演植物水分含量逐步成为了现实。早在 1971 年，Thomas 等就研究了叶片含水量与光谱反射率之间的关系，表明 1450nm 和 1930nm 的反射率与叶片的相对含水量显著相关，而 Jackson 和 Ezra(1985)曾指出作物水分胁迫状况能够在光谱反射率数据中体现。王纪华等(2001)、Carter(1991)研究证实 1450nm、1940nm 和 2500nm 附近为水分的敏感光谱波段。吉海彦等(2007)在 1400～1600nm 的光谱范围建立了水分含量与反射光谱的模型，水分的预测值与真实值的相关系数为 0.999，相对标准偏差为 0.3%。Shibayama 和 Akiyama(1989)研究发现 960nm 处的导数光谱可用来监测水稻的水分亏缺状况。王纪华等(2000)、Tian 等(2001)利用近红外 1650～1850nm 波段的吸收深度与吸收面积反演小麦单叶水分状态。田永超等(2004)利用统计方法研究了不同土壤水、氮条件下的小麦冠层反射特性与叶片和植株水分状况的相关性，提出了一种新的植被水分指数 $R_{(610,560)}/D_{(810,610)}$ 预测小麦水分状况。Seelig 等(2008)利用可见光、近红外以及短波红外的比值指数反演百合的叶片相对含水量(RWC)，发现比值指数 R_{1300}/R_{1450} 与叶片含水量具有较好的相关性。Danson 等(1992)研究发现水分吸收波段 1360～1470nm 和 1830～2080nm 的叶片反射率一阶导数与叶片含水量高度相关，且不受叶片结构的影响。Penuelas 等(1993a)研究发现用水分指数 WI ($WI=R_{900}/R_{970}$)能够较好地反演水分状况的变化。Filella 和 Peñuelas(1994)在 400nm 与 700nm 处，以及对归一化差值植被指数等研究也发现了水分含量对叶片反射率有影响，另有研究表明 WI/NDVI 既可以用来预测单叶的水分含量，同时还可以预测冠层的水分含量，且可以提高水分预测的精度（Peñuelas et al.，1997，1999）。

5. 植被叶面积高光谱遥感定量反演

叶面积指数（LAI）可以预测作物的长势与产量（Rasmussen，1997），在监测冠层结构变化，以及生物或非生物胁迫方面也具有重要作用（Coppin et al.，2004）。叶面积指数会影响到冠层小气候，包括风、温度及适度等，小气候不仅影响着植物本身状况而且也影响着其他生物体，如害虫和病原体等，因而叶面积指数的变化对于病虫害的监测也非常有意义（Welles，1990）。

叶面积可以通过人工方法进行测量，但是该方法费时、费力且在较远、偏僻的位置并不可行（Jonckheere et al.，2004）。国内外许多学者利用遥感方式测量植物叶面积，取得较好效果。刘占宇等（2008）提出包含蓝、绿、红和近红外四个谱段的调节型归一化植被指数（ANDVI）估测水稻叶面积，ANDVI 指数模型预测效果最好。王秀珍等（2004）用水稻红边内和蓝边内一阶微分总和归一化值反演水稻的叶面积。杨晓华等（2008）利用支持向量机方法研究高光谱反演水稻叶面积反演，结果表明基于 TCARI/SAVI 的 SVM 模型具有最高的估算精度，其 RMSE 比相应的统计模型降低近 11 个百分点。Hansen 和 Schjoerring（2003）研究发现小麦 680～750nm 光谱反射率与叶面积指数有较好的相关性。Nguyen 和 Lee（2006）建立的水稻近红外 800nm 和红光 670nm 波段的反射率组成的归一化植被指数、土壤调节植被指数和修改的土壤调节植被指数与水稻的叶面积指数的线性模型决定系数 R^2 均在 0.52 以上。

上述指数都利用了可见光波段信息反演 LAI，由于可见光区域光谱反射率易受色素含量的影响，而小麦在感染条锈病后，色素含量会逐渐减小（蒋金豹等，2010），而近红外与短波红外波段反射率对色素含量的变化相对不敏感，因此 Delalieux 等（2008）利用近红外归一化指数（sLAIDI）反演果树叶面积，其反演结果优于 NDVI 以及 MCARI2 指数。

1.3.4 土壤中 CO_2 浓度变化对植被的影响

众所周知，植物只有绿色细胞可直接利用光能进行光合作用，其他生命活动所需的能量都依赖于呼吸作用。因此，植物的根部需要通过有氧呼吸作用将有机物质生物氧化，为植物生长提供营养物质。对于透气性良好的土壤，其气体成分通常与外部大气成分基本一致（Hillel，1998）。但 CO_2 气体从地下泄漏进入土壤中会改变土壤中的氧气含量，从而影响植物根部的呼吸作用（Smith et al.，2005a；Steven et al.，2006）。

目前随着全球气候变化，模拟研究大气中 CO_2 浓度增大对植被生态系统的影响相关研究较多（朱春梧等，2006；黄建晔等，2003），但对土壤中 CO_2 浓度增大对陆地植被的影响研究较少。随着 CCS 技术进行试验性研究，地下封存的 CO_2 有可能出现泄漏，无论是缓慢泄漏还是大规模泄漏，都会对陆地生态系统造成影响，也引起了不少学者的关注（Beaubien et al.，2008；Hepple and Benson，2005；Lewicki et al.，2005；Oldenburg and Lewicki，2006；Pearce and West，2006）。在意大利与冰岛 CO_2 气井附近土壤中 CO_2 浓度较高，周围植物叶片出现提前衰老且光合能力显著下降的情况（Cook et al.，1998；Miglietta et al.,1998)。当土壤中 CO_2 浓度较高时,会使土壤的 pH 降低(Celia et al.,2002),从而影响土壤矿物质溶解(Stephens and Hering,2002);会影响土壤中的氧气含量,干扰植物的正常呼吸,致使植物无法有效吸收养分(Cotrufo et al.,1999),因此 CO_2 泄漏进入土壤植物会出现发育不良、植株矮小等现象,甚至枯死(Maček et al.,2005;Bergfeld et al.,2006)。地下 CO_2 泄漏对土壤湿度的影响微乎其微,但 CO_2 浓度高的地方会限制植物的生长(Vodnik et al.,2009)。Noomen 和 Skidmore(2009)通过模拟实验研究 CO_2 泄漏对玉米的影响,发现随着土壤 CO_2 浓度的增大,玉米的高度、叶绿素含量及干物质量都降低了,Jiang 等(2011)、Lakkaraju 等(2010)研究结果与上述结论一致,玉米的叶绿素 a 与叶绿素 b 含量都降低了。Boru 等(2003)发现当土壤中 CO_2 浓度达到 50%时,大豆就会出现严重的萎黄病症状,坏疽或者根部坏死。Patil 等(2010)通过人工模拟实验研究发现当 CO_2 以 1L/min 注入土壤中,土壤中的大豆发芽率仅为正常水平的一半,CO_2 泄漏胁迫区牧草产量与对照区相比显著降低。Beaubien 等(2008)研究结果表明在 CO_2 泄漏点核心区植物无法生存,土壤 pH 达到 3.5,矿物质含量与化学参数有少许变化。

1.3.5 地下封存 CO_2 泄漏胁迫下地表植被光谱响应规律研究

地下封存的 CO_2 泄漏进入土壤会阻碍植被的正常呼吸与营养吸收,胁迫植被的生长,致使其光谱特征发生变化。Noomen 和 Skidmore(2009)研究表明 CO_2 泄漏胁迫下的玉米的一阶微分光谱黄边位置与红边位置都会发生变化,且利用红边位置与黄边位置之差可以较好地预测玉米叶绿素含量。Smith 等(2002,2004a,b)研究发现大麦、草地等植物在天然气泄漏胁迫下一阶微分光谱值在红边内逐渐减小,并伴有多峰与蓝移现象,且利用 725nm 与 702nm 处的一阶微分比值指数能够较好识别健康草地与胁迫的草地。Bateson 等(2006,2008)研究发现 CO_2 泄漏胁迫植物的光谱反射率在红光区与近红外显著低于正常植物的光谱反射率,并利用高光谱遥感识别 CO_2 泄漏点,取得了较好的效果。蒋金豹等(2013b)利用连续统去除法处理大豆在 CO_2 泄漏胁迫下的光谱数据,发现面积植被指数 $Area_{(510\sim590nm)}$ 能够识别遭受 CO_2 泄漏胁迫的大豆。Jiang 等(2014)研究大豆在 CO_2 泄漏胁迫下单叶与冠层光谱特征,发现一阶微分指数 SD_r/SD_g 不仅适用于单叶光谱,且适用于冠层光谱。Jiang 等(2015)研究了玉米、大豆、莴苣、甜菜、卷心菜在 CO_2 泄漏胁迫下的单叶光谱变化特征,发现 $Area_{red}/Area_{green}$ 识别效果最好。应用比值指数定量反演 CO_2 泄漏胁迫下的甜菜的水分含量与反演玉米叶绿素含量(Jiang et al.,2011,2012),取得了较好的效果。Lakkaraju 等(2010)研究表明植物的光谱一阶微分的最小值为 575～580nm,最大值为 720～723nm,并研究了胁迫植物的 SIPI、NFDI、Chl NDI 等几种光谱指数的变化规律。遭受 CO_2 泄漏胁迫的植物光谱在可见光区域光谱反射率逐渐增大,而在近红外区域逐渐降低,同时红边位置出现蓝移现象(Boru et al.,2003)。Keith 等(2009)研究发现 CO_2 泄漏胁迫区的植物光谱在 650～750nm 出现明显变化。Govindan 等(2011)应用一种基于地统计学与概率方法融合光谱与空间信息检测地下储存 CO_2 泄漏胁迫的植被,经实地验证该方法探寻 CO_2 泄漏点的成功率较高。

1.3.6 水浸胁迫对地表植被的影响及光谱响应规律

Trought 和 Drew(1980)发现水浸对小麦的早期影响是出现斑点,观察到这一现象仅仅在实施胁迫6个小时且土壤中的氧气浓度为10%的时候;水胁迫两天后,叶绿素浓度开始降低,15天后前三片叶子开始变黄。Drew和Sisworo(1979)发现同样的规律对于大麦,这表明适度的氧气缺乏在土壤中仍旧对植物的正常功能有显著的影响。叶片的萎黄病与生活在水浸土壤中的大豆与西红柿组织内部乙烯浓度的增加有紧密的联系(Drew and Lynch,2003)。氧胁迫下的根会流出更多的可溶解的代谢物与乙醇,且这些物质会刺激游走孢子的趋药性运动,而导致植物易于患病。

Anderson和Perry(1996)发现在湿地地区水淹的树在550nm以及近红外770nm附近的反射率与没有被水淹的树相比都增加了。Pickerill和Malthus(1998)在英国柴郡的一个沟渠发生漏水事件发现,漏水导致周围的植被被水严重浸泡,植被生长受到阻碍,变黄与稀少。与没有受到胁迫的植被相比,在泄漏中心点附近的植被反射率在可见光区域增加,而在近红外部分降低。蒋金豹等(2013a)发现水浸胁迫下的玉米与甜菜,其光谱反射率在550nm与800~1300nm区域降低,而在680nm区域略微增大。

第 2 章　条锈病胁迫下小麦光谱变化特征与病情严重度反演

2.1　小麦条锈病胁迫实验设计

2.1.1　实验设计以及条锈病接种

实验于 2005 年春季在北京市昌平区小汤山国家精准农业示范研究基地进行。本实验田块为长 100m，宽 50m，且施水肥较为均匀。每个病情梯度的实验田块的大小为 20m×10m。

供试品种：京冬 8 号，设 5 处理，当小麦返青时进行田间匀苗，保证 5 个处理在苗期的叶面积指数较为均匀。条锈病接种方法：2005 年 4 月 12 日下午 5:00 采取喷雾法接种条锈病菌，接种约 20 天后，诱发接种区域冬小麦有条锈病症状出现。每个小区的接种强度不一，共有 5 个等级。

小麦条锈病实验田地空间分布图，见图 2-1。

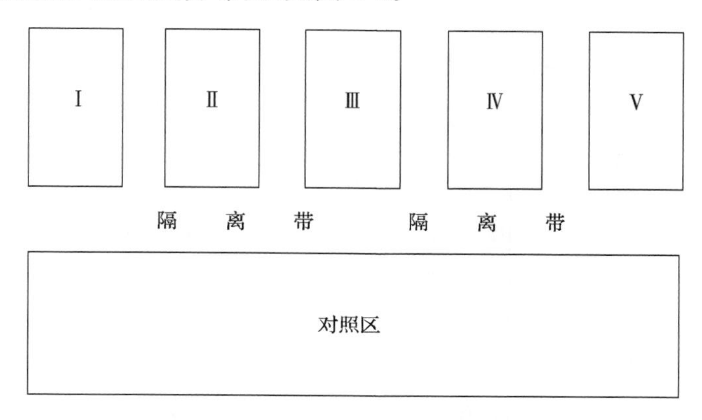

图 2-1　小麦条锈病实验空间分布图

2.1.2　光谱数据采集

显症后在小麦挑旗期、抽穗期、灌浆期和成熟期分别测量冠层光谱和相应的生理生化参数，共采集有效数据 36 组。具体光谱测量仪器与方法如下：

1）光谱仪器 ASD Fieldspec Pro 简介

本实验光谱测量采用美国 ASD 地物光谱仪，包括冠层光谱与单叶光谱。美国 ASD 地物光谱仪是国际上操作简便直观、性能最稳定和用户最多的地物光谱辐射计。ASD 光谱辐射仪各项参数与配置见表 2-1。

表 2-1　ASD 光谱辐射仪各项参数与配置

参数	描述
光谱范围	350～2500nm
采样间隔	在 350～1000nm 为 1.4nm，在 1000～2500nm 为 2nm
光谱分辨率	3nm 在 700nm，10nm 在 1400nm 与 2100nm
波长精度	正负 1nm
测定速度	固定扫描时间为 0.1s，光谱平均最多可达 31800 次
输出波段数	2150（间隔 1nm）
记录方式	3 分段探测，自动优化设定增益和积分时间，自动消除暗电流
记录参数	DN（raw）值、相对反射率（ref）或辐射值（rad）可选
观测通道	单通道，光纤传输，非同步参考板测定
光缆配置	标配 1.5m

2）小麦条锈病光谱测量条件与方法

观测时段内的气象条件：地面大气透明度大于 10km；风力应不大于 3 级。观测时间为地方时 10:30～14:30，（如北京地区即为北京时间，英国为格林尼治标准时间），使太阳高度角尽可能大，减少测量误差。

冠层光谱测量方法：测量人员要穿深色衣服，减少衣服的反射光谱进入仪器。在测量过程中，测量人员要正对太阳站立在测量区的后方，其他人员均应站立在测量员后面，不要在目标区周围走动；完成测量后，测量人员要沿进场路线退出目标区；改变测量区域时，应避免践踏测量区。测量时光谱仪探头尽可能保持铅垂向下，注意观测目标的角度变化对策论结果的影响；如果太阳周围有少量漂移的淡积云，光照亮度变化较快，无法稳定的时候，要增加测量参考板的密度（黄木易，2003）。

在小麦出现条锈病初期症状后，每隔 5～10 天测量病害小麦及健康小麦的冠层光谱，测量过光谱后立即对测定点采样，送实验室测量其生理生化参数。测量光谱时将探头垂直向下，探头离地面 1.3m，视场角为 25°，探头能够测量地面直径约 50cm 的小麦光谱。每个样本测量 20 次，测量前后均需测量白板，测量结束后通过式（2-1）计算出地物的反射率值，将测量 20 次的反射率值进行平均得到该冬小麦冠层光谱反射率值（黄木易，2003）：

$$R_{地物反射率} = \frac{DN_{地物}}{DN_{参考板}} \times R_{参考板反射率} \tag{2-1}$$

2.1.3　小麦病情严重度的调查方法

在小麦出现条锈病症状后，在测量冠层光谱后即进行田间病情严重度的调查。由于病情严重度信息要与冠层光谱信息结合，所以调查面积以 $1m^2$ 左右为宜。每个小区选 20

株小麦，分别调查其病情严重度，病情严重度分为 9 个梯度，即 0%、1%、10%、20%、30%、45%、60%、80%、100%，并记下各个严重度的小麦叶片数，然后利用式(2-2)计算出病情指数 DI(黄木易，2003)：

$$\mathrm{DI}(\%) = \frac{\sum (x \times f)}{n \times \sum f} \times 100 \tag{2-2}$$

式中，x 为各梯度的级值；n 为最高梯度值；f 为各梯度的叶片数。

2.2 数据处理方法

2.2.1 光谱数据预处理

光谱微分可以增强光谱曲线在坡度上细微变化，对于植被光谱，这种变化与植物的生物化学吸收特性有关。光谱的一阶微分可以近似表示如下(浦瑞良和宫鹏，2000)：

$$\rho'(\lambda_i) = [\rho(\lambda_{i+1}) - \rho(\lambda_{i-1})]/2\Delta\lambda \tag{2-3}$$

式中，λ_i 为每个波段的波长；$\rho'(\lambda_i)$ 为波长 λ_i 的一阶微分值；$\Delta\lambda$ 为 λ_{i-1} 到 λ_i 的间隔；$\rho(\lambda_i)$ 为波长 λ_i 的光谱反射率。

采用光谱微分模型具有一系列的优越性，光谱的一阶微分可以较好地消除大气效应、背景噪声、分辨重叠光谱，反映植被的本质特征等。因此，利用高光谱微分模型反演植被生理生化参数取得了较好的效果，如王秀珍等(2004)利用微分指数反演水稻的叶面积；蒋金豹等(2007a，2008)利用微分指数反演小麦的氮素、叶绿素含量；Smith 等(2004a)利用微分指数识别天然气泄漏点等。

2.2.2 回归分析以及检验方法

回归分析是研究一个因变量与一个或多个解释变量之间的相互依存关系，并估计或预测解释变量对因变量的影响，也就是处理因变量 Y 和解释变量 X 之间关系的多元统计方法。以每一个解释变量 X 的给定值为条件，就形成了因变量 Y 的条件分布，因此可以计算以 X 为条件 Y 相应取值的条件概率。由于因变量 Y 的条件平均值随着解释变量 X 的变化而变化，给定条件 X 时 Y 的条件数学期望：

$$E(Y \vdots X) = f(X) \tag{2-4}$$

上式为随机变量 Y 对 X 的回归函数，或解释为随机变量 Y 的均值对 X 的回归函数。

回归分析按照变量的多少，可以分为一元或者多元回归分析。至于具体的函数形式，多种多样，难以确定。可以通过所研究问题的背景，经过理论推导，得到一个具体的函数形式，有时通过经验采用可能的函数形式。

2.2.3 回归方程拟合程度 *F* 检验

t 检验从回归系数角度出发检验回归方程的显著性，对回归方程显著性也可以从回归效果出发进行检验，这就是 F 检验。F 检验主要是根据平方和的分解公式进行，如下：

$$\sum_{i=1}^{n}(y_i-\bar{y})^2=\sum_{i=1}^{n}(\hat{y}_i-\bar{y})^2+\sum_{i=1}^{n}(y_i-\hat{y}_i)^2 \tag{2-5}$$

式中，$\sum_{i=1}^{n}(y_i-\bar{y})^2$ 为总平方和，简记为 SST，自由度为 $n-1$；$\sum_{i=1}^{n}(\hat{y}_i-\bar{y})^2$ 为回归平方和，简记为 SSR，自由度为 $n-2$；$\sum_{i=1}^{n}(y_i-\hat{y}_i)^2$ 为残差平方和，简记为 SSE，自由度为 1。因此，平方和分解公式可以简写为

$$\mathrm{SST}=\mathrm{SSR}+\mathrm{SSE} \tag{2-6}$$

总平方和 SST 反映了因变量 Y 的波动程度，Y 的波动程度 SST 是由回归平方和 SSR 和残差平方和 SSE 两部分组成。其中，回归平方和是由解释变量 X 所引起的，残差平方和是由其他随机因素所引起的。

在回归方程中回归平方和越大，回归效果越好，因此，构造统计量如下：

$$F=\frac{\mathrm{SSR}/1}{\mathrm{SSE}/(n-2)} \tag{2-7}$$

2.2.4 样本决定系数

由回归平方和 SSR 和残差平方和 SSE 的意义可知，如果回归平方和 SSR 在总平方和 SST 中比例越高，则表示回归曲线与观测值的拟合程度越好。因此，样本系数 R^2 也可以表示回归方程拟合的好坏，其公式如下：

$$R^2=\frac{\mathrm{SSR}}{\mathrm{SST}} \tag{2-8}$$

式中，$R^2\in(0,1)$，R^2 越大表示回归效果越好（刘顺忠，2005）。

2.2.5 主成分分析法

主成分分析方法就是一种将原来多个指标转化为少数几个互不相关综合指标的数据降维方法，这少数几个综合指标能够把个体间大大小小的差异都集中起来，达到减少指标和删除重复信息的目的。

主成分分析的基本思想是，对于有 p 个指标的总体 $X=(X_1,X_2,\cdots,X_P)'$，主成分分析方法确立 X 的综合指标 $Y_1,Y_2,\cdots,Y_m$，$m\leqslant p$ 的思想如下：

(1) Y_i 是 X 的线性组合，即要求 $Y_i=l_i'X$，l_i 是 $p\times 1$ 维特定的单位向量，$i=1,2,\cdots,m$。

(2) Y_1 是 $X_1,X_2,\cdots,X_p$ 的一切线性组合中方差最大的；Y_2 是与 Y_1 不相关的且是 $X_1,X_2,\cdots,X_p$ 的一切线性组合中方差最大的；依此类推，Y_m 与 $Y_1,Y_2,\cdots,Y_{m-1}$ 都不相关，是 $X_1,X_2,\cdots,X_p$ 的一切线性组合中方差最大的。

这样的 $Y_1,Y_2,\cdots,Y_m$ 称为 X 的第一，第二，…，第 m 主成分。方差大小表示包含原有

信息的多少，因此，$Y_1, Y_2, \cdots, Y_m$ 包含的信息依次递减。在实际应用中，选取前几个主成分，虽损失了一定量的信息，但抓住了主要矛盾，简化了分析（刘顺忠，2005）。

2.3 利用高光谱指数识别小麦条锈病

2.3.1 在条锈病胁迫下小麦生理生化参数变化

小麦接种条锈病菌后进行连续观察。接种13天以后田间开始出现零星的潜育斑；接种21天左右，叶片上出现未破裂孢子堆，具有了明显症状。Smith等（2004a）对大麦和大豆进行胁迫处理，在处理后14～21天出现症状，本书结果与其相一致。

小麦在病害胁迫下，条锈病菌对植被造成一定程度的损害，其生理生化参数也发生变化。叶全氮（LTN）含量、叶面积（LAI）和叶片相对含水量（LRWC）随病情加重逐渐降低，而叶绿素浓度（CHL. *C*）一直到5月初才开始下降，见图2-2。

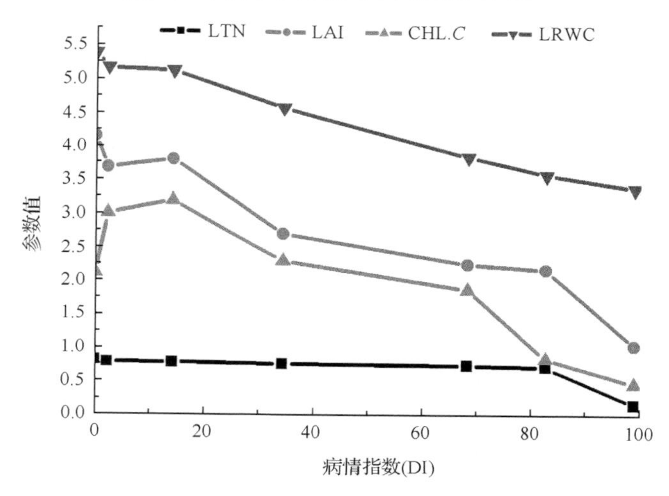

图2-2 LTN、LAI、CHL. *C*和LRWC随DI增大变化曲线图

2.3.2 病害小麦冠层光谱以及一阶微分光谱特征

从图2-3可见，小麦冠层光谱反射率随病情指数的增大在可见光范围内逐渐增大，在近红外区域逐渐降低，这是因为冠层光谱反射率的大小在可见光范围内由叶绿素浓度决定，在可见光范围内反射率增大说明色素吸收降低，即色素浓度降低；在近红外区域植被的反射率主要受叶子内部结构、生物量、蛋白质、纤维素等影响（Gausman et al.，1970；Sims and Gamon，2002），发病小麦在近红外区域反射率降低，说明植被的内部结构已遭到破坏。

从图2-4可见，在同一生育期内，随病情指数地增大，在绿边内一阶微分值逐渐增大而在红边内却减小，并且在红边内有明显多峰现象，其中主要有两个：一个在700nm附近，主要由植物叶片的叶绿素密度决定的；另一个在725nm，主要由细胞壁反射决定的（梅安新，2001）。

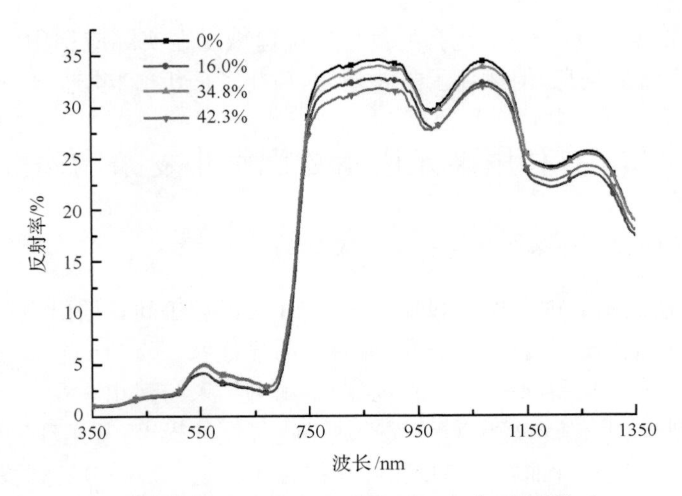

图 2-3　乳熟期不同 DI 的小麦冠层光谱(彩图附后)

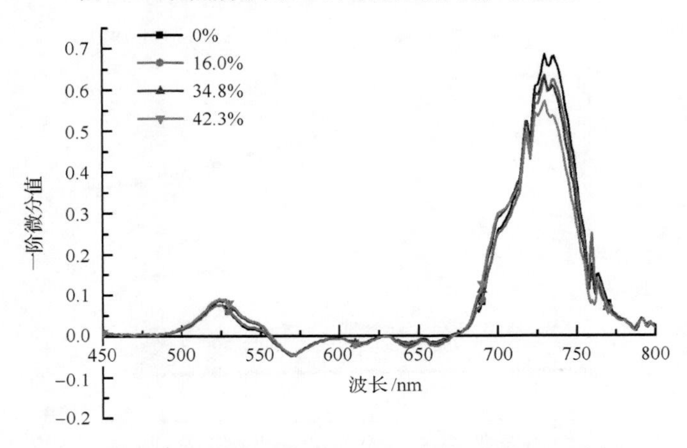

图 2-4　乳熟期不同 DI 的一阶微分光谱特征(彩图附后)

从图 2-5 中可见,在不同生育期,小麦病情指数越来越大,其冠层一阶微分在绿边内逐渐增大、在红边内逐渐减小,且有多峰现象,但其曲线逐渐趋于平坦。

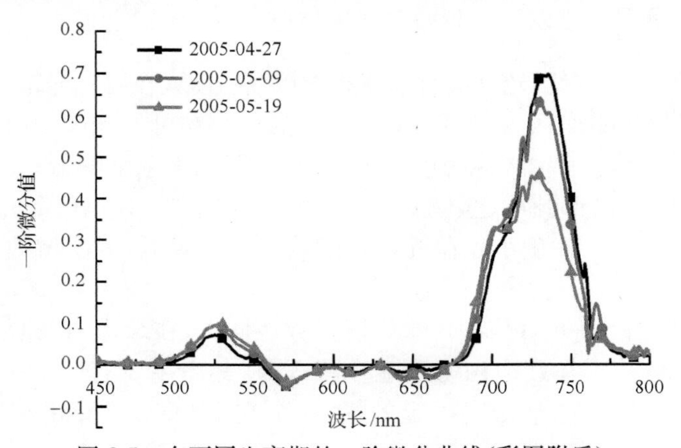

图 2-5　在不同生育期的一阶微分曲线(彩图附后)

2.3.3 健康与病害胁迫小麦在红边与绿边光谱变化特征

小麦接种病菌后 9 天，人工观察小麦无病症特征出现，但其一阶微分光谱在绿边和红边出现明显变化，见图 2-6。因此，可以利用绿边(521～530nm)和红边(725～735nm)的一阶微分光谱组建植被指数，进行监测作物病害信息。

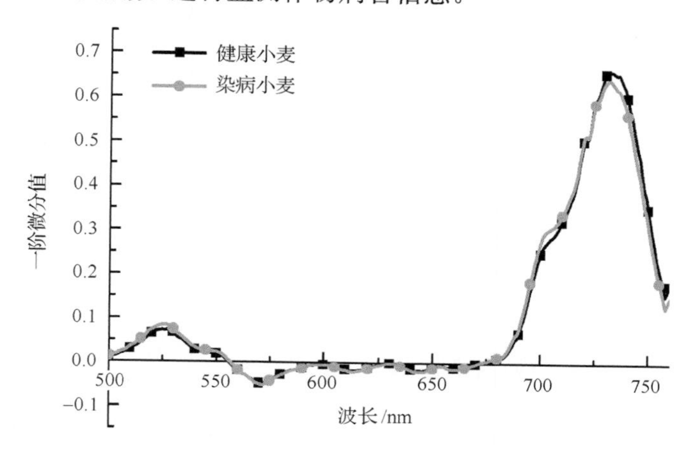

图 2-6 接种 9 天后健康与染病小麦一阶微分曲线图

由于微分光谱能够较好消除或减弱背景的影响，Smith(2002)研究表明当植被覆盖度达到 20%以上时，土壤背景对一阶微分光谱的影响就比较小。考虑到一阶微分光谱在红边内具有多个极大值，见图 2-7，且随胁迫程度和生育期的改变，极大值所处的波段位置逐渐改变，见图 2-8，不够稳定，无法用不同生育期或不同严重度小麦同一波段处的微分值监测病害小麦的光谱特征。

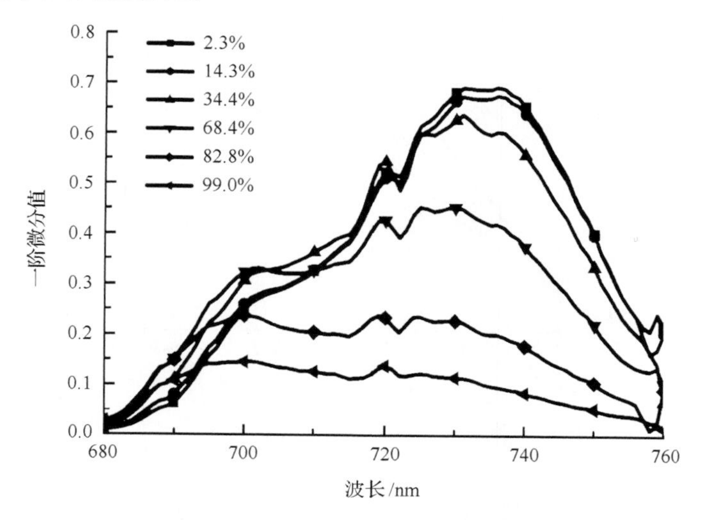

图 2-7 红边内一阶微分随 DI 的变化

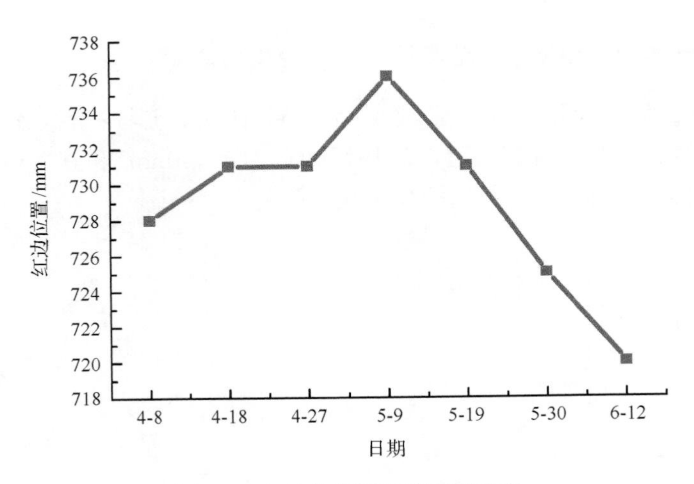

图 2-8 红边位置随生育期的变化

2.3.4 构建高光谱识别小麦条锈病指数

根据小麦染病后的光谱特征，利用红边内一阶微分的总和（725～735nm，SD'_r）与绿边内一阶微分的总和（521～530nm，SD'_g）的比值作为植被指数，监测小麦的病情指数，取得较好的效果，见图 2-9。自 4 月 18 号接种病菌后，尽管 4 月 27 号肉眼无法观察出症状，但 SD'_r/SD'_g 已具有明显差异，能够很好区分健康作物与病害作物，随着病情加重，健康作物与病害作物的 SD'_r/SD'_g 差异越来越大，在 5 月 30 日达到最大，随后减小是因为小麦逐渐趋于成熟，其活力逐渐下降，健康作物和病害作物的生命特征趋于一致。

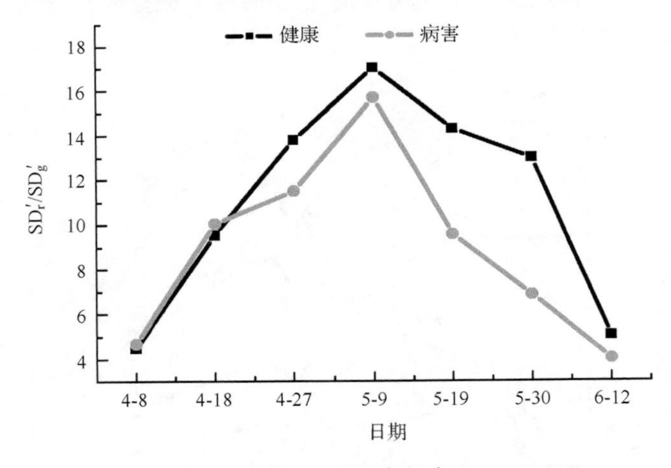

图 2-9 健康与染病小麦 SD'_r/SD'_g 随时间的变化

2.3.5 指数 SD'_r/SD'_g 与 DI 进行相关分析

把 SD'_r/SD'_g 与 DI 进行相关分析，两者之间存在极显著线性负相关性，相关系数为 $R^2=0.910(n=28)$，见图 2-10。因此可以利用红边内一阶微分总和（SD'_r）与绿边内一阶微分总和(SD'_g)的比值监测作物的病情。

染病小麦的一阶微分光谱随病情的加重，在绿边内逐渐增大，而在红边内逐渐降低，在红边内具有双峰，甚至多峰现象。在小麦接种病菌后 9 天，在肉眼无法观察出病症时，一阶微分光谱在绿边内和红边内健康小麦与病害小麦具有显著差异，说明绿边与红边是识别病害的敏感区域。

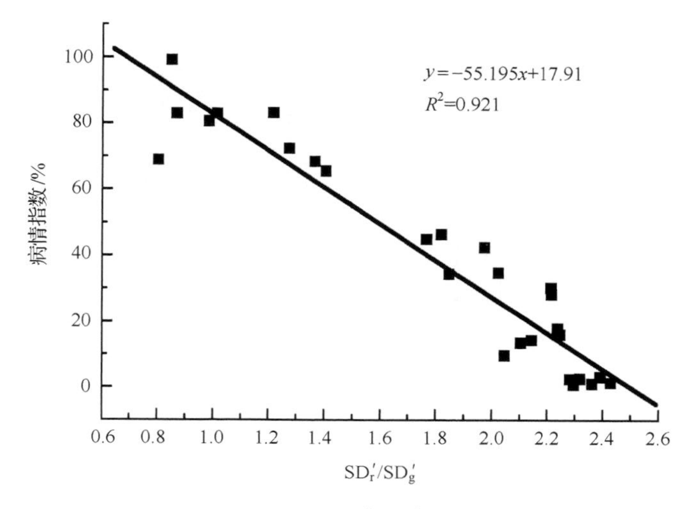

图 2-10　DI 与 SD'_r/SD'_g 的相关性

由于单波段信息易受外界因素的影响，不够稳定，本书特选择绿边(521～530nm)一阶微分之和和红边(725～735nm)一阶微分之和构建植被指数。在整个生育期内，SD'_r/SD'_g 完全能够区分健康作物与病害作物，且能够在症状出现前 12 天识别出病害信息。通过相关分析，DI 与 SD'_r/SD'_g 之间存在极显著线性负相关性。因此，可以利用高光谱植被指数 SD'_r/SD'_g 监测和识别作物病害信息。

2.4　利用高光谱指数与回归分析方法反演小麦条锈病严重度

2.4.1　高光谱微分指数

表 2-2 中的高光谱微分变量是在前人研究的基础上，结合病害小麦敏感波段进行构建的。

表 2-2　微分变量列表

微分变量	定义	微分变量	定义
SD_b	蓝边(430～500nm)内一阶微分总和	D_x	在 $x$nm 处一阶微分值
SD_g	绿边(501～560nm)内一阶微分总和	D_r	红边范围内一阶微分最大值
SD_r	红边(680～760nm)内一阶微分总和	D_g	绿边范围内一阶微分最大值
SD'_r	红边(725～735nm)内一阶微分之和	SD'_g	绿边(521～530nm)内一阶微分总和

2.4.2 病情指数与一阶微分相关性分析

通过相关分析，在432～582nm、637～701nm以及715～765nm处病情指数与一阶微分存在极显著相关，在其他区域，相关性波动较大(图2-11)。

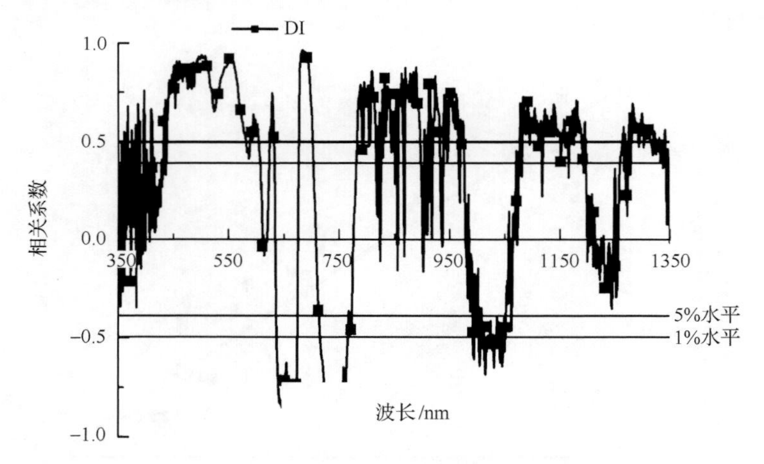

图2-11 DI与一阶微分相关性

根据定义的高光谱微分指数，结合DI敏感波段，组合了一些微分变量，并进行相关分析(表2-3)。

表2-3 DI与高光谱微分变量之间的相关系数(n=18)

微分变量	相关系数	微分变量	相关系数	微分变量	相关系数
D_r/D_g	−0.969**	SD_r/SD_b	−0.890**	$(SD_r-SD_b)/(SD_r+SD_b)$	−0.808**
SD'_r/SD'_g	−0.964**	SD_r/SD_g	−0.970**	$(SD_r-SD_g)/(SD_r+SD_g)$	−0.923**
D_{731}/D_{525}	−0.961**	SD_g/SD_b	−0.833**	$(SD_g-SD_b)/(SD_g+SD_b)$	−0.814**

注：*、** 分别代表5%和1%的显著水平；$R_{0.05[18]}=0.444$，$R_{0.01[18]}=0.561$。

2.4.3 小麦DI的高光谱估算模型

从表2-3可以看出，构建的微分变量与DI的相关性全部达到极显著相关。使用线性或非线性回归技术建立DI估算模型：①简单线性模型，$Y=a+bX$；②对数模型，$Y=a+b*\ln(X)$；③指数模型，$Y=a*\exp(bX)$；④抛物线模型，$Y=a+bX+cX^2$；⑤一元三次函数，$Y=a+bX+cX^2+dX^3$。式中，Y为DI的拟合值；X为微分变量；a，b，c和d为拟合系数。

从表2-4可见，由回归分析得到的全部R^2值均通过0.01极显著检验水平。最佳模型的标准是既要相关系数通过0.01极显著检验水平，又要其F值最大。因此，对于微分变量D_r/D_g、D_{731}/D_{525}、SD'_r/SD'_g、SD_r/SD_g、$(SD_g-SD_b)/(SD_g+SD_b)$来说，最佳模型是线性模型，对于变量SD_r/SD_b、SD_g/SD_b来说最佳模型是指数模型，对于变量$(SD_r-SD_g)/(SD_r+SD_g)$最佳模型为抛物线模型，对于变量$(SD_r-SD_b)/(SD_r+SD_b)$最佳模型为一元三次函数模型。

表 2-4　DI 与高光谱微分变量的线性和非线性回归分析(n=18)

微分变量	模型									
	$Y=a+bX$		$Y=a+b*\ln(X)$		$Y=a+bX+cX^2$		$Y=a+bX+cX^2+dX^3$		$Y=a*\exp(bX)$	
	R^2	F	R^2	F	R^2	F	R^2	F	R^2	F
D_r/D_g	0.939**	245.4	0.89**	129.5	0.941**	119.3	0.954**	97.3	0.77**	53.52
D_{731}/D_{525}	0.924**	193.7	0.848**	89.2	0.933**	104.2	0.955**	98.3	0.75**	47.98
SD_r'/SD_g'	0.93**	211.2	0.858**	96.5	0.938**	112.8	0.958**	106.98	0.752**	48.39
SD_r/SD_g	0.941**	255.2	0.915**	172.2	0.943**	123.4	0.957**	104.22	0.826**	75.91
SD_r/SD_b	0.791**	60.66	0.85**	90.87	0.9**	67.23	0.901**	42.63	0.937**	236.7
SD_g/SD_b	0.694**	36.29	0.704**	38.02	0.715**	18.83	0.716**	11.77	0.783**	57.84
$(SD_r-SD_g)/(SD_r+SD_g)$	0.852**	92.3	0.819**	72.37	0.959**	177.2	0.958**	172.65	0.595**	23.52
$(SD_r-SD_b)/(SD_r+SD_b)$	0.652**	29.99	0.63**	27.28	0.811**	32.1	0.823**	34.93	0.392**	10.3
$(SD_g-SD_b)/(SD_g+SD_b)$	0.662**	31.39	0.593**	23.3	0.713**	18.63	0.715**	11.73	0.5**	16.01

注：*、** 分别代表 5%和 1%的显著水平;$R^2_{0.05[18]}$=0.1971,$R^2_{0.01[18]}$=0.3147。

2.4.4　小麦 DI 高光谱估算模型的精度检验及可靠性分析

以 2005 年京冬 8 号小麦发病后采集的 18 个样本作为训练样本,其余 9 个作为检验样本,另利用 2003 年京 411 和 98～100 这 2 个品种各 9 个样本对模型进行验证。各个微分变量最佳模型的拟合 R^2 及误差大小,见表 2-5,并对各估测模型进行可靠性分析(表 2-6)。

表 2-5　高光谱变量估测 DI 模型的拟合 R^2 以及误差分析

模拟方程	拟合 R^2	误差/% 京冬 8 号	误差/% 京 411	误差/% 98～100
$Y=116.739-11.924*(D_{731}/D_{525})$	0.924**	8.22	6.63	6.97
$Y=118.523-12.234*(D_r/D_g)$	0.939**	8.67	6.75	7.03
$Y=117.507-11.012*(SD_r'/SD_g')$	0.930**	8.01	6.41	6.63
$Y=115.557-7.576*(SD_r/SD_g)$	0.941**	9.76	6.37	8.41
$Y=153.787*\exp[-0.034*(SD_r/SD_b)]$	0.937**	8.61	12.41	12.21
$Y=549.302*\exp[-0.627*(SD_g/SD_b)]$	0.783**	7.63	18.79	20.44
$Y=-489.43+1806.08*[(SD_r-SD_g)/(SD_r+SD_g)]-1421.3*[(SD_r-SD_g)/(SD_r+SD_g)]^2$	0.959**	9.63	6.40	10.35
$Y=-533.34+2801.06*[(SD_r-SD_b)/(SD_r+SD_b)]^2-2276.0*[(SD_r-SD_b)/(SD_r+SD_b)]^3$	0.823**	5.73	12.78	11.57
$Y=152.456-173.95*[(SD_g-SD_b)/(SD_g+SD_b)]$	0.662**	8.54	20.41	17.82

注:$R^2_{0.05[18]}$=0.1971,$R^2_{0.01[18]}$=0.3147, $R^2_{0.05[9]}$=0.3624, $R^2_{0.01[9]}$=0.5402。

表 2-6　高光谱微分变量估测 DI 模型的可靠性分析

微分变量	误差均值	方差	微分变量	误差均值	方差
D_{731}/D_{525}	7.27	0.80	SD_g/SD_b	15.62	5.69
D_r/D_g	7.48	0.85	$(SD_r-SD_g)/(SD_r+SD_g)$	8.79	1.72
SD_r'/SD_g'	7.02	0.71	$(SD_r-SD_b)/(SD_r+SD_b)$	10.03	3.08
SD_r/SD_g	8.18	1.39	$(SD_g-SD_b)/(SD_g+SD_b)$	15.59	5.10
SD_r/SD_b	11.08	1.75			

从表 2-6 中可以看出，以 SD_r'/SD_g'为变量的估测模型对于不同品种小麦其估测病情指数的误差均值和方差最小，表明该模型估测精度最高，且其对于小麦品种较不敏感。

随着小麦条锈病病情加重，高光谱一阶微分在绿光区域逐渐增大，在红光区域逐渐减小，且小麦病情指数与一阶微分数据在 432～582nm、637～701nm 及 715～765nm 处存在极显著相关。

使用线性或非线性回归技术建立单变量估测病情指数模型，对于微分变量 D_r/D_g、D_{731}/D_{525}、SD_r'/SD_g'、SD_r/SD_g、$(SD_g-SD_b)/(SD_g+SD_b)$来说，最佳模型是线性模型，对于变量 SD_r/SD_b、SD_g/SD_b 来说最佳模型是指数模型，对于变量$(SD_r-SD_g)/(SD_r+SD_g)$最佳模型为抛物线模型，对于变量$(SD_r-SD_b)/(SD_r+SD_b)$最佳模型为一元三次函数模型。

对模型进行可靠性分析发现，以 SD_r'/SD_g'为变量的线性函数模型，估测病情指数的误差均值和方差都最小，表明该模型相对小麦品种不敏感，可认为其是冠层微分光谱指数估测病情指数的最佳模型。

黄木易等(2003)认为，当病情指数为 5%左右时，是小麦条锈病最佳防治期，而本书表明最佳模型的估测误差为 7%左右，因此，完全可以利用高光谱遥感监测作物的早期病害情况。

2.5　利用主成分分析方法定量反演小麦条锈病严重度

2.5.1　利用主成分分析法进行高光谱反演研究概述

主成分分析法是一种将原来多个指标转化为少数几个互不相关综合指标的数据降维方法，这少数几个综合指标能够把个体间大大小小的差异都集中起来，达到减少指标和删除重复信息的目的(蒋金豹等，2008)。高光谱遥感数据量大，冗余信息多，数据处理比较复杂(童庆禧等，2006b)，而主成分分析法恰好能够较好地解决高光谱数据量大，信息冗余的问题。根据黄木易等(2003)的研究结果，冠层光谱 630～687nm、740～890nm、976～1350nm 是监测小麦条锈病的敏感波段，我们将从冠层光谱 350～1350nm 范围内提取主成分；对于一阶微分光谱，在 Gong 等(2002)定义的蓝边(490～530nm)、黄边(550～582nm)以及红边(630～673nm)范围内，分别提取前 3 个主成分，变量定义见表 2-7。主成分提取后，利用逐步回归法建立病情指数 DI 与主成分 PC_s 之间的回归方程。

2.5.2 植被指数经验模型

本书植被指数经验法采用下面两个方程：

$$DI(\%) = -721.22(PRI) + 2.40 \tag{2-9}$$

$$DI(\%) = -721.22(SD'_r/SD'_g) + 117.507 \tag{2-10}$$

式(2-9)与式(2-10)分别由 Huang 等(2007)、蒋金豹等(2007b)提出，并经过不同年度，不同品种小麦的检验，表明上述两个模型比较稳健且精度较高，公式中参数定义见表 2-7。

表 2-7 文中使用的各变量的定义

变 量	定 义
PC_1，PC_2，PC_3，PC_4，PC_5	冠层光谱提取的前 5 个主成分
PCB_1	在一阶微分蓝边内(490～530nm)提取的第一主成分
PCB_2	在一阶微分蓝边内(490～530nm)提取的第二主成分
PCB_3	在一阶微分蓝边内(490～530nm)提取的第三主成分
PCY_1	在一阶微分黄边内(550～582nm)提取的第一主成分
PCY_2	在一阶微分黄边内(550～582nm)提取的第二主成分
PCY_3	在一阶微分黄边内(550～582nm)提取的第三主成分
PCR_1	在一阶微分红边内(630～673nm)提取的第一主成分
PCR_2	在一阶微分红边内(630～673nm)提取的第二主成分
PCR_3	在一阶微分红边内(630～673nm)提取的第三主成分
PRI	$PRI=(R_{531}-R_{570})/(R_{531}+R_{570})$
SD'_r	在红边内(725～735nm)一阶微分之和
SD'_g	在绿边内(521～530nm)一阶微分之和

2.5.3 主成分的选择

为了便于计算冠层光谱的主成分，在 350～1350nm 范围内，每隔 10 条光谱取一次平均值(Ray et al.，2006)，这样就降低了光谱维数，然后再利用主成分分析法提取这些均值的前 5 个主成分(PC_s)，其特征值，方差以及累计方差见表 2-8。从表 2-8 可见，前 5 个 PC_s 已经占整个方差的 0.999，也就是包含了 350～1350nm 范围内 99.9%的光谱信息。

表 2-8 冠层光谱 350～1350nm 前 5 个主成分的特征值以及累计方差

主成分变量	特征值	方差	累计方差
PC_1	1347.05	0.949	0.949
PC_2	65.36	0.046	0.995
PC_3	3.25	0.002	0.997
PC_4	1.77	0.001	0.998
PC_5	1.06	0.001	0.999

对于一阶微分光谱，根据蒋金豹等(2007b)研究表明，在 432～582nm、637～701nm 以及 715～765nm 处病情指数与一阶微分存在极显著相关。Gong 等(2002)定义的蓝边(490～530nm)，黄边(550～582nm)与红边(630～673nm)基本上都在极显著相关区域内，因此，分别在蓝边、黄边以及红边范围内各提取前 3 个主成分，其特征值、方差以及累计方差见表 2-9，结果表明，在蓝边区域，前 3 个主成分的累计方差达到 0.992，即包含了蓝边内 99.2%的光谱信息；同理，在黄边区域前 3 个主成分包含了 99.9%的光谱信息；在红边区域前 3 个主成分包含了 99.9%的光谱信息。

表 2-9　一阶微分光谱在"三边"的前 3 个主成分的特征值以及累计方差

光谱区域	特征值及方差	PC_1	PC_2	PC_3
蓝边(490～530nm)	特征值	2.66E-03	8.5E-04	3.42E-05
	方差	0.744	0.238	0.01
	累计方差	0.744	0.982	0.992
黄边(550～582nm)	特征值	1.11E-02	4.37E-02	7.61E-06
	方差	0.961	0.038	0.001
	累计方差	0.961	0.998	0.999
红边(630～673nm)	特征值	8.92E-01	3.20E-02	1.23E-03
	方差	0.963	0.035	0.001
	累计方差	0.963	0.998	0.999

2.5.4　逐步回归方程的建立

逐步回归法被用来建立 PC_s 与 DI 之间的数量关系方程。通过逐步回归分析，冠层光谱 PC_s 的回归方程如下：

$$DI(\%) = 78.45 - 0.773PC_1 + 1.93PC_2 + 6.5PC_4 + 3.5PC_5 \quad R^2 = 93.33\% \tag{2-11}$$

一阶微分光谱的 9 个 PC_s 利用逐步回归方法建立与 DI 的关系，其方程如下：

$$DI(\%) = 59.09 - 682PCB_1 + 469PCB_2 - 167PCR_2 - 125PCR_3 \quad R^2 = 94.06\% \tag{2-12}$$

从式(2-12)可见，蓝边与红边各有两个 PC_s 入选，说明在蓝边与红边范围内的一阶微分光谱信息对 DI 比较敏感且贡献大。

2.5.5　主成分分析法与植被指数经验法的反演结果对比分析

分别利用主成分逐步回归式(2-11)、式(2-12)与植被指数经验式(2-9)、式(2-10)计算估测 DI 值，并与实测值进行对比分析，计算 RMSE 与相对误差(RE)，其结果见表 2-10。

表 2-10　不同方法估测 DI 的 RMSE 以及相对误差

变量	RMSE	相对误差
冠层光谱 PC_s	8.10	16.52
一阶微分光谱 PC_s	7.65	15.59
PRI 指数	13.24	26.99
SD_r'/SD_g'	10.51	21.42

从表 2-10 可以看出，基于主成分分析法的模型反演结果优于利用植被指数经验法模型获得的结果。另外，以一阶微分光谱 PC_s 为变量的模型反演结果优于以冠层光谱 PC_s 为变量的模型结果；而以微分植被指数 SD_r'/SD_g' 为变量的模型反演结果优于以 PRI 指数为变量的模型结果，这主要是由于微分光谱可以减少地物背景光谱影响的缘故。各方法预测结果与实测结果对比图见图 2-12(a)～(d)。

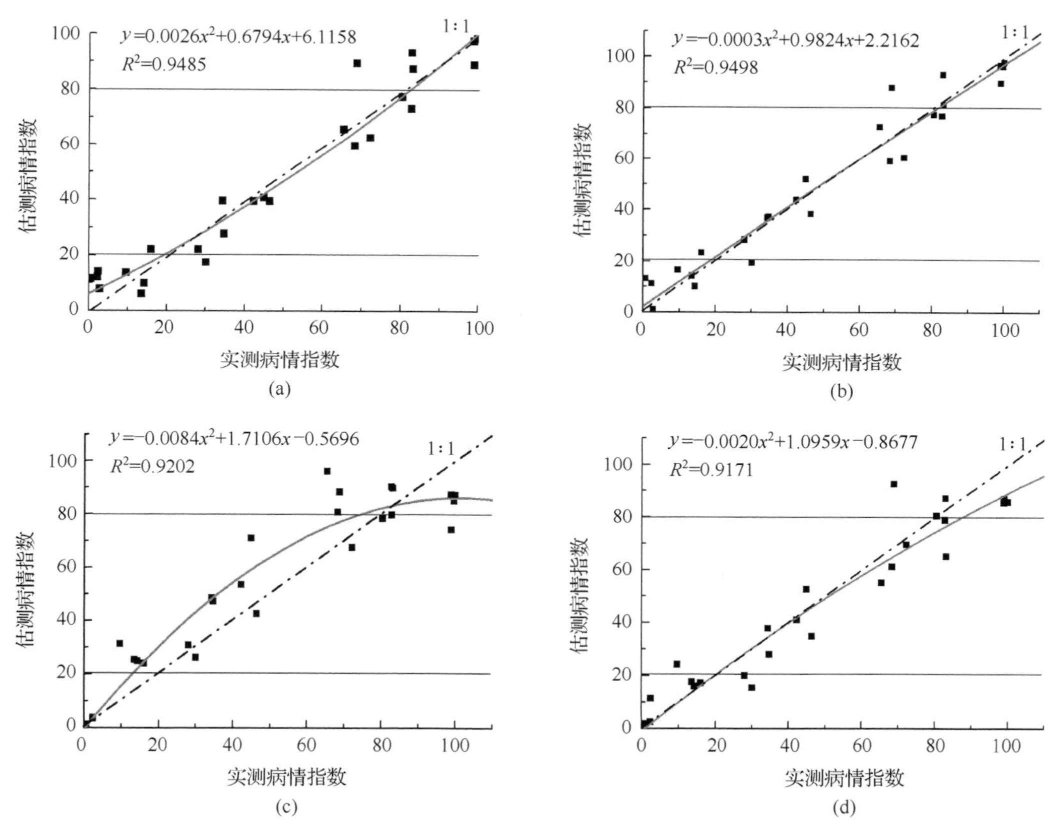

图 2-12　以(a)冠层光谱 PC_s；(b)一阶微分 PC_s；(c)PRI；(d)SD_r'/SD_g'为变量的模型估测 DI 与实测 DI 对比图

从图 2-12(a)可以看出，在 DI 小于 20 时，冠层光谱 PC_s 为变量的模型反演结果偏大，而 DI 在 20～100 区间内，反演结果是偏小的，因此，冠层光谱 PC_s 不适合发病初期的病情反演，而在病害严重期又有反演偏小的趋势。

从图 2-12(b)可见，一阶微分 PC_s 为变量的模型预测值与实测值十分接近一致。在 DI 小于 20 时，有稍微偏大的趋势；在病情较严重即 DI 处于 20～80 时，反演结果与实测值基本一致；而在病情极严重时，即 DI 大于 80 时，有偏小的趋势。但在总体上，预测值与实测值偏离量较小，说明该模型反演精度较高，适合应用于小麦病害监测，特别是小麦病害较严重的时期。

而植被指数 PRI 反演结果在 4 个模型中最差，见图 2-12(c)，当 DI 在 0～80 区间内时，反演结果偏大，而当 DI 大于 80 时，反演结果又趋于偏小，其结果偏离 1∶1 线距离较大，说明反演精度较差。

以一阶微分光谱在蓝边(490～530nm)，黄边(550～582nm)，以及红边(630～637nm)范围内提取的主成分建立的逐步回归模型反演精度优于以冠层光谱 PC_s，PRI 和 SD'_r/SD'_g为变量的模型反演精度；以主成分为变量的模型精度优于以植被指数为变量的模型；而以微分指数 SD'_r/SD'_g为变量的经验模型又优于以植被指数 PRI 为变量的反演模型。

通过实测值与预测值的对比发现，不同类型的变量构建的反演模型精度随着病情指数的变化而变化。以一阶微分 PC_s 为自变量的反演模型适合应用于监测小麦条锈病病情，特别是在病情比较严重的时期，这时反演精度较高；而以微分植被指数 SD'_r/SD'_g为变量的模型，适合初发病期遥感监测，这与文献(蒋金豹等，2007b)结果是一致的。该模型对于病情指数小于 40 时反演精度较高。

植被指数只能够利用有限波段的信息，而主成分分析法能够在降维同时尽可能多地保留原始光谱信息，因此主成分承载的原始信息量要多于植被指数。

2.6 利用 REP 与 YEP 反演小麦条锈病严重度

2.6.1 REP 与 YEP 的提取计算

一阶微分值在黄光区会形成一个“谷”，在红光-近红外区域会形成一个“峰”，见图 2-13。Cho 和 Skidmore(2006)设计了一种简单的线性提取红边位置的方法，就是在红边内一阶微分形成的“峰”，在峰的两侧各拟合一条直线，则两条直线务必有一个交点，交点所在的位置就是红边所在位置。本书采用两种方法提取红边位置：①一阶微分最大值所在波段；②Cho 与 Skidmore 方法。利用 Cho 与 Skidmore 方法提取红边位置，分别使用远红光区 680nm 与 700nm 的一阶微分值拟合一条直线，见式(2-13)；利用近红外 725nm 与 760nm 的一阶微分值拟合一条直线，见式(2-14)，则两条直线的交点横坐标即为红边位置，计算公式为式(2-15)：

$$y_1 = a_1\lambda + b_1 \tag{2-13}$$

$$y_2 = a_2\lambda + b_2 \tag{2-14}$$

$$\text{REP} = -\frac{b_1 - b_2}{a_1 - a_2} \tag{2-15}$$

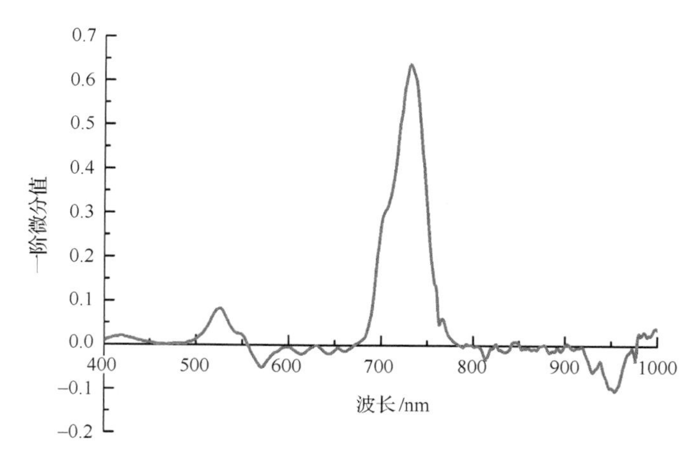

图 2-13　一阶微分光谱曲线图

根据 Noomen 和 Skidmore(2009)研究成果，使用 550nm 与 560nm，以及 572nm 与 585nm 的一阶微分值按照式(2-13)～式(2-15)提取黄边的位置，如图 2-14 所示。

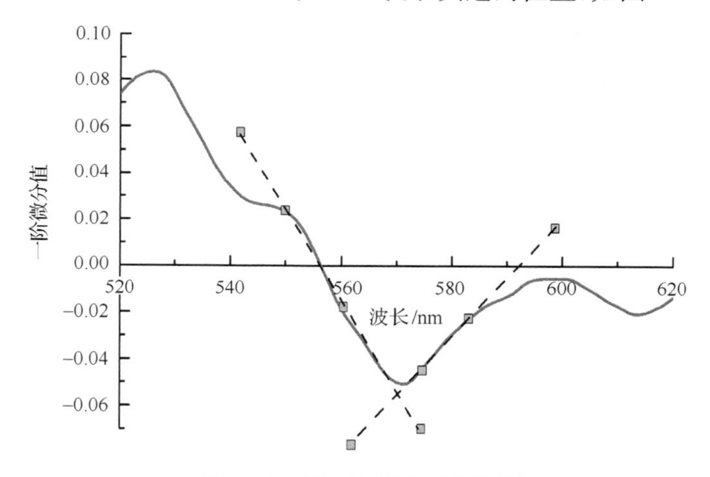

图 2-14　黄边位置解算示意图

2.6.2　REP 与小麦 DI 的关系

随着小麦条锈病病情的加重，REP 具有明显的蓝移现象，且病情越严重，“蓝移”现象越明显，见图 2-15。从图 2-15 可以看出，通过计算一阶微分最大值得到的 REP 与病情指数(DI)的相关性(R^2=0.6995，n=18)，而 Cho 与 Skidmore 方法得到的 REP 与病情指数的相关性(R^2=0.8755，n=18)，说明 Cho 与 Skidmore 方法得到的 REP 与 DI 的相关性更好一些，则预测能力更强一些。

2.6.3　YEP 与小麦 DI 的关系

随着小麦病情的加重，YEP 有明显“红移”现象，且病情越严重，红移现象就越明显，见图 2-16。利用 Cho 和 Skidmore(2006)方法计算出 YEP，并与小麦 DI 进行了相关分

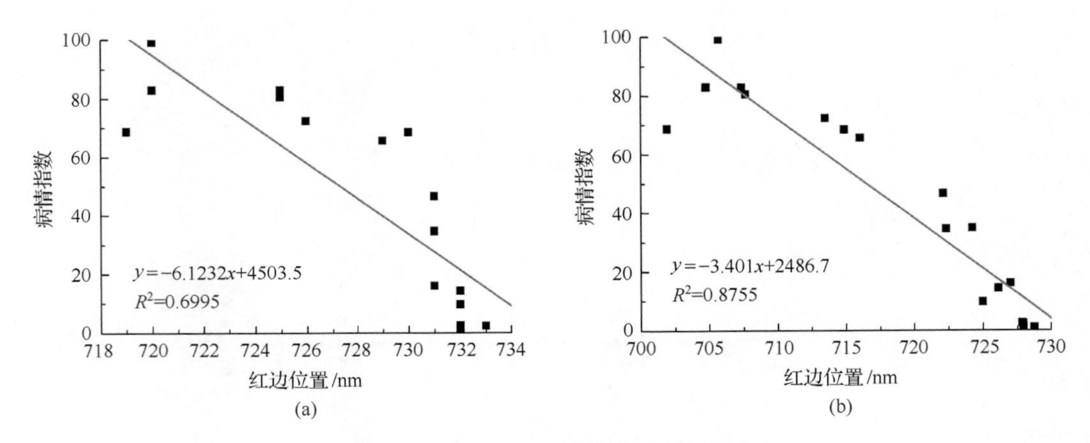

图 2-15　REP 与病情指数之间的相关性

(a)一阶微分最大值方法；(b)Cho 与 Skidmore 方法

析。从图 2-16 可见，YEP 与小麦 DI 之间的相关性也较好($R^2=0.6810$，$n=18$)，但相关系数低于图 2-15 中两个 REP 与小麦 DI 之间的相关系数。因此，YEP 预测小麦病情的能力低于 REP 的预测能力。

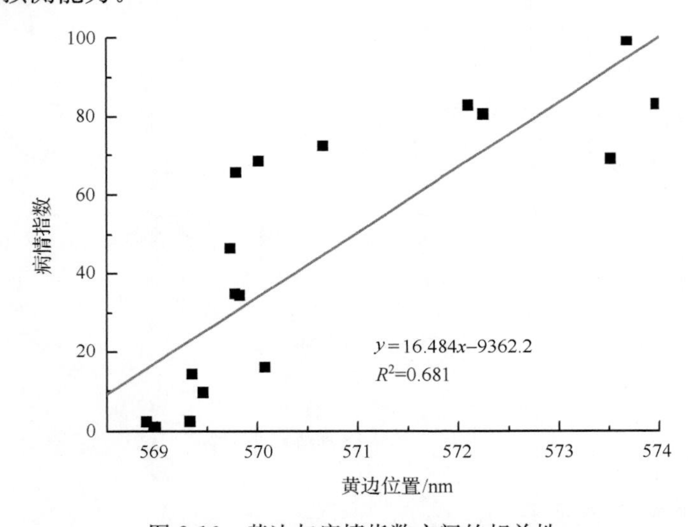

图 2-16　黄边与病情指数之间的相关性

2.6.4　REP-YEP 与小麦 DI 的关系

从上面分析可知，随着 DI 的增大，REP 向短波方向移动，即“蓝移”；而 YEP 却向长波方向移动，即“红移”。因此，随着 DI 的增大，REP 与 YEP 逐渐靠拢，则两者差值就会逐渐减少。本书分析了 REP-YEP 与小麦 DI 之间的关系，发现 REP-YEP 与 DI 之间存在着极好一元二次方程关系($n=18$)，如图 2-17 所示。有

$$\begin{aligned} &\mathrm{DI}(\%) = -2419.2 + 37.216(\mathrm{REP}-\mathrm{YEP}) - 0.1383(\mathrm{REP}-\mathrm{YEP})^2 \\ &R^2 = 0.9658, F = 211.52, P = 0.000 \end{aligned} \tag{2-16}$$

经对比研究，式(2-16)拟合效果优于线性以及三次方程。同时该公式的拟合效果也优于 REP 与 YEP 单独与 DI 建立的拟合方程。

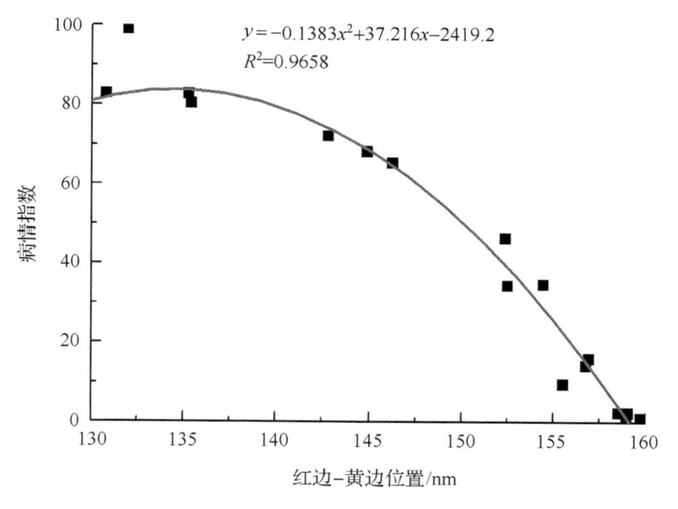

图 2-17　REP-YEP 与病情指数之间的相关性

2.6.5　DI 实测值与 REP-YEP 预测值对比分析

根据 DI 与参数 REP-YEP 之间的定量关系式(2-16)计算得到 DI 预测值。从图 2-18 可见，DI 实测值与预测值具有较好的一致性，DI 在 0～30 范围内，预测值有偏大的趋势，但在其他区域，实测 DI 与预测 DI 吻合较好，误差很小。因此，该方法适合应用于在小麦条锈病发病中度程度后，具有较强的预测能力。该方法估测 DI 的绝对误差为 6.22，相对误差为 14.3%，优于参考文献(陈云浩等，2009)的结果。

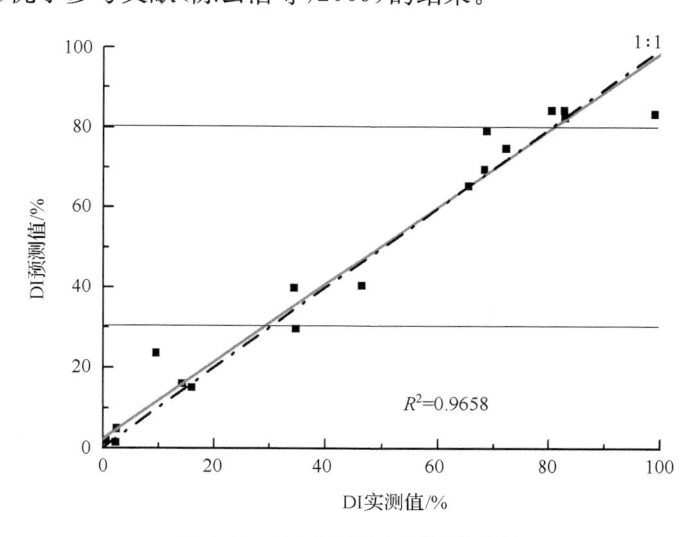

图 2-18　DI 实测值与预测值比较

2.6.6 利用 REP-YEP 参数识别健康与染病小麦

在接种小麦条锈病病菌后 9 天，尽管肉眼观察无明显症状(直到 12 天后肉眼才观察到条锈病菌孢)，但 REP-YEP 参数已经具有稍微差异，随着生育期推进以及病情的加重，健康小麦与染病小麦的 REP-YEP 差距逐渐增大，见图 2-19，其规律基本与文献(蒋金豹等，2007d)中结果一致，说明高光谱参数 REP-YEP 也可以提前监测小麦条锈病，且具有较好的区分健康小麦与染病小麦的能力。

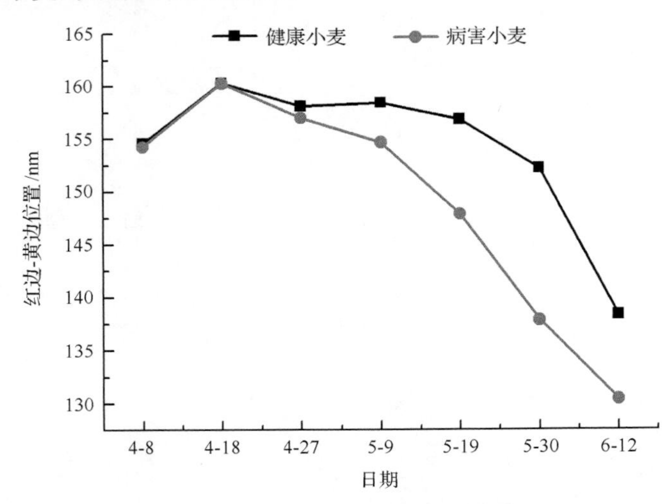

图 2-19 利用 REP-YEP 识别健康与病害小麦

在前人研究的方法基础上，利用新型高光谱参数 REP-YEP 反演小麦条锈病严重度，并与先前研究的相关模型进行了对比分析，研究结果表明：

(1) 利用 Cho 和 Skidmore(2006)方法计算得到的 REP 与 DI 的相关性大于计算一阶微分最大值得到的 REP 与 DI 的相关性，说明该方法得到的 REP 预测小麦病情的能力更强一些。

(2) 小麦在条锈病胁迫下，随着病情的加重，REP 有明显“蓝移”现象，而 YEP 具有明显“红移”现象，参数 REP-YEP 则逐渐减小。

(3) 参数 REP-YEP 与 DI 之间具有较好的二次方程关系，估测 DI 绝对误差为 6.22，相对误差为 14.3%，优于参考文献(陈云浩等，2009)的结果。实测 DI 与该模型估测 DI 对比分析，表明 DI 为 0～30，估测结果稍微偏大，而其他区间吻合度较好，说明该模型适合于条锈病发病中后期。

(4) 参数 REP-YEP 能够比肉眼观察提前 12 天识别出病害，且在整个染病生育期内区分度较好，因此该参数 REP-YEP 是一个较优的识别小麦条锈病的高光谱遥感指数。

2.7 大豆在不同病害胁迫下其光谱特征及识别研究

2.7.1 实验材料获取与数据处理

2008 年 5～9 月在英国诺丁汉大学 Sutton Bonington 校区(52.8°N,1.2°W)进行模拟研究地下 CO_2 泄漏对地表植被的影响,在实验后期,实验对象大豆感染了锈病与普通花叶病。为了研究大豆在锈病、普通花叶病胁迫下的光谱特征,我们特在对照区选择健康、普通花叶病与锈病样本进行光谱测试,野外试验共进行了两次,时间分别为 2008 年 8 月 6 日与 8 月 18 日。

1. 样本采集方法

采集大豆同一位置上的叶片,尽量减少由于生育期的不同给研究结果带来的影响。普通花叶病大豆叶片仅出现轻微卷曲,叶形小,不对病害严重度进行分级,每次采集 8 个样本;健康的大豆样本每次采集 8 个;而锈病每个叶片感染的程度不一致,我们根据大豆叶片锈病感染的面积占叶片总面积的比例对大豆锈病严重度进行了分级,共分为 4 个级别。

(1) RD1:感染面积为 0～10%;
(2) RD2:感染面积为 10%～45%;
(3) RD3:感染面积为 45%～80%;
(4) RD4:感染面积为 80%～100%。
每个病情等级的大豆叶片每次采集 5～8 个样本。

2. 光谱数据获取

测量仪器采用美国 ASD 地物光谱仪,光源采用人工光源,光线与测试平台呈 45°角;在测试平台上放置一块粗糙的黑色橡胶布,尽量减少底板对光谱测量的影响。在叶片光谱测量过程中,为避免叶片卷曲对光谱测量的影响,从四个互呈 90°夹角的方向测量四次光谱,每次读取 20 次值,四个方向共读取 80 个数据取其平均值作为该样本的最终光谱值。

3. 光谱数据平滑预处理

光谱数据进行预处理,本书采用 5 点平滑法进行平滑处理,具体数据预处理方法请阅读参考文献(蒋金豹等,2010)。

4. 连续统去除法

连续统去除法(continuum removal)是一种有效增强感兴趣吸收特征的光谱分析方法。连续统去除法就是用实际光谱波段值除以连续统上相应波段值,结果如图 2-20 所示。连续统去除法归一化后,那些“峰”值点上的相对值均为 1,那些非“峰”值点均小于 1,

就可以把光谱值统一到[0,1]之间,数据间也就具备了可比性。另外,因为连续统去除后的数值为相对值,可以反映不同交换方式的光谱在吸收特征波段区间所能携带的信息量差异。对光谱进行连续统去除的方法参见文献(张良培和张立福,2011)。本书利用自编的计算机程序进行相关计算。

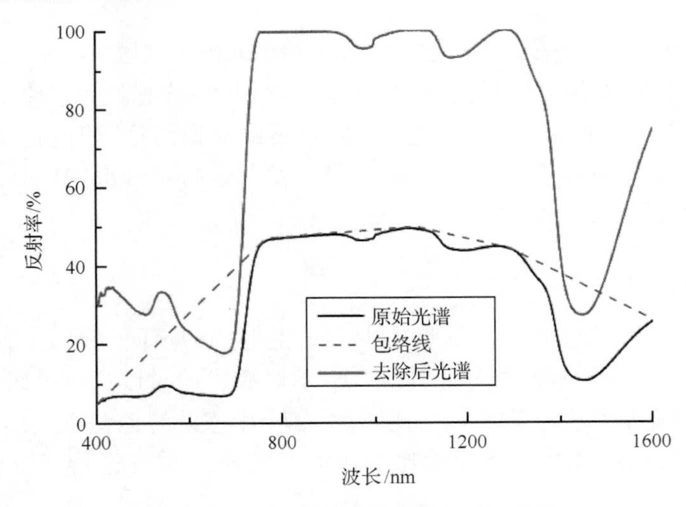

图 2-20 大豆光谱特征及其连续统(彩图附后)

5. J-M 距离计算方法及可分性准则

衡量各类特征空间的可分性准则需要满足与错误概率有单调关系、度量特性及单调性三个条件(黄凤岗等,1996)。归纳起来主要有各类样本之间的平均距离、类别间的相对距离、离散度、*J-M* 距离可以满足上述准则,上述四种方法中,*J-M* 距离方法相比其他三种效果较好(童庆禧等,2006b)。因此,在本书中采用 *J-M* 距离方法检验设计的指数识别大豆病害及其严重度的可分性。*J-M* 距离的计算公式如下:

$$J_{ij} = 2\sqrt{[1-\exp(-B_{ij})]} \tag{2-17}$$

式中,B_{ij} 为巴氏(Bhattacharyya)距离,即

$$B_{ij} = \frac{1}{8}(M_i - M_j)^{\mathrm{T}}\left[\frac{V_i + V_j}{2}\right]^{-1}(M_i - M_j) + \frac{1}{2}\ln\frac{|(V_i + V_j)/2|}{(\sqrt{|V_i|\cdot|V_j|})} \tag{2-18}$$

式中,M_i 和 M_j 分别为类别 i 和 j 类别的样本平均向量;V_i 和 V_j 为相应的矩阵样本协方差。

J-M 距离具有收敛性,其判别标准如下:当 $0.0 < J_{ij} \leqslant 1.0$ 时,两类别之间不具备光谱可分性;当 $1.0 < J_{ij} \leqslant 1.8$ 时,两类别之间具有一定的光谱可分性,但存在较大程度的重叠;当 $1.8 < J_{ij} \leqslant 2.0$ 时,两类别之间具有很好的光谱可分性(赵德刚等,2010)。

2.7.2 大豆在普通花叶病与锈病胁迫下其原始光谱特征

从图 2-21 可见,普通花叶病胁迫的大豆原始光谱在绿光区反射率大于健康大豆的光

谱反射率，而在红光区及近红外区域其反射率低于健康大豆的；锈病胁迫下大豆原始光谱在绿光区随着病情严重度增加而减小，在红光区与近红外区域原始反射率随着病情严重度增加而增加。

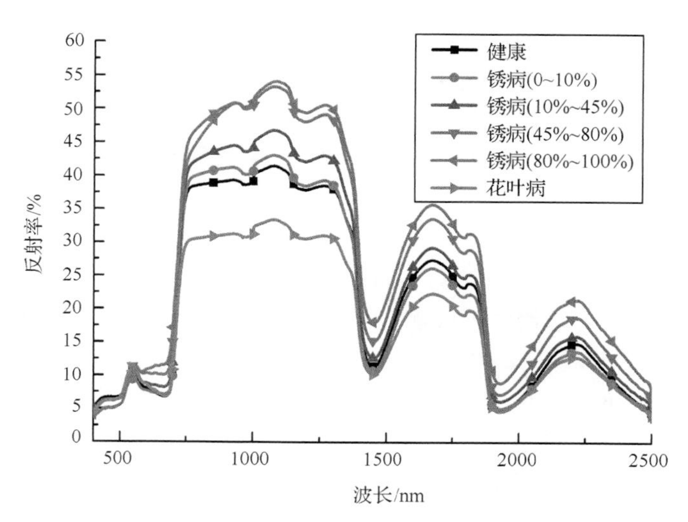

图 2-21　大豆原始光谱曲线图(彩图附后)

2.7.3 连续去除后大豆的光谱特征

从图 2-22 可见，对原始光谱连续统去除后，普通花叶病胁迫下的大豆反射率在绿光区与红光区显著大于健康大豆的，在近红外区域几乎没有差异，在 1450nm 与 1930nm 附近有少许差异，考虑到该波段区域为水分强吸收波段，对病害胁迫程度敏感度比较低，不予以考虑。锈病胁迫下大豆光谱在绿光区随着病情严重度增加而减小，在红光区随着病情严重度增加而显著增加，在近红外波段，与普通花叶病光谱特征一致。

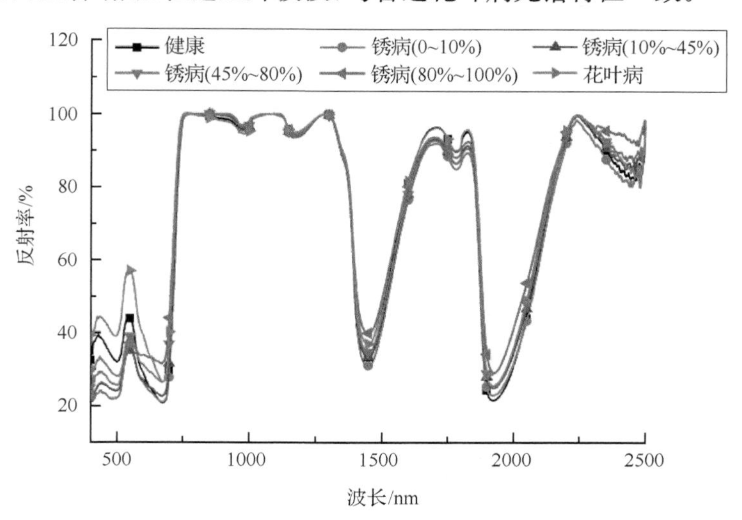

图 2-22　大豆连续统去除光谱曲线图(彩图附后)

2.7.4 特征波段的选择

根据图 2-22 可知，在 500nm、550nm 处，普通花叶病胁迫大豆的反射率显著大于健康的，而锈病胁迫大豆的反射率随病情严重度增加而减小，不同胁迫条件下大豆的光谱具有明显的可分性；在 680nm 处，普通花叶病胁迫大豆的反射率大于健康的，锈病胁迫的大豆反射率大于健康的，即在 680nm 处不同胁迫条件下的大豆也具有可分性。因此，选择 500nm、550nm 与 680nm 三个波段识别大豆病害及其严重度。

2.7.5 指数设计与病害识别

为了充分利用 500nm、550nm 与 680nm 三个波段的信息，设计了一个植被指数 $R_{500} * R_{550} / R_{680}$，该指数可以增强不同病害及不同胁迫程度下大豆光谱特征，利于识别大豆病害。如图 2-23 所示，普通花叶病胁迫下大豆的指数大于健康大豆的，而锈病胁迫下大豆的指数值小于健康大豆的，且随着病情严重度的增加其指数值逐渐减小。因此，该指数不仅可以识别出大豆不同的病害，还可以识别出其严重度。但是在大豆锈病严重度分别为 RD2 与 RD3 时，无论在 8 月 6 日[图 2-23(a)]还是 8 月 18 日[图 2-23(b)]，该指数值差异都比较小，识别能力不足。

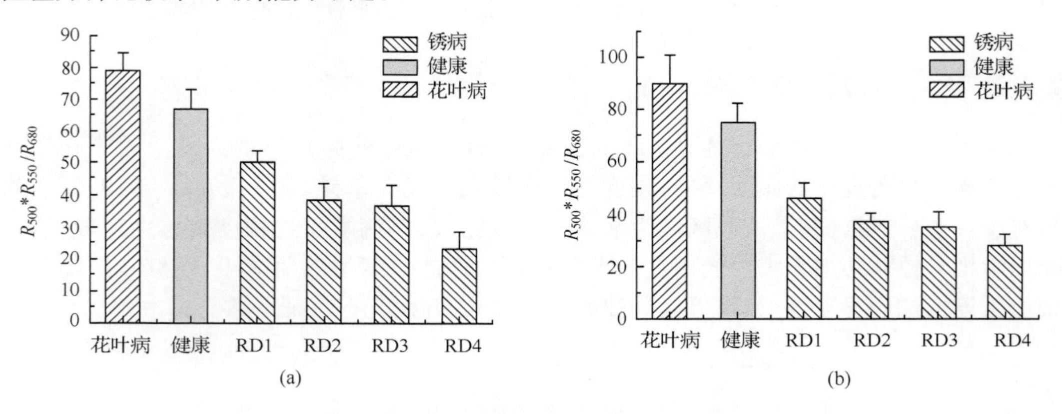

图 2-23 大豆在不同生长状态下其指数 $R_{500} * R_{550} / R_{680}$ 值

(a)8 月 6 日；(b)8 月 18 日

2.7.6 结果验证

为了检验指数 $R_{500} * R_{550} / R_{680}$ 对大豆锈病与普通花叶病及锈病病情严重度的识别能力，本书通过计算不同病害，以及同一病害不同严重度样本 $R_{500} * R_{550} / R_{680}$ 指数之间的 *J-M* 值，对比分析其 *J-M* 值，定量评估该指数对大豆病害的识别能力。不同病害及不同严重度之间的 *J-M* 值见表 2-11。

从表 2-11 可见，指数 $R_{500} * R_{550} / R_{680}$ 对锈病胁迫的大豆识别能力很强，在不同生育期，健康大豆与锈病胁迫大豆不同严重度之间的 *J-M* 距离都接近 2，即指数 $R_{500} * R_{550} / R_{680}$ 具有较好且稳定的识别能力。在大豆锈病严重度识别方面，在两个生育期 RD2 与 RD3 之间的 *J-M* 值都小于 1.8，其余类别间 $R_{500} * R_{550} / R_{680}$ 指数的 *J-M* 距离都大于 1.8，表明该指数在判定是RD2还是RD3时可能会出差错，识别能力不足，这与图2-23结果一致。

普通花叶病与健康大豆之间的 $J\text{-}M$ 值，在两个生育期都大于1.8，说明 $R_{500} * R_{550}/R_{680}$ 能够较好地识别出普通花叶病，且感染普通花叶病的大豆与感染不同严重程度锈病的大豆之间的 $J\text{-}M$ 值都达到2，表明感染普通花叶病的大豆与感染锈病的大豆具有完全的可区分性，也就是说指数 $R_{500} * R_{550}/R_{680}$ 完全可以识别出遭受普通花叶病胁迫的大豆。

表2-11　大豆不同病害及不同严重度之间的 *J-M* 距离值

时间	状态	J-M距离				
		健康	RD1	RD2	RD3	RD4
第一测试期（8月6日）	健康					
	RD1	1.992				
	RD2	2	1.958			
	RD3	2	1.975	1.318		
	RD4	2	2	1.995	1.958	
	花叶病	1.886	2	2	2	2
第二测试期（8月18日）	健康					
	RD1	2				
	RD2	2	1.806			
	RD3	2	1.828	1.298		
	RD4	2	2	1.888	1.896	
	花叶病	1.814	2	2	2	2

通过以上分析，可以得到如下结果：

（1）大豆感染普通花叶病后，其原始光谱在绿光区反射率大于健康大豆的光谱反射率，而在红光区及近红外区域其反射率低于健康大豆的光谱反射率。而锈病胁迫下大豆原始光谱在绿光区随着病情严重度增加而减小，在红光区与近红外区域原始反射率随着病情严重度增加而增加。

（2）连续统去除法可以增强感染普通花叶病、锈病与健康大豆的光谱差异性，也可增大不同锈病严重度之间的光谱差异性，特别是在绿光区其光谱差异性显著放大，有助于识别大豆病害及其病情严重度。

（3）经连续统去除法处理后的大豆病害胁迫光谱数据与原始光谱数据特征发生变化，普通花叶病胁迫下的大豆光谱反射率在可见光区域均大于健康大豆的光谱反射率，而锈病胁迫的大豆光谱反射率在绿光区随病情严重度增加而减小，在红光区随病情增大而增大。

（4）经过计算两次实验数据的 $J\text{-}M$ 距离检验光谱指数 $R_{500} * R_{550}/R_{680}$ 的病害识别能力，发现其能够较好的识别出大豆锈病与普通花叶病，同时该指数在识别大豆锈病严重度方面也有较强的能力，但在区分RD2与RD3时能力不足，有待进一步改进。

因此，利用连续统去除法对光谱进行处理，可以增强大豆不同病害胁迫下的光谱差异性，根据光谱变化特征波段设计的指数 $R_{500} * R_{550}/R_{680}$ 能够较好地识别大豆病害。本书结果对利用高光谱遥感识别地物、探测环境变化、监测农业病虫害具有较好的借鉴意义。

第3章 条锈病胁迫下小麦生理生化参数反演

条锈病胁迫下小麦光谱特征发生变化的主要原因是其生理生化参数变化引起的，因此有必要研究条锈病胁迫下小麦生理生化参数的变化规律、与病情严重度之间的关系，以及利用高光谱遥感定量反演其参数的方法。

3.1 条锈病胁迫下小麦生理生化参数测量

3.1.1 条锈病胁迫下小麦叶绿素与类胡萝卜素含量测定

叶绿素含量测定：80%的丙酮浸泡一星期用分光光度法在663nm、645nm下进行测定其OD值。利用叶绿素a和叶绿素b吸收光谱的不同，测定各特定峰值波长下的光密度，再根据色素分子在该波长下的消光系数，计算出浓度。叶绿素a、b的丙酮溶液在可见光范围内的最大吸收峰分别位于663nm、645nm处。公式为

$$C_A = 12.7\mathrm{OD}_{663} - 2.59\mathrm{OD}_{645} \tag{3-1}$$

$$C_B = 22.9\mathrm{OD}_{645} - 4.67\mathrm{OD}_{663} \tag{3-2}$$

$$C_{A+B} = 20.3\mathrm{OD}_{645} + 8.04\mathrm{OD}_{663} \tag{3-3}$$

式中，C_A、C_B分别为叶绿素a和b的浓度；C_{A+B}为叶绿素a和b的总浓度，单位为mg/L。所测材料单位质量或单位面积的叶绿素含量可以通过下式计算（王纪华等，2008）：

$$\text{叶绿素含量} = \frac{C \times V}{A \times 1000}(\mathrm{mg/g}\ \text{或}\ \mathrm{mg/dm^2}) \tag{3-4}$$

式中，C为叶绿素浓度；V为样液体积；A为叶片鲜重，叶绿素鲜重含量单位为mg/Fg。

叶绿素密度的物理意义是单位面积地物的叶绿素含量，单位为：mg/cm²，公式为

$$\text{叶绿素干重含量}(\%) = \frac{\text{叶绿素鲜重含量}}{1-\text{叶片含水量}} \times 100 \tag{3-5}$$

$$\text{叶绿素密度} = \text{叶绿素干重含量} \times \text{比叶重} \times \text{叶面积指数}(\mathrm{mg/cm^2}) \tag{3-6}$$

式中，比叶重为单位面积叶片的干物质质量，其单位是(mg/cm²)。

类胡萝卜素含量测定：取样方法及提取方法与叶绿素一致，增加分光光度计测量440nm处的OD值，根据下列公式计算类胡萝卜素含量：

$$\text{类胡萝卜素鲜重含量} = \frac{(4.695 \times \mathrm{OD}_{440} - 0.268 \times C_{A+B}) \times 80}{\text{鲜重质量} \times 1000}(\mathrm{mg/Fg}) \tag{3-7}$$

$$\text{类胡萝卜素密度} = \text{类胡萝卜鲜重含量} \times \text{比叶重}(\mathrm{mg/cm^2}) \tag{3-8}$$

3.1.2 条锈病胁迫下小麦相对含水量测定

采用烘干称重法。把采集的样本去除根部，用电子天平速称鲜重，后用烘箱 105℃杀青 15 分钟，80℃下烘至恒重，利用式(3-9)计算小麦相对含水量：

$$RWC = (FW - DW)/FW * 100\% \tag{3-9}$$

式中，RWC 为相对含水量；FW 为小麦的地上部鲜重；DW 为小麦的干重。

3.1.3 条锈病胁迫下小麦叶面积指数测定

用干重法进行叶面积指数的测定。苗期进行间苗处理，试验期选取 0.24m² 或 0.16m² 面积上的小麦，利用式(3-10)：

$$\frac{\text{标叶面积}}{\text{标叶质量}} = \frac{0.24\text{m}^2 \text{ 上的总叶面积}}{0.24\text{m}^2 \text{ 上的总叶质量}} \tag{3-10}$$

计算出样区面积上的叶面积指数 $LAI = \frac{0.24\text{m}^2 \text{ 上的总叶面积}}{0.24\text{m}^2}$，即为大田的叶面积指数 LAI。

3.1.4 条锈病胁迫下小麦叶全氮含量测定

采用凯氏定氮法(GB7173—87)。取当时已全展的最顶部及其邻位下叶 70～100 片，烘干后粉碎混匀供试。样品在加速剂的参与下，用浓硫酸消煮时，各种含氮有机化合物，经过复杂的高温分解反应，转化为氨态氮。碱化后蒸馏出来的氨用硼酸吸收，以酸标准溶液滴定，求出全氮含量(不包括全部硝态氮)。

3.2 条锈病胁迫下小麦叶绿素浓度高光谱遥感估测

3.2.1 高光谱变量特征参数选择

表 3-1 中高光谱变量是在前人研究的结果上(Blackburn，1999；浦瑞良和宫鹏，2000；王秀珍等，2004)，或结合病害小麦敏感波段改造而来。

表 3-1 植被、微分指数列表

植被指数	定义	植被指数	定义
SIPI	$(R_{800}-R_{445})/(R_{800}+R_{445})$	$PSND_a$	$(R_{800}-R_{680})/(R_{800}+R_{680})$
$PSSR_a$	R_{800}/R_{680}	$PSND_b$	$(R_{800}-R_{635})/(R_{800}+R_{635})$
$PSSR_b$	R_{800}/R_{635}	$PSND_c$	$(R_{800}-R_{470})/(R_{800}+R_{470})$
$PSSR_c$	R_{800}/R_{470}	GNDVI	$(R_{750}-R_{550})/(R_{750}+R_{5500})$
Rg_{ave}	绿峰 552～560nm 反射率的平均值		
SD_b	蓝边(492～530nm)内一阶微分总和	SD_y	黄边(555～571nm)内一阶微分总和
SD_g	绿边(505～553nm)内一阶微分总和	SD_r	红边(680～760nm)内一阶微分总和
REP	红边内一阶微分最大值处的波长	D_r	红边范围内一阶微分最大值

3.2.2 色素含量与光谱变量的相关分析

1. 色素含量与原始光谱的相关分析

由图 3-1 可以看出，波长小于 733nm，光谱反射率数据与色素含量呈负相关，在 518～726nm 各色素含量与原始光谱都达到极显著相关，相关系数在 708nm 处最大；波长大于 734nm，光谱反射率与色素含量呈正相关，但只有叶绿素 a 在 753～816nm 内与原始光谱达到极显著相关，766nm 处达到最大，随后逐渐下降。叶绿素 a 和 b，以及胡萝卜素含量与原始光谱的相关系数变化规律具有一致性。可以得出结论：可见光和近红外区域是色素反射和吸收的敏感区域。

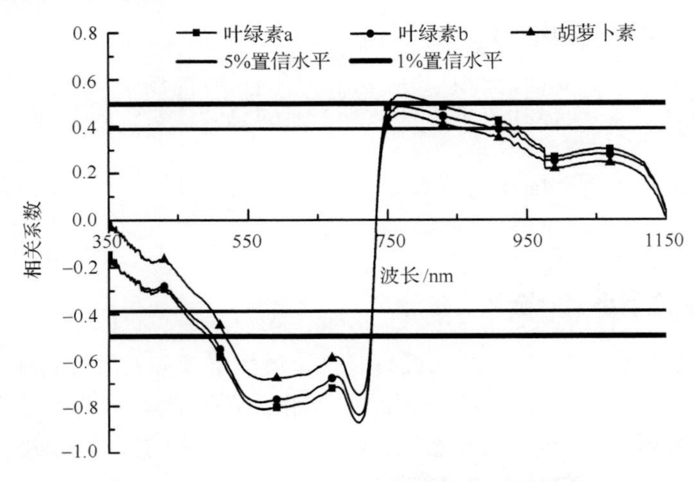

图 3-1 色素含量与病害小麦原始光谱相关性

2. 色素含量与一阶微分变量的相关分析

从图 3-2 可以看出，叶绿素 a 和 b，以及胡萝卜素含量与一阶微分变量的相关系数变化规律具有一致性。在 454～571nm、637～673nm、678～701nm、723～757nm 处各色素含量与一阶微分值都达到极显著相关。

3. 色素含量与光谱变量的相关分析

由表 3-2 可见，色素含量与原始光谱变量之间的相关系数以绿峰反射率平均值为最大，因此可以用高光谱遥感影像绿峰所在的波段反演植被色素含量，其他光谱变量除 $PSSR_a$ 和 $PSND_c$ 之外，全部达到极显著相关，与前人研究的结果一致(Blackburn，1998)。微分变量由于可以很好地消除背景影响，因此除 SD_r 与胡萝卜素含量达到显著相关外，其他变量全部达到极显著相关，其中变量 SD_b、SD_g、SD_r/SD_g 和 $(SD_r-SD_g)/(SD_r+SD_g)$ 与叶绿素 a 的相关系数达到 0.8 以上。因此，可以利用上述极显著相关的高光谱变量建立估算色素含量的模型。

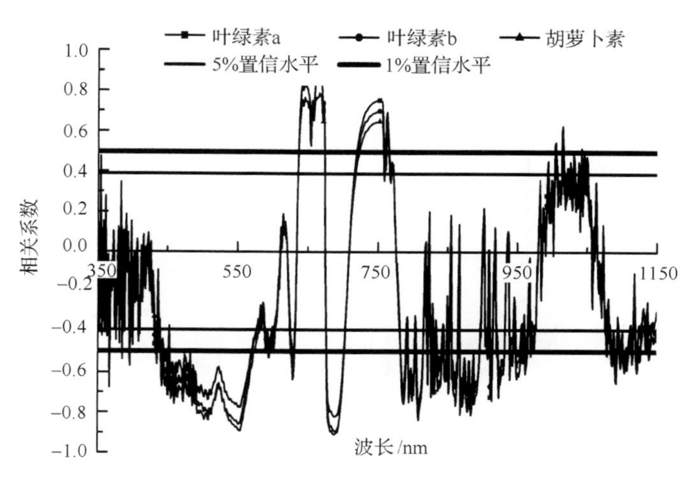

图 3-2　色素含量与病害小麦一阶微分相关性

表 3-2　色素含量与高光谱变量之间的相关系数($n=24$)

光谱变量	叶绿素 a	叶绿素 b	胡萝卜素	光谱变量	叶绿素 a	叶绿素 b	胡萝卜素
SIPI	−0.658**	−0.623**	−0.547**	D_r	0.694**	0.645**	0.595**
$PSSR_a$	0.601**			REP	0.739**	0.660**	0.664**
$PSSR_b$		0.583**		SD_b	−0.808**	−0.800**	−0.705**
$PSSR_c$			0.346	SD_g	−0.844**	−0.831**	−0.738**
$PSND_a$	0.653**			SD_r	0.578**	0.527**	0.484*
$PSND_b$		0.672**		SD_y/SD_b	−0.775**	−0.721**	−0.653**
$PSND_c$			0.380	SD_g/SD_b	−0.683**	−0.659**	−0.592**
GNDVI	0.720**	0.684**	0.595**	SD_r/SD_b	0.766**	0.721**	0.633**
R_g 平均	−0.802**	−0.776**	−0.667**	SD_r/SD_g	0.802**	0.757**	0.665**
$(SD_r-SD_g)/(SD_r+SD_g)$	0.819**	0.791**	0.701**	$(SD_r-SD_b)/(SD_r-SD_b)$	0.755**	0.728**	0.643**
$(SD_g-SD_y)/(SD_g-SD_y)$	−0.791**	−0.746**	−0.670**	$(SD_r-SD_y)/(SD_r-SD_y)$	−0.604**	−0.574**	−0.521**

注：*、** 分别代表 5%和 1%的显著水平;$R_{0.05[24]}=0.388$;$R_{0.01[24]}=0.496$。

3.2.3　小麦色素含量的高光谱估算模型

从表 3-2 中筛选出相关系数较大的光谱变量 Rg_{ave}、SD_b、SD_g、SD_r/SD_g 和$(SD_r-SD_g)/(SD_r+SD_g)$使用线性或非线性回归技术建立色素含量估算模型。

使用了以下 5 个模型:①简单线性模型，$Y=a+bX$;②对数模型，$Y=a+b*\ln(X)$;③指数模型，$Y=a*\exp(bX)$;④抛物线模型，$Y=a+bX+cX^2$;⑤一元三次函数，$Y=a+bX+cX^2+dX^3$。其中，Y 为色素含量的拟合值;X 为光谱变量;a,b,

c 和 d 为拟合系数。其目的就是从这些模型中选择最佳光谱变量与色素含量的关系模型。各模型的相关系数及 F 检验值见表 3-3。

表 3-3　色素含量与高光谱变量之间的回归分析

色素	模型	自变量									
		Rg_{ave}		SD_b		SD_g		SD_r/SD_g		$(SD_r-SD_g)/(SD_r+SD_g)$	
		R^2	F	R^2	F	R^2	F	R^2	F	R^2	F
叶绿素 a	线性	0.64**	39.71	0.65**	41.47	0.71**	54.3	0.64**	39.64	0.67**	44.68
	对数	0.56**	28.13	0.62**	35.84	0.68**	47.27	0.68**	46.14	0.66**	42.49
	抛物线	0.91**	102.12	0.73**	28.41	0.73**	28.89	0.71**	25.16	0.69**	23.17
	三次	0.90**	94.35	0.73**	27.8	0.73**	28.52	0.75**	20.26	0.69**	23.01
	指数	0.58**	30.73	0.60**	33.23	0.65**	41.52	0.57**	28.96	0.62**	35.69
叶绿素 b	线性	0.60**	33.31	0.64**	39.16	0.69**	48.91	0.57**	29.57	0.63**	36.66
	对数	0.52**	23.88	0.61**	33.82	0.66**	42.57	0.62**	35.73	0.62**	35.57
	抛物线	0.90**	91.28	0.73**	27.96	0.72**	26.72	0.66**	20.41	0.63**	17.94
	三次	0.90**	90.17	0.72**	27.59	0.72**	26.44	0.69**	14.58	0.63**	17.86
	指数	0.53**	24.78	0.57**	28.7	0.61**	33.9	0.50**	21.69	0.56**	28.15
胡萝卜素	线性	0.45**	17.63	0.50**	21.75	0.54**	26.25	0.44**	17.48	0.49**	21.26
	对数	0.37**	12.93	0.46**	18.49	0.51**	22.44	0.48**	20.62	0.49**	20.81
	抛物线	0.78**	37.48	0.66**	20.41	0.61**	16.39	0.53**	11.99	0.50**	10.3
	三次	0.78**	36.1	0.65**	19.76	0.60**	15.94	0.58**	9.25	0.49**	10.27
	指数	0.42**	16.07	0.48**	19.98	0.52**	23.57	0.41**	15.52	0.47**	19.54

注：*、** 分别代表 5%和 1%的显著水平；$R^2_{0.05[24]}=0.1505$，$R^2_{0.01[24]}=0.2460$。

从表 3-3 可见，由回归分析得到的全部 R^2 值均通过 0.01 极显著检验水平。我们选取最佳模型的标准是既要相关系数通过 0.01 极显著检验水平，又要其 F 值最大。因此，对于变量 Rg 平均来说，最佳模型是抛物线模型，对于变量 SD_r/SD_g 最佳模型为对数模型，对于变量 SD_b、SD_g 和 $(SD_r-SD_g)/(SD_r+SD_g)$ 最佳模型是线性模型。

3.2.4　小麦色素含量的高光谱估算模型的精度检验

以 2005 年小麦发病后采集 36 个样本中的 24 个作为训练样本，其余 12 个作为检验样本对模型进行精度检验。

从表 3-4 可知，色素含量高光谱估算模型的拟合 R^2 全部通过 0.01 极显著性检验水平，以 SD_b 为变量的模型预测 R^2 未通过 0.01 极显著检验水平，只通过 0.05 显著水平检验，其他变量的预测 R^2 全部通过 0.01 极显著性检验水平。以红边和绿边内一阶微分的总和构成的比值与归一化值为变量的模型预测色素含量精度相对较高。但由于以 SD_r/SD_g 为变量的反演模型是对数模型，而以 $(SD_r-SD_g)/(SD_r+SD_g)$ 为变量的估测模型为线性模型，而线性模型更便于应用，因此可以认为以$(SD_r-SD_g)/(SD_r+SD_g)$为变量的估测模型为最佳模型。

表 3-4　高光谱变量估测色素含量的模型以及误差分析

色素名称	模拟方程	拟合 R^2	预测 R^2	标准误差	相对误差/%
叶绿素 a	$Y=4.642-1.523(SD_b)$	0.653**	0.401*	0.6363	33.8
	$Y=4.123-0.91(SD_g)$	0.712**	0.668**	0.5291	28.1
	$Y=-1.07+1.256\ln(SD_r/SD_g)$	0.677**	0.824**	0.3287	17.5
	$Y=-4.016+7.209[(SD_r-SD_g)/(SD_r+SD_g)]$	0.670**	0.827**	0.3196	17.0
	$Y=-3.799+3.079(Rg)-0.383(Rg)^2$	0.907**	0.729**	0.5746	30.5
叶绿素 b	$Y=1.457-0.460(SD_b)$	0.640**	0.415*	0.1951	31.9
	$Y=1.297-0.273(SD_g)$	0.690**	0.708**	0.1606	26.2
	$Y=-0.237+0.366\ln(SD_r/SD_g)$	0.619**	0.803**	0.1037	16.9
	$Y=-1.114+2.124[(SD_r-SD_g)/(SD_r+SD_g)]$	0.625**	0.812**	0.0996	16.3
	$Y=-1.275+1.007(Rg)-0.124(Rg)^2$	0.897**	0.671**	0.1761	28.8
胡萝卜素	$Y=6.099-1.983(SD_b)$	0.497**	0.347*	0.1119	20.2
	$Y=0.877-0.129(SD_g)$	0.554**	0.597**	0.0974	17.6
	$Y=0.155+0.172\ln(SD_r/SD_g)$	0.484**	0.745**	0.0709	12.8
	$Y=-0.26+1.000[(SD_r-SD_g)/(SD_r+SD_g)]$	0.491**	0.750**	0.0688	12.4
	$Y=-0.597+0.588(Rg)-0.07(Rg)^2$	0.718**	0.579**	0.1090	19.7

注：*、** 分别代表 5%和 1%的显著水平；$R^2_{0.05[24]}=0.1505$，$R^2_{0.01[24]}=0.2460$；$R^2_{0.05[12]}=0.2830$，$R^2_{0.01[12]}=0.4369$。

利用条锈病胁迫下的小麦冠层光谱和各色素含量的实测数据，综合前人研究的成果，结合发病小麦的光谱特征，构造一些高光谱指数进行估测色素的含量，经过综合分析，得出以下结果：

（1）在病害小麦冠层叶片色素含量与光谱数据分析中，色素含量与原始光谱在可见光范围内（518～726nm）与一阶微分光谱在蓝边（454～571nm）、绿边（637～673nm）和红边（678～701nm、723～757nm）内具有极显著相关性。

（2）选取相关系数较大的微分变量，使用线性或非线性回归技术建立单变量估测色素含量模型，对于变量Rg_{ave}而言，最佳模型是抛物线模型，对于变量SD_r/SD_g最佳模型是对数模型，对于变量SD_b、SD_g和$(SD_r-SD_g)/(SD_r+SD_g)$最佳模型是线性模型。

（3）经过检验证明，以$(SD_r-SD_g)/(SD_r+SD_g)$为变量的线性模型，估测叶绿素 a、叶绿素 b 和胡萝卜素含量的标准误差为 0.3196、0.0996 和 0.0688，相对误差分别为 17.0%、16.3%和 12.4%，高于其他模型的精度，可以认为其是冠层光谱指数估测病害作物色素含量的最佳模型。

（4）用高光谱遥感估测病害作物冠层叶片的色素含量是可行的，且估测精度较高。

3.3 条锈病胁迫下小麦叶片氮素含量高光谱遥感估测

3.3.1 高光谱指数选择

所用的高光谱微分指数是在前人研究的基础上(Peñuelas et al.,1995b;Strachan et al.,2002;黄木易等,2003;孙雪梅等,2005;王秀珍等,2004),结合病害小麦的光谱特征,进行定义组合而来,见表 3-5。

表 3-5 微分指数列表

微分变量	描述	微分变量	描述
SD_b	蓝边(430～480nm)一阶微分总和	SD_y	黄边(555～590nm)一阶微分总和
SD_r	红边(680～760nm)一阶微分总和	SD_{nir}	近红外(783～890nm)一阶微分总和
D_{446}	446nm 处一阶微分与 TN 相关系数	D_r	红边范围内一阶微分最大值

微分指数	描述
SD_y/SD_b	黄边一阶微分总和与蓝边一阶微分总和的比值
SD_r/SD_b	红边一阶微分总和与蓝边一阶微分总和的比值
SD_r/SD_y	红边一阶微分总和与黄边一阶微分总和的比值
SD_{nir}/SD_b	近红外一阶微分总和与蓝边一阶微分总和的比值
SD_{nir}/SD_y	近红外一阶微分总和与绿边一阶微分总和的比值
SD_{nir}/SD_r	近红外一阶微分总和与红边一阶微分总和的比值
$(SD_y-SD_b)/(SD_y+SD_b)$	黄边一阶微分总和与蓝边一阶微分总和的归一化值
$(SD_r-SD_y)/(SD_r+SD_y)$	红边一阶微分总和与黄边一阶微分总和的归一化值
$(SD_r-SD_b)/(SD_r+SD_b)$	红边一阶微分总和与蓝边一阶微分总和的归一化值
$(SD_{nir}-SD_b)/(SD_{nir}+SD_b)$	近红外一阶微分总和与蓝边一阶微分总和的归一化值
$(SD_{nir}-SD_y)/(SD_{nir}+SD_y)$	近红外一阶微分总和与黄边一阶微分总和的归一化值
$(SD_{nir}-SD_r)/(SD_{nir}+SD_r)$	近红外一阶微分总和与红边一阶微分总和的归一化值

3.3.2 病情指数与 LTN 含量的关系

从图 3-3 可见,随着病情加重,小麦 LTN 含量逐渐降低。表明条锈病不仅破坏了作物叶片的色素含量以及内部组织结构,还影响作物的营养吸收功能,这也是致使作物减产的主要原因之一(黄木易等,2003)。病情指数与 LTN 含量之间具有极显著的负相关性($R=-0.76$)。

3.3.3 LTN 含量与光谱微分变量的相关分析

从图 3-4 可见,在 430～518nm、534～608nm、660～762nm,以及 783～893nm 范围内 LTN 含量与一阶微分光谱达到极显著相关,在 446nm 处达到最大值 0.90,因此利用此范围内的一阶微分光谱构建微分变量进行反演作物冠层 LTN 含量,见表 3-6。可以看出,

除变量 SD_r/SD_y、SD_{nir}/SD_y，以及$(SD_{nir}-SD_b)/(SD_{nir}+SD_b)$与 LTN 含量的相关性较差以外，其余变量与 LTN 含量均呈极显著相关。

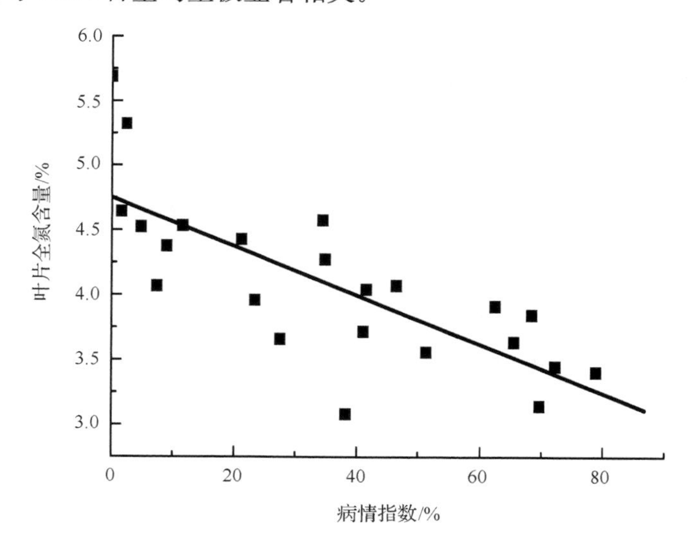

图 3-3 LTN 含量与病情指数之间的关系

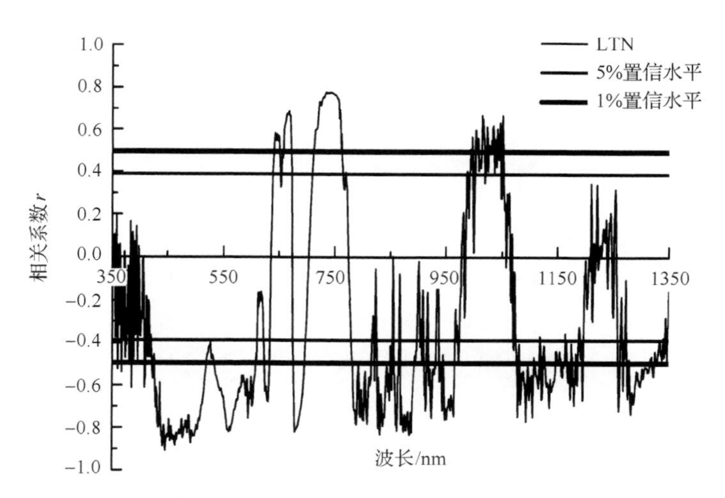

图 3-4 LTN 含量与病害小麦冠层光谱一阶微分相关性

表 3-6 LTN 含量与微分变量的相关系数(n=24)

变量	相关系数	变量	相关系数	变量	相关系数
SD_b	−0.870**	D_r	0.762**	SD_r/SD_y	−0.359
SD_y	0.754**	SD_{nir}	−0.839**	SD_{nir}/SD_b	−0.563**
SD_r	0.712**	SD_y/SD_b	0.869**	SD_{nir}/SD_y	−0.398*
D_{446}	0.900**	SD_r/SD_b	0.852**	SD_{nir}/SD_r	−0.879**
$(SD_y-SD_b)/(SD_y+SD_b)$	0.774**	$(SD_r-SD_y)/(SD_r+SD_y)$	−0.635**	$(SD_{nir}-SD_y)/(SD_{nir}+SD_y)$	−0.813**
$(SD_r-SD_b)/(SD_r+SD_b)$	0.750**	$(SD_{nir}-SD_b)/(SD_{nir}+SD_b)$	0.227	$(SD_{nir}-SD_r)/(SD_{nir}+SD_r)$	0.889**

注：*、** 分别代表 5%和 1%的显著水平；$R^2_{0.05[24]}=0.1505$，$R^2_{0.01[24]}=0.2460$。

3.3.4 病害小麦冠层 LTN 含量的高光谱估测模型

从表 3-6 中筛选出相关系数大于 0.8 的光谱变量 D_{446}、SD_b、SD_{nir}、SD_y/SD_b、SD_r/SD_b、SD_{nir}/SD_r、$(SD_{nir}-SD_y)/(SD_{nir}+SD_y)$、$(SD_{nir}-SD_r)/(SD_{nir}+SD_r)$，使用线性或非线性回归方法建立 LTN 含量估算模型。利用 F 检验法来判别最佳变量和其对应的模型。研究中使用了以下 5 个模型。

（1）简单线性模型：$Y=a+bX$；

（2）对数模型：$Y=a+b*\ln(X)$；

（3）指数模型：$Y=a*\exp(bX)$；

（4）抛物线模型：$Y=a+bX+cX^2$；

（5）一元三次函数：$Y=a+bX+cX^2+dX^3$。

式中，Y 为 LTN 含量的拟合值；X 为光谱变量；a,b,c 和 d 为拟合系数。

从表 3-7 可见，由回归分析得到的 R^2 值均通过 0.01 极显著检验水平。最佳模型的标准是既要相关系数通过 0.01 极显著检验水平，又要其 F 值最大。因此，对于变量 SD_{nir}，SD_y/SD_b，$(SD_{nir}-SD_y)/(SD_{nir}+SD_y)$来说，最佳模型是线性模型，对于变量 D_{446}、SD_b、SD_r/SD_b 最佳模型为对数模型，对于变量 SD_{nir}/SD_r、$(SD_{nir}-SD_r)/(SD_{nir}+SD_r)$来说最佳模型是指数模型。

表 3-7 LTN 含量与高光谱变量的线性和非线性回归分析

变量	模型									
	$Y=a+bX$		$Y=a+b*\ln(X)$		$Y=a+bX+cX^2$		$Y=a+bX+cX^2+dX^3$		$Y=a*\exp(bX)$	
	R^2	F	R^2	F	R^2	F	R^2	F	R^2	F
D_{446}	0.823**	102.32	0.836**	112.17	0.832**	52.14	0.843**	35.73	0.831**	108.42
SD_b	0.757**	68.65	0.783**	79.44	0.784**	38.01	0.784**	24.14	0.781**	78.34
SD_{nir}	0.654**	41.5	0.470**	19.53	0.654**	19.81	0.654**	12.60	0.628**	37.12
SD_y/SD_b	0.755**	67.93	0.567**	28.79	0.775**	36.1	0.796**	25.95	0.717**	55.65
SD_r/SD_b	0.724**	57.79	0.761**	70.17	0.757**	32.69	0.789**	25.00	0.682**	47.28
SD_{nir}/SD_r	0.773**	74.75	ns	ns	0.784**	38.13	0.788**	24.76	0.797**	86.41
$(SD_{nir}-SD_y)/(SD_{nir}+SD_y)$	0.662**	43.11	ns	ns	0.755**	32.34	0.755**	20.60	0.645**	39.91
$(SD_{nir}-SD_r)/(SD_{nir}+SD_r)$	0.790**	82.60	0.784**	80.05	0.796**	40.86	0.795**	40.82	0.810**	93.74

注：*、** 分别代表 5%和 1%的显著水平；"ns"代表 $x<0$ 时模型无意义；$R^2_{0.05[24]}=0.1505$；$R^2_{0.01[24]}=0.2460$。

3.3.5 小麦 LTN 含量的高光谱估算模型的精度检验

以 2005 年小麦发病后采集 36 个样本数据中的 24 个作为训练样本，其余 12 个作为检验样本对模型进行精度检验。结合表 3-7 得出的结论，构建各个变量的最佳模型，见表 3-8。

表 3-8　高光谱变量估测 LTN 含量的模型、拟合 R^2 和预测 R^2 的比较以及误差分析

模拟方程	拟合 R^2	预测 R^2	RMSE	相对误差/%
$Y=2.767-1.283\ln(D_{446})$	0.836**	0.745**	0.4382	10.23
$Y=2.767-1.283\ln(SD_b)$	0.783**	0.653**	0.3809	9.13
$Y=5.402*\exp[-0.246*(SD_{nir})]$	0.628**	0.627**	0.4437	10.37
$Y=0.326+0.887\ln(SD_r/SD_b)$	0.761**	0.729**	0.3567	8.33
$Y=3.397+0.231(SD_y/SD_b)$	0.755**	0.629**	0.4369	10.21
$Y=4.953*\exp[-3.573*(SD_{nir}/SD_r)]$	0.797**	0.717**	0.3806	8.89
$Y=4.148-0.782[(SD_{nir}-SD_y)/(SD_{nir}+SD_y)]$	0.662**	0.650**	0.4121	9.63
$Y=0.322*\exp[-2.797((SD_{nir}-SD_r)/(SD_{nir}+SD_r))]$	0.810**	0.726**	0.4996	11.67

注：** 代表 1%的显著水平；$R^2_{0.05[24]}=0.1505$，$R^2_{0.01[24]}=0.2460$；$R^2_{0.05[12]}=0.2830$，$R^2_{0.01[12]}=0.4369$。

从表 3-8 可知，LTN 含量高光谱估算模型的拟合 R^2 和预测 R^2 全部通过 0.01 极显著性检验水平，以 SD_r/SD_b 为变量的模型预测 LTN 含量精度最高，其 RMSE 为 0.3567，相对误差为 8.33%；其次是以 SD_{nir}/SD_r 为变量的模型，其 RMSE 为 0.3806，相对误差为 8.89%；其他变量的估测误差也都小于 12%，可见，用作物冠层光谱的一阶微分光谱指数能够监测作物的营养状况。

图 3-5 可以看出以 SD_{nir}/SD_r 和 SD_r/SD_b 为变量的模型预测 LTN 含量的结果，可以看出模型预测效果较好。

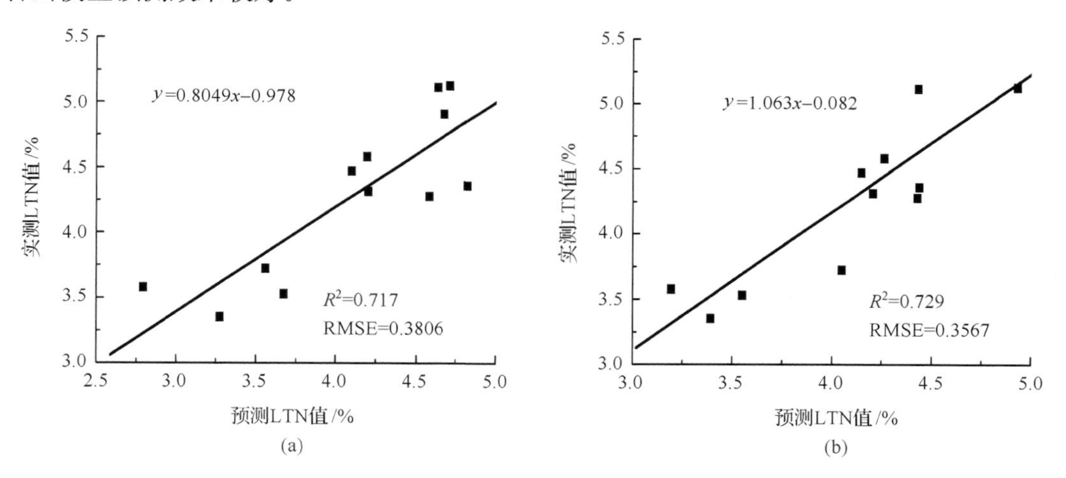

图 3-5　基于变量 SD_{nir}/SD_r 和 SD_r/SD_b 的模型预测 LTN 含量值与实测值比较

(a) SD_{nir}/SD_r；(b) SD_r/SD_b

在总结前人成果的基础上，利用条锈病胁迫下冬小麦的特征光谱，基于高光谱微分变量建立模型反演作物 LTN 含量。研究结果表明：

(1) 小麦冠层光谱反射率随病情的加重在可见光范围内逐渐增大，在近红外区域逐渐降低；一阶微分值随病情加重在红边内逐渐降低，在其他区域随病情变化没有显著变化。

（2）小麦发病后，随病情加重，冠层叶片 LTN 含量逐渐降低，并与病情指数呈极显著负相关。LTN 含量与冠层光谱一阶微分在 430～518nm、534～608nm、660～762nm，以及 783～893nm 区域具有极显著相关性，从而可以利用冠层光谱一阶微分估算 LTN 含量。

（3）一阶微分光谱变量 D_{446}、SD_b、SD_{nir}、SD_y/SD_b、SD_r/SD_b、SD_{nir}/SD_r、$(SD_{nir}-SD_y)/(SD_{nir}+SD_y)$、$(SD_{nir}-SD_r)/(SD_{nir}+SD_r)$ 与 LTN 含量具有较强的相关性，其相关系数均大于 0.8。

（4）利用单变量线性或非线性回归方法，建立 LTN 含量的估测模型，对于变量 SD_{nir}、SD_y/SD_b、$(SD_{nir}-SD_y)/(SD_{nir}+SD_y)$ 来说，最佳模型是线性模型，对于变量 D_{446}、SD_b、SD_r/SD_b 最佳模型为对数模型，对于变量 SD_{nir}/SD_r、$(SD_{nir}-SD_r)/(SD_{nir}+SD_r)$ 来说最佳模型是指数模型。

（5）对上述模型进行精度检验，所有模型的拟合 R^2 和预测 R^2 都通过极显著水平检验，估测相对误差都小于 12%，而以 SD_r/SD_b 为变量的模型估测精度最高，其 RMSE 为 0.3567，相对误差为 8.33%，可以认为其是估测 LTN 含量的最佳模型。

3.4 条锈病胁迫下冬小麦冠层叶片全氮含量小波法估测

3.4.1 光谱数据小波处理

小波变换是信号处理和分析的有效工具，它包括离散小波变换（DWT）和连续小波变换（CWT）。在高光谱数据分析中 CWT 获得的小波系数能够提供更多光谱吸收特征的形状和位置信息（Blackburn and Ferwerda，2008），因此本书选择 CWT 方法对测量的冬小麦冠层光谱数据进行处理，来估测条锈病胁迫下冬小麦 LTN 含量。

CWT 是一种线性变换的方法，利用一个小波基函数将高光谱反射率数据在不同尺度上转换成一系列的小波系数，其变换公式（Cheng et al.，2010）如下：

$$f(a,b)=\langle f,\psi_{a,b}\rangle=\int_{-\infty}^{+\infty}f(t)\psi_{a,b}(t)\mathrm{d}t \tag{3-11}$$

$$\psi_{a,b}(t)=\frac{1}{\sqrt{a}}\psi\left(\frac{t-b}{a}\right) \tag{3-12}$$

式中，$f(t)$ 为光谱反射率数据；t 为光谱波段（400～1000nm）；$\psi_{a,b}(t)$ 为小波基函数；a 为尺度因子；b 为平移因子。

本书选择两种小波基函数，分别为 Daubechies（Db5）小波函数、Mexican Hat 小波函数。分别选取 10 个尺度 2^1、2^2、2^3、2^4、2^5、2^6、2^7、2^8、2^9、2^{10}，即 1～10 尺度。在 Matlab 软件中完成对冬小麦冠层光谱数据的处理。

小波系数选择方法流程图见图 3-6，其选择步骤如下：

（1）对所有样本的光谱反射率进行不同尺度下的 CWT 处理，得到不同尺度下的小波系数；

（2）将得到的小波系数与冬小麦 LTN 含量进行相关性分析，以确定与 LTN 含量相

关性较强的小波系数所在的波长位置及尺度(用决定系数 R^2 来表示相关性分析结果,其值为 0～1);

(3) 按照 R^2 的大小降序排列,根据阈值提取相关性较强的小波系数。本书取 R^2 排在前 1%的小波系数;

(4) 若选择的小波系数间存在冗余,则选择小波系数所在特征区域内 R^2 最大的一个小波系数。

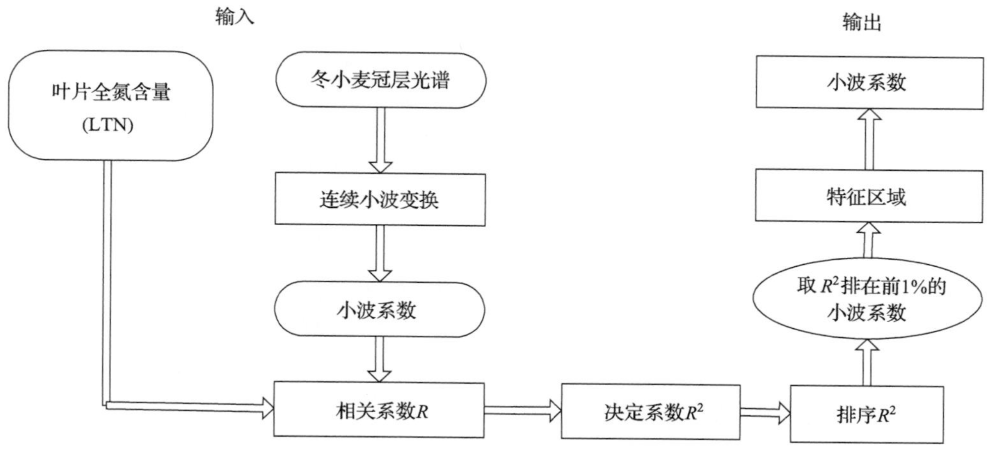

图 3-6　小波系数选择流程

本书采用台湾大学 Lin 和 Chang(2015)开发设计的 LibSVM 软件包对冬小麦冠层 LTN 含量进行反演。其中,SVM 回归的核函数:RBF 核函数,参数寻优方法:格网寻优。

3.4.2　高光谱指数

在前人研究的基础上,选择一些高光谱指数反演条锈病胁迫下冬小麦 LTN 含量,以便与 CWT 反演结果进行对比,高光谱指数见表 3-9。

表 3-9　高光谱指数

高光谱指数	定义	公式	参考文献
SR	simple ratio index	R_{800}/R_{670}	Rouse 等(1974)
PRI	photochemical reflectance index	$(R_{531}-R_{570})/(R_{531}+R_{570})$	Gamon 等(1992)
NDVI	normalized difference vegetation index	$(R_{800}-R_{670})/(R_{800}+R_{670})$	Rouse 等(1974)
OSAVI	optimized soil-adjusted vegetation index	$(1+0.16)(R_{800}-R_{670})/(R_{800}+R_{670}+0.16)$	Rondeaux 等(1996)
SIPI	structure insensitive pigment index	$(R_{800}-R_{450})/(R_{800}+R_{650})$	Peñuelas 等(1995a)

续表

高光谱指数	定义	公式	参考文献
LIC1	lichtenthaler index 1	$(R_{800}-R_{680})/(R_{800}+R_{680})$	Lichtenthaler 等(1996)
LIC2	lichtenthaler index 2	R_{440}/R_{690}	Lichtenthaler 等(1996)
LIC3	lichtenthaler index 3	R_{440}/R_{740}	Lichtenthaler 等(1996)
TVI	triangular vegetation index	$0.5\times[120\times(R_{750}-R_{550})-200\times(R_{670}-R_{550})]$	Broge 和 Leblanc(2001)
MTVI2	modified triangular vegetation index 2	$\frac{1.5\times[1.2\times(R_{800}-R_{550})-2.5\times(R_{570}-R_{550})]}{\sqrt{(2\times R_{800}+1)^2-(6\times R_{800}-5\times\sqrt{R_{570}}-0.5)}}$	Haboudane 等(2004)

3.4.3 模型精度检验方法

由于本试验共采集 36 条冬小麦冠层光谱数据，数据量较小，所以本书采用交叉验证方法对冬小麦 LTN 含量的估测精度进行检验，以保证构建的估测模型具有较可靠且稳定的精度。分别计算了 SVM 反演模型的拟合 R^2、拟合均方根误差(RMSE)、拟合相对误差(RE)、预测 R^2、预测 RMSE 和预测 RE。

3.4.4 DI 与 LTN 的关系

由图 3-7 可见，冬小麦条锈病的病情严重程度与 LTN 含量之间存在显著的负相关关系($R=-0.784$，$n=33$)。随着病情指数增大，冬小麦 LTN 含量逐渐减小，可以看出条锈病影响了冬小麦的营养吸收能力，从而影响冬小麦的光合作用及产量(黄木易等，2003)。因此可以通过估测 LTN 含量辅助判断冬小麦条锈病严重度(蒋金豹等，2008)。

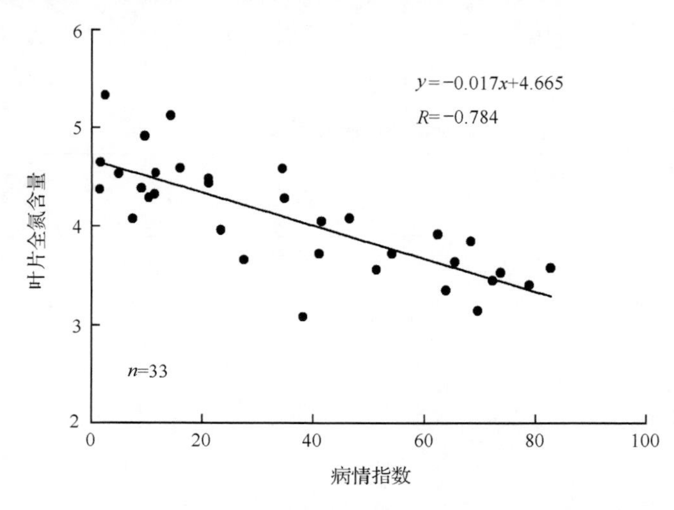

图 3-7 病情指数(DI)与 LTN 含量的关系

3.4.5 小波系数选择

根据3.4.1节小波系数选择方法，选择的小波系数结果见表3-10。

表3-10 小波系数表

小波函数	波长/nm	尺度
Daubechies-Db5	663	5
	474	5
	946	8
	664	4
	674	3
Mexican Hat	423	4
	555	6
	609	5
	573	2
	721	1

3.4.6 小波系数与高光谱指数的反演结果

由表3-11可见，所有高光谱指数和小波系数反演冬小麦LTN含量的拟合R^2和预测R^2均达到0.01的显著性检验水平。高光谱指数SR、PRI、LIC2、LIC3、TVI、MTVI2的预测精度均较低，其R^2低于0.700，均方根误差(RMSE)及相对误差(RE)较大；高光谱指数NDVI、OSAVI、SIPI、LIC1估测冬小麦LTN含量的精度较高。以小波系数为自变量估测LTN含量的模型中，除474(5)、674(3)、721(1)的预测精度较低外，其他小波系数的估测精度均较高，且普遍高于高光谱指数的估测精度，其拟合和预测的RMSE较低，拟合RE均在7.00%之下，预测RE在9.00%之下。

表3-11 冬小麦LTN含量反演精度

类型	自变量	相关系数	拟合精度			预测精度		
			R^2	RMSE	RE/%	R^2	RMSE	RE/%
高光谱指数	SR	0.825	0.702	0.337	8.10	0.695	0.386	9.27
	PRI	0.758	0.725	0.314	7.52	0.575	0.435	9.27
	NDVI	0.802	0.710	0.334	8.03	0.715	0.381	9.16
	OSAVI	0.801	0.710	0.335	8.04	0.714	0.381	9.17
	SIPI	0.816	0.719	0.333	8.00	0.702	0.378	9.10
	LIC1	0.800	0.711	0.336	8.06	0.713	0.379	9.12
	LIC2	0.773	0.749	0.311	7.45	0.498	0.468	11.23
	LIC3	−0.747	0.596	0.386	9.27	0.554	0.462	11.10
	TVI	0.719	0.570	0.401	9.62	0.462	0.489	11.74
	MTVI2	0.722	0.648	0.369	8.87	0.567	0.431	10.39

续表

类型	自变量	相关系数	拟合精度			预测精度		
			R^2	RMSE	RE/%	R^2	RMSE	RE/%
Db5	663(5)	0.846	0.753	0.311	7.46	0.741	0.345	8.28
	474(5)	0.872	0.798	0.278	6.68	0.675	0.456	10.95
	946(8)	−0.847	0.727	0.328	7.88	0.745	0.371	8.89
	664(4)	0.845	0.765	0.314	7.53	0.704	0.367	8.82
	674(3)	−0.843	0.713	0.344	8.25	0.688	0.372	8.95
Mexican Hat	423(4)	0.867	0.795	0.274	6.59	0.782	0.315	7.62
	555(6)	−0.851	0.730	0.322	7.73	0.721	0.346	8.31
	609(5)	−0.828	0.734	0.321	7.70	0.722	0.357	8.59
	573(2)	−0.837	0.717	0.329	7.90	0.704	0.372	8.93
	721(1)	−0.835	0.709	0.340	8.16	0.675	0.386	9.27

注：$R_{0.01}(36)=0.413$，$R^2_{0.01}(24)=0.246$，$R^2_{0.01}(12)=0.437$。

据文献（王莉雯和卫亚星，2013）介绍可知，430nm、460nm、640nm、660nm、910nm、1510nm、1940nm、2060nm、2180nm、2300nm 和 2350nm 共 11 个波段为氮素吸收波段的中心位置，在受到外界环境及植被自身因素的影响下，其吸收波段会发生一些偏移。从表 3-11 可知，本书中估测冬小麦 LTN 含量最优模型是以 Mexican Hat 小波函数处理得到的位于第 4 尺度 423nm 波段的小波系数为自变量构建的 SVM 模型，其次为 Db5 小波函数处理得到的处于第 5 尺度 663nm 波段的小波系数构建的模型，这两个波段正好处于氮素的 430nm 及 660nm 吸收特征波段附近，能够很好地反演冬小麦 LTN 含量。

图 3-8 显示了以小波系数 423(4)和 663(5)为模型自变量获得的预测 LTN 含量与实测 LTN 含量的比较关系，从中可以看出反演 LTN 含量的精度较高。

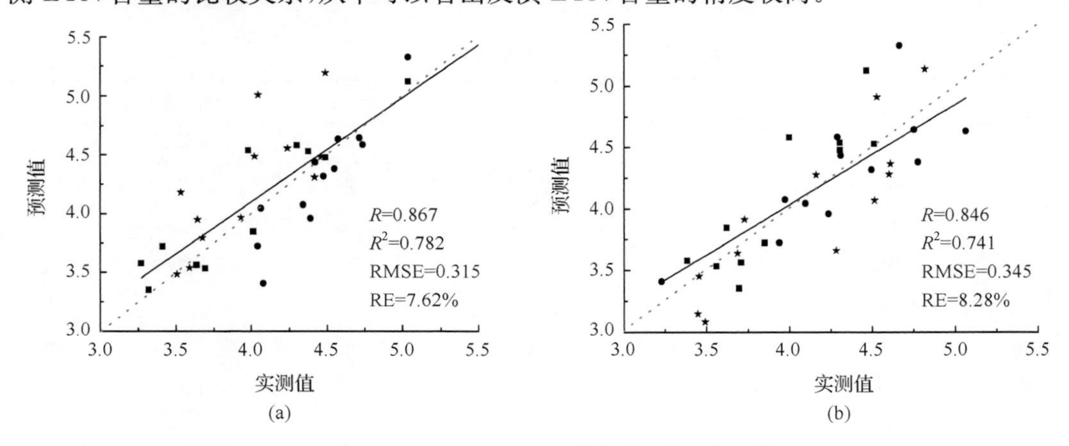

图 3-8　基于变量 423(4)和 663(5)的模型实测与预测 LTN 含量比较

(a)变量 423(4)；(b)变量 663(5)

●表示第一次验证数据的实测与预测值，★表示第二次验证数据的实测与预测值，■表示第三次验证数据的实测与预测值

氮素对植物的生理代谢及生长过程具有重要意义。当植被受到胁迫时，叶片氮素含量会产生变化。该研究表明，当冬小麦受到条锈病胁迫后，LTN 含量明显降低，因此通过监测 LTN 含量来间接判断小麦条锈病的发病情况，对于小麦病害预防、指导科学施肥等都具有重要意义。

条锈病胁迫下冬小麦冠层光谱反射率数据进行 CWT 处理后获得小波系数，与 SVM 回归方法结合能够很好地估测 LTN 含量，且其反演模型精度普遍高于高光谱指数模型的估测精度。其中，反演冬小麦冠层 LTN 含量的最优模型为以 Mexican Hat 小波函数处理得到的小波系数 423(4)建立的模型，RMSE 为 0.315，RE 为 7.62%；其次为以 Db5 小波函数获得的小波系数 663(5)构建的模型，RMSE 为 0.345，RE 为 8.28%。

3.5 条锈病胁迫下小麦冠层叶绿素密度高光谱遥感估测

3.5.1 高光谱指数选择

在借鉴前人研究的经验，结合小麦冠层光谱特征，挑选、构建了一些植被指数与微分指数，书中所使用高光谱指数参见文献（Gamon et al.，1992；Gitelson et al.，1996；Haboudane et al.，2002；Peñuelas et al.，1995a，b；Rondeaux et al.，1996；Rouse，1974；Smith et al.，2004a；Zarco-Tejada et al.，2002，2004），主要采用植被指数 NDVI、SIPI、PRI、NPCI、GNDVI、MCARI1，以及 OSAVI，同时还采用微分比值(D_i/D_j)与归一化指数($(D_i-D_j)/(D_i+D_j)$)，其中 D 代表微分值，i、j 分别代表波段位置。

3.5.2 CCD 与 DI 之间的关系

从图 3-9 可见，随着病情加重，小麦叶绿素密度逐渐降低，因此 CCD 与 DI 之间具有极显著负相关关系，与叶绿素浓度变化一致（蒋金豹等，2007a）。说明小麦在感染条锈病后，叶绿素含量逐渐减少，从而造成小麦光合能力减弱，致使小麦减产。因此，叶绿素密度的变化可以作为判断小麦是否遭受外界胁迫的因素之一。

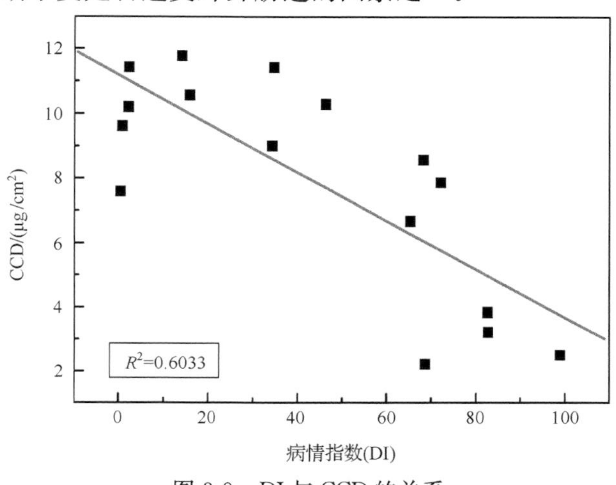

图 3-9 DI 与 CCD 的关系

3.5.3 高光谱指数与 CCD 相关性分析

对所有指数分别与 CCD 进行相关分析，从表 3-12 可见，除 PRI 指数没有达到 5%显著检验水平外(该指数 p 值为 0.215)，其余所有指数都达到 0.1%极显著检验水平，且 p 值均为 0，说明除 PRI 外所有指数，都能够较好反映叶绿素密度变化情况。微分指数 $(D_{750}-D_{550})/(D_{750}+D_{550})$ 与 D_{750} 的相关系数较大，分别为 0.783 与 0.751。

表 3-12 高光谱指数与 CCD 相关系数表

指数	相关系数	P 值	指数	相关系数	P 值
NDVI	0.732**	0.00	MCARI1	0.730**	0.00
SIPI	0.711**	0.00	D_{705}/D_{722}	−0.713**	0.00
OSAVI	0.732**	0.00	D_{750}/D_{550}	0.662**	0.00
PRI	−0.233	0.215	$(D_{715}-D_{705})/(D_{715}+D_{705})$	0.711**	0.00
NPCI	−0.701**	0.00	$(D_{705}-D_{722})/(D_{705}+D_{722})$	−0.699**	0.00
GNDVI	0.674**	0.00	$(D_{725}-D_{702})/(D_{725}+D_{702})$	0.727**	0.00
R_{762}	0.685**	0.00	$(D_{750}-D_{550})/(D_{750}+D_{550})$	0.783**	0.00
D_{715}/D_{705}	0.699**	0.00	D_{750}	0.751**	0.00
D_{725}/D_{702}	0.700**	0.00			

注：** 表示 0.1%的显著水平。

3.5.4 建立高光谱指数反演 CCD 模型

为了更好地反演小麦叶绿素密度，本书选择了表 3-12 相关系数达到 0.7 或以上的指数，作为变量构建叶绿素密度反演模型。经研究发现，所选指数与 CCD 均存在较好的指数关系，见表 3-13，并分别计算了各个模型的决定系数、F 值，以及估测误差。

表 3-13 高光谱指数反演 CCD 模型、决定系数以及误差对比

变量	模型	R^2	F	RMSE	RE
NDVI	$y=0.6244e^{3.1367x}$	0.707**	67.47	2.2633	27.1
SIPI	$y=0.1314e^{4.8432x}$	0.673**	57.71	2.3724	28.4
NPCI	$y=14.4e^{-2.4285x}$	0.580**	38.69	2.5677	30.7
MCARI1	$y=1.8615e^{0.0361x}$	0.677**	58.69	2.2647	27.1
OSAVI	$y=0.6297e^{2.7088x}$	0.707**	67.57	2.2618	27.1
$(D_{715}-D_{705})/(D_{715}+D_{705})$	$y=4.8146e^{4.9915x}$	0.666**	55.8	2.2939	27.5
D_{705}/D_{722}	$y=29.629e^{-1.985x}$	0.687**	61.31	2.2670	27.1
D_{725}/D_{702}	$y=2.0087e^{0.7361x}$	0.609**	43.53	2.3512	28.2
$(D_{725}-D_{702})/(D_{725}+D_{702})$	$y=4.03e^{2.4327x}$	0.716**	68.74	2.2270	26.7
$(D_{750}-D_{550})/(D_{750}+D_{550})$	$y=1.4715e^{2.1144x}$	0.772**	72.04	1.9468	23.3
D_{750}	$y=3.0975e^{3.2704x}$	0.646**	50.99	2.2348	26.8

注：** 表示 0.1%的显著水平；$R^2_{0.001[30]}=0.3069$。

图 3-10 为指数$(D_{750}-D_{550})/(D_{750}+D_{550})$、$(D_{725}-D_{702})/(D_{725}+D_{702})$与 CCD 的关系图，从图中可见，高光谱指数与 CCD 之间存在较好的指数关系。

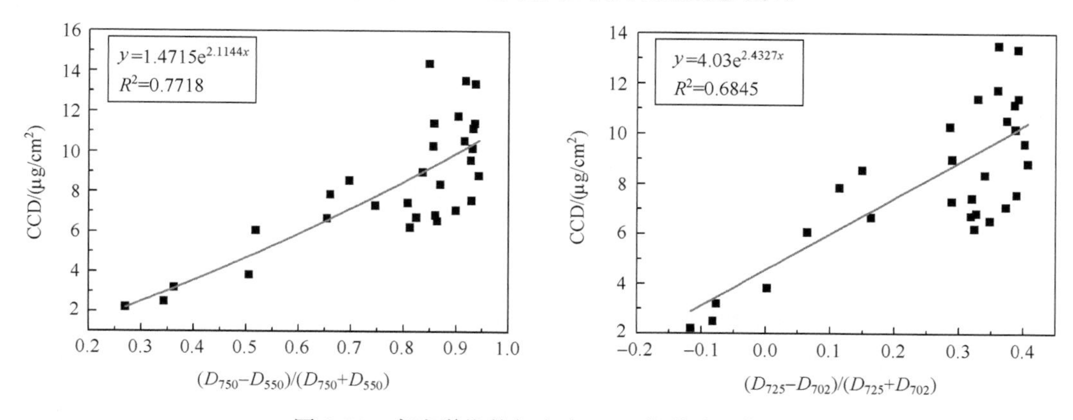

图 3-10　高光谱指数与小麦 CCD 指数关系模型

3.5.5　反演模型精度检验与分析

从表 3-13 可见，所有模型的决定系数都达到了 0.1%极显著检验水平，但指数$(D_{750}-D_{550})/(D_{750}+D_{550})$的反演精度以及稳定性($R^2=0.772$)最好，其 RMSE 为 1.9468，相对误差(RE)为 23.3%；其次是$(D_{725}-D_{702})/(D_{725}+D_{702})$；而 D_{750} 的反演精度与其他指数相比没有显著提高，说明单个微分值容易受外界因素的影响，致使模型的稳定性降低，而归一化指数能够较好消除一些具有共性的数据测量误差，从而提高模型的稳定性与反演精度。

光谱指数反演 CCD 精度差异不是很大，但反演精度与稳定性不如微分指数$(D_{750}-D_{550})/(D_{750}+D_{550})$，这是因为光谱微分可以消除掉一些系统误差与背景对光谱数据的影响。

图 3-11 为实测 CCD 与估测 CCD 对比分析图，以$(D_{750}-D_{550})/(D_{750}+D_{550})$为变量模型估测精度较好，实测与估测 CCD 回归直线基本与 1∶1 线重合，当 CCD 较小时，估测

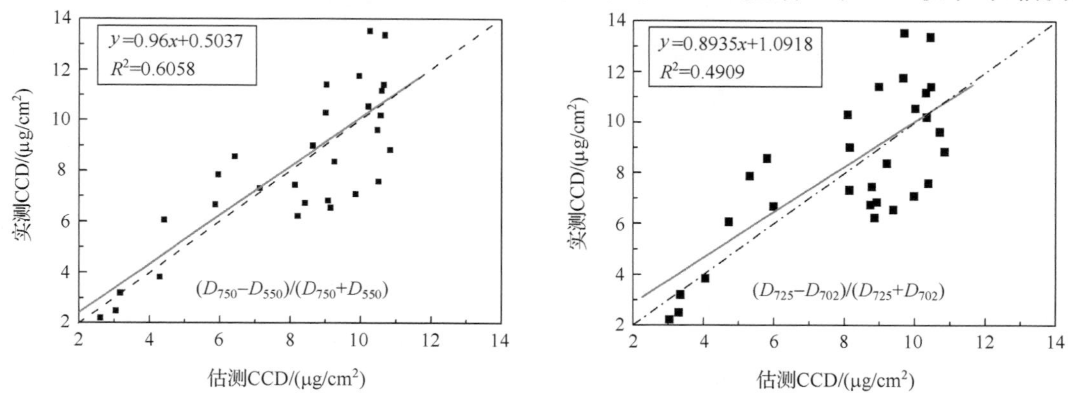

图 3-11　实测 CCD 与估测 CCD 对比图

值容易偏小，随着 CCD 增大，实测与估测值逐渐趋于一致。而$(D_{725}-D_{702})/(D_{725}+D_{702})$为变量的模型，在 CCD 较小时，估测值小于实测值，随着 CCD 逐渐增大，实测值与估测值之间差异越来越小。

3.5.6 归一化指数饱和度分析

通过模型分析与检验，发现微分归一化指数$(D_{750}-D_{550})/(D_{750}+D_{550})$反演 CCD 效果最好，其次是指数$(D_{725}-D_{702})/(D_{725}+D_{702})$。由于归一化指数都有饱和的问题，就如 NDVI 一样。从图 3-12 可见，指数$(D_{750}-D_{550})/(D_{750}+D_{550})$与$(D_{725}-D_{702})/(D_{725}+D_{702})$具有一致的变化规律，随着 CCD 增大，其指数值在逐渐增大。但指数$(D_{750}-D_{550})/(D_{750}+D_{550})$在 CCD 大于 12μg/cm^2 时，即将达到饱和，而指数$(D_{725}-D_{702})/(D_{725}+D_{702})$则远远没有达到饱和状态。因此，当 CCD 小于 12μg/cm^2 时，指数$(D_{750}-D_{550})/(D_{750}+D_{550})$稳健性与反演精度都要优于指数$(D_{725}-D_{702})/(D_{725}+D_{702})$，因此适合应用以指数$(D_{750}-D_{550})/(D_{750}+D_{550})$为变量的模型估测 CCD；但当 CCD 大于 12μg/cm^2 时，指数$(D_{750}-D_{550})/(D_{750}+D_{550})$容易达到饱和，而指数$(D_{725}-D_{702})/(D_{725}+D_{702})$则没有达到饱和，因此适合应用以指数$(D_{725}-D_{702})/(D_{725}+D_{702})$为变量的模型估测小麦 CCD。

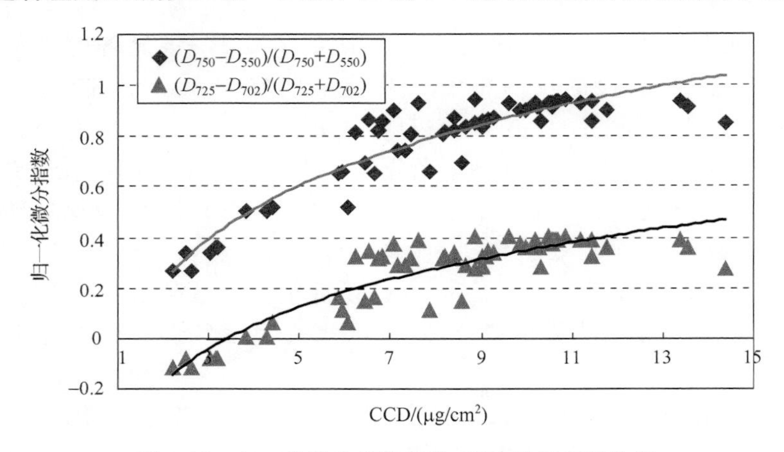

图 3-12 归一化微分指数反演 CCD 的饱和度分析

在前人研究的基础上，结合条锈病胁迫下小麦的光谱特征，选择、构建了一些植被、微分指数，通过相关分析、模型构建，以及精度检验等，得出如下主要结论：

(1) 叶绿素密度(CCD)与小麦 DI 之间存在显著负相关关系，随着小麦病情加重，CCD 逐渐降低。因此，通过遥感精确估测小麦 CCD，可以辅助判断小麦病情严重度。

(2) 把小麦 CCD 与高光谱指数进行了相关性分析，发现光谱指数 NDVI、SIPI、OSAVI、NPCI，以及 MCARI1 与 CCD 的相关系数达到 0.7 及以上($n=30$)，p 值均为 0；而微分指数 D_{725}/D_{702}、D_{705}/D_{722}、$(D_{715}-D_{705})/(D_{715}+D_{705})$、$(D_{725}-D_{702})/(D_{725}+D_{702})$、$(D_{750}-D_{550})/(D_{750}+D_{550})$、$D_{750}$与 CCD 的相关系数也均达到 0.7 及以上，$p$ 值也均为 0。因此，这些高光谱指数都能够较好地反演叶绿素密度。

(3) 利用上述指数建立反演 CCD 的模型，上述高光谱指数与 CCD 之间存在较好的指数关系，并对模型进行了精度检验，发现以微分指数($D_{750}-D_{550}$)/($D_{750}+D_{550}$)为变量的模型反演精度及稳定性最好，其次是以($D_{725}-D_{702}$)/($D_{725}+D_{702}$)为变量的模型。

(4) 对指数($D_{750}-D_{550}$)/($D_{750}+D_{550}$)与($D_{725}-D_{702}$)/($D_{725}+D_{702}$)分别进行了饱和度分析，研究发现当 CCD 大于 12μg/cm^2 时，指数($D_{750}-D_{550}$)/($D_{750}+D_{550}$)容易达到饱和，而指数($D_{725}-D_{702}$)/($D_{725}+D_{702}$)则不易达到饱和状态。因此当 CCD 小于 12μg/cm^2 时，适合使用以($D_{750}-D_{550}$)/($D_{750}+D_{550}$)为变量的模型反演 CCD；当 CCD 大于 12μg/cm^2 时，则适合使用以($D_{725}-D_{702}$)/($D_{725}+D_{702}$)为变量的模型反演 CCD。

3.6 条锈病胁迫下冬小麦叶绿素密度投影寻踪降维方法估测

3.6.1 投影寻踪降维方法

1. 投影寻踪降维方法概述

设 X 为($p\times n$)的数据矩阵(p 为样本的维数，n 为样本的个数)，$a\in R^p$，满足 $\alpha^{\mathrm{T}}\alpha=1$，将 X 数据矩阵向 α 方向上进行投影变换，得到的投影数据(田铮和林伟，2008)为

$$Y=\alpha^{\mathrm{T}}X \tag{3-13}$$

式中，Y 数据矩阵为 X 数据矩阵在 α 方向上的投影；T 为矩阵的转置；α 为投影方向，为 $p\times 1$ 的列向量。其中 α 可以为 X 数据矩阵的特征值所对应的特征向量(即 PCA 的第一主成分)，也可以为随机选择的初始向量，本书设置为随机选择的初始向量。

2. 投影指标的选择

本书基于 Matlab 7.10.0 编程实现投影寻踪的降维。采用的投影指标是由 Jones 和 Sibson(1987)提出的一种熵投影指标的逼近指标，即矩指标。其公式如下：

$$\mathrm{PI}(\alpha)=(k_3^2+k_4^2/4)/12 \tag{3-14}$$

式中，k_3、k_4 为样本矩。

3. 投影方向优化算法的选择及参数设定

在确定投影指标之后，需要对所选的指标函数进行优化处理，使其能够得到与 CCD 相关性较高的最佳投影方向。根据前人的经验，传统的优化算法(牛顿法、模拟退火法、梯度法等)容易陷入局部极值，而遗传算法(Chiang et al.，2001；路威，2005；吴孟书和吴喜之，2008；易尧华，2004)不易陷入局部极值，且收敛性较好。本书拟采用遗传算法进行寻优，该方法的关键步骤为种群的选择、种群的交叉(交叉概率一般为 0.4～0.99)、种群的变异(变异概率一般为 0.01～0.2)。

本书经过反复试验选定种群数为 200 个，交叉概率为 0.8，变异概率 0.05，加速循环 11 次，得到的结果比较稳定。对样本光谱数据进行寻优之后会找到一个最优的投影方向，然后将拟合样本与预测样本的光谱数据均投影到最优方向上。

4. 光谱投影寻踪降维方案设计

本书利用投影寻踪方法对条锈病胁迫下小麦的冠层光谱及一阶微分光谱进行降维，然后用降维后的最优成分(一维向量)作为自变量，构建反演冬小麦冠层叶绿素密度模型。共设计六种光谱降维方案(表 3-14)，以下对各种光谱投影寻踪降维方案的结果称之为向量。各光谱降维方案波段范围选择参见相关文献(陈云浩等，2009；吴长山等，2000)。

表 3-14　六种投影寻踪降维方案列表

向量	降维方案说明
冠层光谱(C_1 向量)	选择 610～704nm、747～956nm 的冠层光谱进行降维(经计算，此波段范围与 CCD 的相关性达到 1%显著性检验水平)
冠层光谱(C_2 向量)	在 450～1050nm 光谱内，每 10 条冠层光谱取平均值，得到 60 个均值光谱，对其进行降维
冠层光谱(C_3 向量)	在 450～1050nm 光谱内，直接对冠层光谱进行降维
冠层光谱(D_1 向量)	选择 400～500nm、720～770nm、840～870nm 内的一阶微分光谱进行降维
冠层光谱(D_2 向量)	在 450～1050nm 波段内，每 10 条一阶微分光谱取均值，得到 60 个均值一阶微分光谱，对其进行降维
冠层光谱(D_3 向量)	在 450～1050nm 波段内，直接对其一阶微分光谱进行降维

3.6.2　高光谱植被指数选择

选择一些常用的植被指数(Rondeaux et al.，1996；Rouse et al.，1974；Sims and Gamon，2002；浦瑞良和宫鹏，2000；王秀珍等，2004)与投影寻踪降维方法所得光谱向量进行对比，高光谱植被指数见表 3-15。

表 3-15　高光谱指数列表

高光谱指数	定义	文献出处
SD_y	黄边(550～571nm)内一阶微分值总和	浦瑞良和宫鹏(2000)
NDVI	$(R_{800}-R_{670})/(R_{800}+R_{670})$	Rouse 等(1974)
MNDVI	$(R_{750}-R_{705})/(R_{750}+R_{705})$	Sims 和 Gamon(2002)
OSAVI	$(1+0.16)(R_{800}-R_{670})/(R_{800}+R_{670}+0.16)$	Rondeaux 等(1996)
$(SD_r-SD_g)/(SD_r+SD_g)$	红边一阶微分值总和与绿边一阶微分值总和的归一化值	王秀珍等(2004)
$(D_{750}-D_{550})/(D_{750}+D_{550})$	一阶微分光谱在 750nm 与 550nm 波段的归一化值	浦瑞良和宫鹏(2000)

3.6.3　植被指数与叶绿素密度的相关性

所选择的高光谱植被指数及六种投影寻踪降维光谱向量与叶绿素密度的相关分析结果(表 3-16)表明，除 D_2 向量没有达到 1%显著检验水平外，其余指数(向量)都达到 0.1%极显著水平，其原因是一阶微分光谱平均之后，去除了与叶绿素密度相关性较强的特征点信息，使得到的一维向量与叶绿素密度具有较低的相关性。说明除 D_2 向量外，其他指数(向量)都能较好地反映叶绿素密度的变化。投影寻踪光谱降维方法中 C_1 和 D_1 向量的相关系数较大,分别为 0.921 与 0.931,高光谱指数的相关系数均达到 0.7 以上,其中 OSAVI 与 $(D_{750}-D_{550})/(D_{750}+D_{550})$ 的相关系数较大,分别为 0.771 和 0.787,但均小于投影寻踪降维方法中的 C_1 和 D_1 向量的相关系数。

表 3-16 指数(向量)与叶绿素密度的相关系数

指数	相关系数	一维向量	相关系数
SD_y	0.750**	C_1	0.921**
NDVI	0.761**	C_2	0.660**
MNDVI	0.747**	C_3	0.664**
OSAVI	0.771**	D_1	0.931**
$(SD_r-SD_g)/(SD_r+SD_g)$	0.744**	D_2	0.319**
$(D_{750}-D_{550})/(D_{750}+D_{550})$	0.787**	D_3	0.691**

注:** 表示 $P<0.001$;$R_{0.01}^{(30)}=0.449$;$R_{0.001}^{(30)}=0.544$。

3.6.4 叶绿素密度估测结果分析

从表 3-16 中选择相关系数大于 0.7 的高光谱指数(向量)为自变量构建叶绿素密度的估测模型。由表 3-17 可知,所选指数(向量)的估测结果均达到 0.1%显著性水平。其中,投影寻踪降维方法中 D_1 向量估测在病害胁迫下冬小麦冠层叶绿素密度的能力最强,决定系数最大,为 0.867,均方根误差与相对误差最小,分别为 1.135μg/cm^2 和 13.6%;其次为 C_1 向量,决定系数为 0.849,均方根误差 1.200μg/cm^2,相对误差 14.4%。说明选择在敏感波段范围内对光谱进行降维时能够较好地得到与叶绿素密度相关性较高的信息成分,而 D_1 向量估测精度稍优于 C_1 向量,主要是由于微分光谱可以减弱地物背景光谱的影响。而高光谱指数的估测结果精度均低于投影寻踪降维方法中 C_1 和 D_1 向量的结果。

表 3-17 支持向量机回归分析结果

指数	决定系数 R^2	均方根误差/(μg/cm^2)	相对误差/%
SD_y	0.563	2.057	24.6
NDVI	0.579	2.022	24.2
MNDVI	0.558	2.057	24.6
OSAVI	0.594	1.986	23.8
$(SD_r-SD_g)/(SD_r+SD_g)$	0.553	2.063	24.7
$(D_{750}-D_{550})/(D_{750}+D_{550})$	0.619	1.917	23.0
C_1	0.849	1.200	14.4
D_1	0.867	1.135	13.6

注:$R_{0.01}^{(2)}(30)=0.201$;$R_{0.001}^{(2)}(30)=0.307$。

3.6.5 叶绿素密度估测模型精度分析

图 3-13 为 D_1 向量与 C_1 向量的实测叶绿素密度与估测叶绿素密度对比分析图，其中虚线为 1∶1 线，直线为估测拟合线。由图 3-13 可见，从整体上看，D_1 和 C_1 向量实测与估测叶绿素密度值的回归直线基本与 1∶1 线重合。当叶绿素密度小于 5μg/cm^2 时，D_1 和 C_1 向量的估测值容易偏大；当叶绿素密度大于 12μg/cm^2 时，估测值容易偏小；而当叶绿素密度在 5～12μg/cm^2 范围内时，估测值与实测值之间差异非常小，估测精度最高。

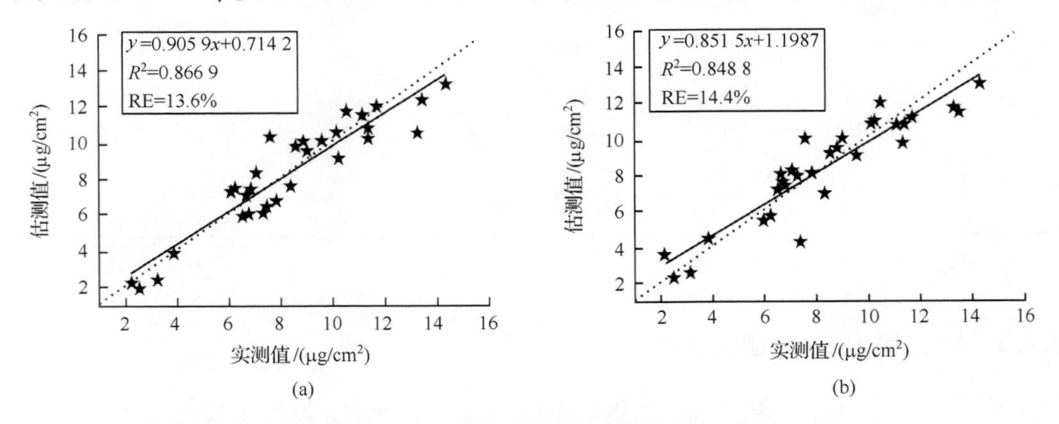

图 3-13 D_1 向量和 C_1 向量估测与实测叶绿素密度值对比图

(a)D_1；(b)C_1

研究结果表明，可以选择与叶绿素密度相关性较高的波段，通过投影寻踪降维方法对其处理，去除波段间的冗余信息，然后利用得到的一维向量为自变量对叶绿素密度进行估测，其估测精度高于选取的植被指数精度，因此可以将投影寻踪降维技术应用到条锈病胁迫下冬小麦冠层叶绿素密度估测工作中，为农作物的生物化学参数监测提供一些信息支持。但本书也存在着不足，如利用支持向量机回归方法估测叶绿素密度的精度虽然较高，但其构建的估测模型比较复杂，其自变量的系数为向量，而非简单的数值系数。因此，需要进一步研究在投影寻踪降维之后，能否利用简单的回归模型（如线性、指数等模型）对农作物的理化参数进行估测。

3.7 条锈病胁迫下小麦相对含水量高光谱遥感估测

3.7.1 高光谱指数选择

为了更好地利用冠层光谱信息反演植物含水量，在前人研究方法与经验基础上（Gao，1996；Peñuelas et al.，1993a；Rouse，1974；Seelig et al.，2008），根据小麦冠层光谱特征改造，挑选了一些光谱反射率比值或光谱指数，见表 3-18。

表 3-18　高光谱指数列表

高光谱指数	描述	出处
R_{1148}/R_{1088}	1148nm 与 1088nm 反射率的比值	Schlerf 等(2005)
R_{1100}/R_{1200}	1100nm 与 1200nm 反射率的比值	Seelig 等(2008)
R_{1300}/R_{1450}	1300nm 与 1450nm 反射率的比值	Seelig 等(2008)
R_{1070}/R_{1200}	1070nm 与 1200nm 反射率的比值	Hill 等(2006)
R_{1300}/R_{1200}	1300nm 与 1200nm 反射率的比值	
WI	$WI=R_{900}/W_{970}$	Peñuelas 等(1993a)
NDVI	$NDVI=(R_{800}-R_{670})/(R_{800}+R_{670})$	Rouse 等(1974)
NDWI	$NDWI=(R_{860}-R_{1240})/(R_{860}+R_{1240})$	Gao(1996)

3.7.2　条锈病胁迫下小麦 RWC 与光谱反射率的关系

从图 3-14 中可见，小麦在条锈病胁迫下，随着小麦病害程度增加，而 RWC 逐渐降低，冠层光谱反射率在可见光区域逐渐增大，近红外波段逐渐减小，在短波红外区域再次逐渐增大。可见光波段光谱变化主要受小麦色素含量的影响，在近红外与短波红外区域存在一些水分吸收谷，如在 970nm、1200nm 与 1450nm 附近出现水分吸收谷，900nm、1100nm、1300nm，以及 1680nm 形成反射峰。但随着 RWC 的降低，光谱曲线的水分吸收谷与反射峰逐渐变缓，在短波红外区域水气吸收谷与反射峰，由于受到大气中水汽的影响，冠层光谱反射率测量误差增大，该波段范围稳定性降低，本书不考虑使用其光谱反射率进行反演小麦含水量。

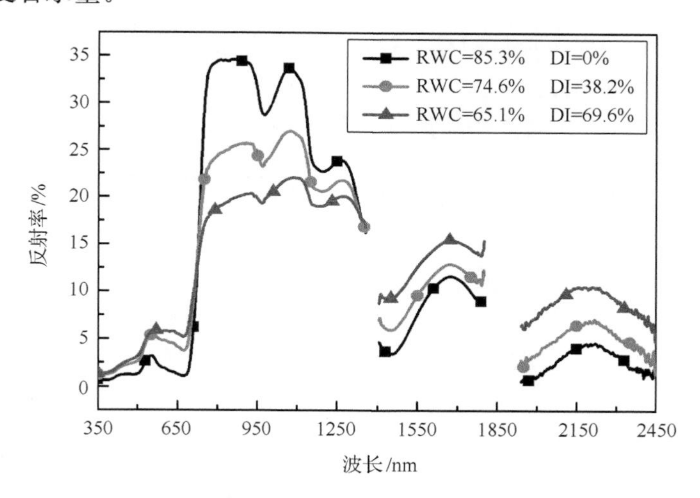

图 3-14　反射率随着 RWC 的变化

3.7.3　条锈病胁迫下小麦 RWC 与 DI 的关系

如图 3-15 所示，随着小麦病情加重，小麦 RWC 逐步在降低，且与 DI 之间存在着极显著负相关性。小麦 RWC 的降低，势必导致小麦内部的养分合成与运输受到阻碍，从而造成减产。因此，小麦 RWC 的变化，也可以作为辅助判断小麦遭受病害胁迫的因素之一。

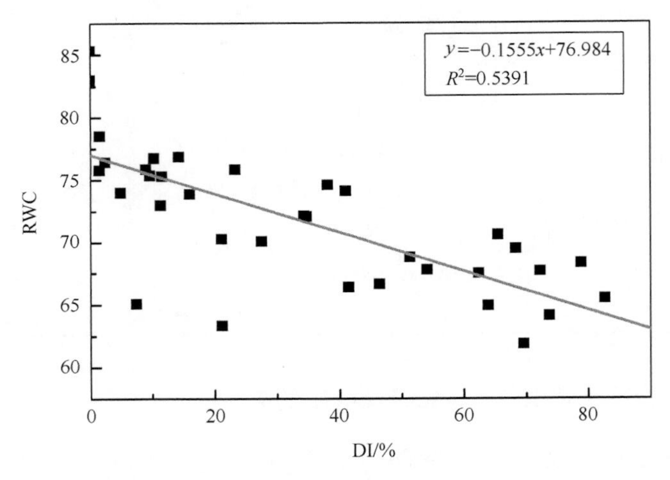

图 3-15　RWC 与 DI 之间的关系

3.7.4　小麦 RWC 与高光谱指数的关系

小麦 RWC 与高光谱指数之间的关系见图 3-16，图 3-16 中所有线性模型都是在 $\alpha=0.001$ 水平进行了显著性检验。高光谱指数 WI、NDWI、R_{1070}/R_{1200}、R_{1100}/R_{1200}、R_{1300}/R_{1450}与 RWC 具有正相关性，见图 3-16[(a)～(d)、(g)]。其线性模型的决定系数 R^2，指数 WI>NDWI>R_{1100}/R_{1200}，与 Seelig 等(2008)研究结果一致。尽管单叶光谱指数 R_{1300}/R_{1450}与 RWC 的相关性，以及反演模型的稳定性都优于指数 WI 与 NDWI，但冠层光谱指数 R_{1300}/R_{1450}与 RWC 的相关性反而小于 WI 与 NDWI 指数。这主要因为冠层光谱与单叶光谱在短波红外波段大气对光谱的测量结果影响不同，如图 3-14 所示，在出现 1450nm 吸收谷前，许多波段信息由于大气水汽的吸收，致使光谱信息丢失，而单叶光谱在室内测量中，大气中水汽对波段信息影响较小。

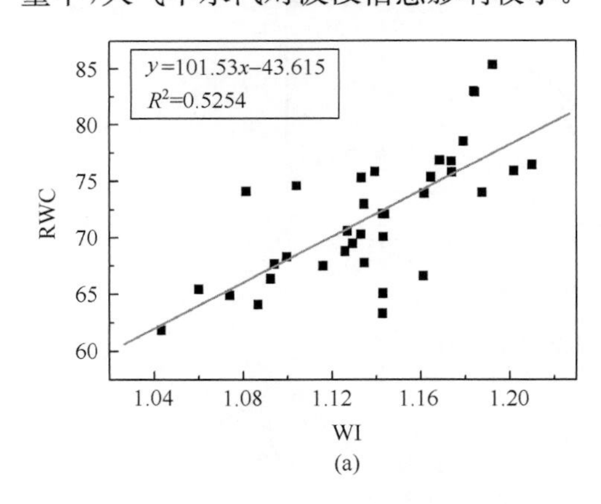

(a)

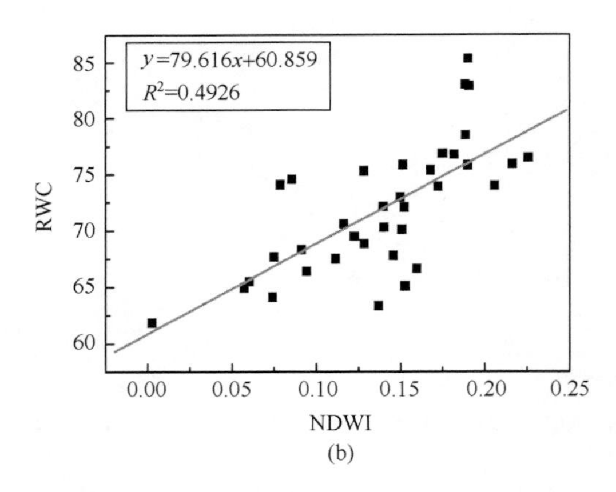

(b)

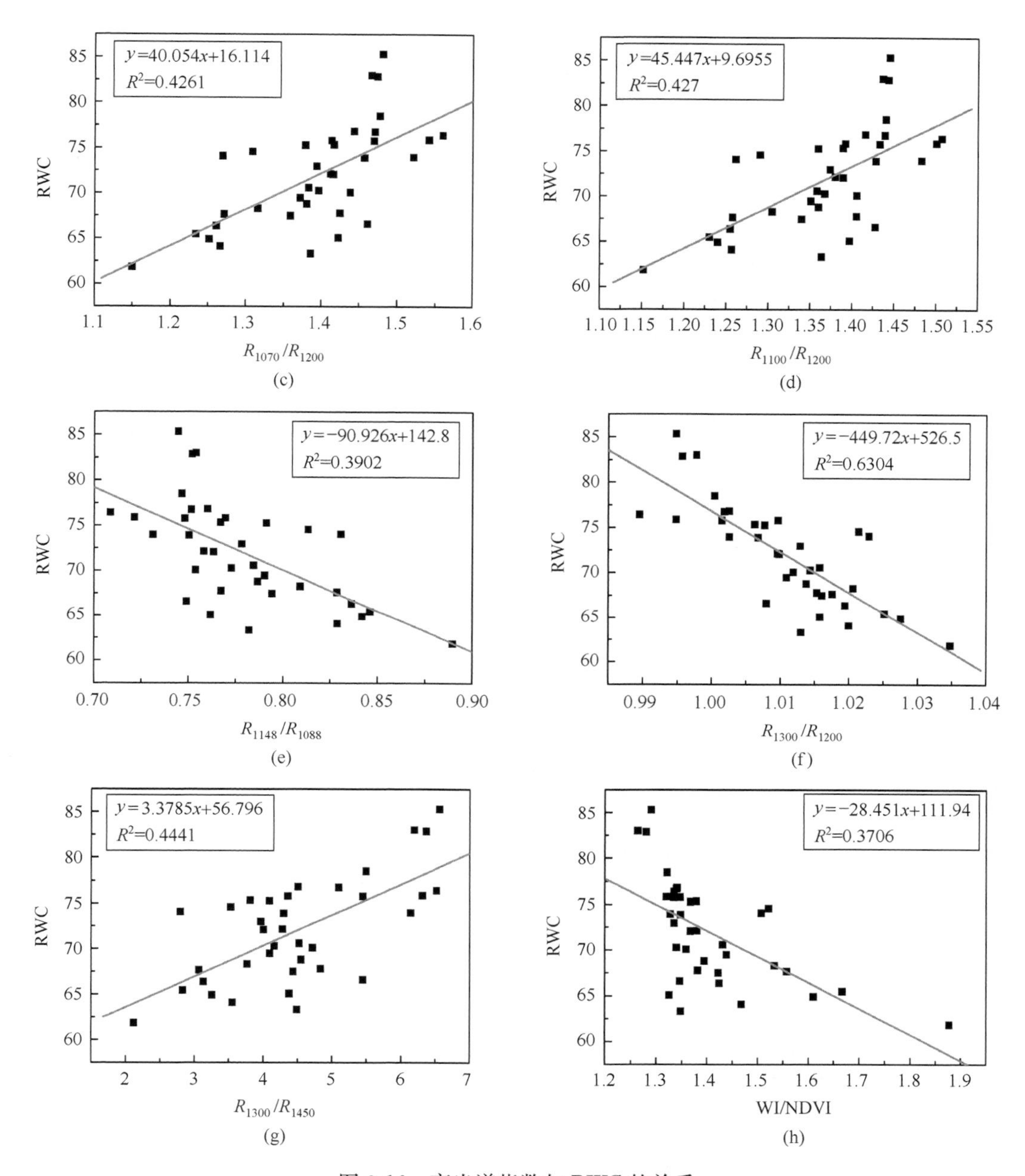

图 3-16　高光谱指数与 RWC 的关系

高光谱指数 R_{1300}/R_{1200}、R_{1148}/R_{1088}、WI/NDVI 与 RWC 具有负相关性，见图 3-16[(e)、(f)、(h)]。而指数 R_{1300}/R_{1200} 的决定系数 R^2 在所有指数中是最大的，主要由于 700～1300nm 波段，大气水汽对冠层光谱测量结果影响较小，且 1300nm 是一个反射峰，1200nm 是水汽吸收谷，都是水分敏感波段。随着 RWC 的减少，1300nm 的反射率逐渐降低，而 1200nm 的吸收谷反射率逐渐增大，则指数 R_{1300}/R_{1200} 逐渐减少，因此与 RWC 具有负相关性。

3.7.5 高光谱比值指数定量反演 RWC 结果分析

利用回归方法构建小麦含水量线性反演模型，见表 3-19，对所有模型都进行了 F 检验与 T 检验。所有线性模型都在 $\alpha=0.001$ 水平进行了显著性检验，p 值均为 0，说明这些模型都能够较好地反演病害胁迫下小麦的含水量。但以 R_{1300}/R_{1200} 为变量的反演模型 R^2 与 F 值在所有模型中是最大的，其反演小麦含水量的绝对误差与相对误差仅为 3.43%与 4.78%，是表 3-19 中所有模型最小的，其次是以 WI 为变量的反演模型。因此，可以认为以 R_{1300}/R_{1200} 为变量的模型是反演小麦在条锈病胁迫下含水量的最优模型，其次是以 WI 为变量的反演模型，模型绝对误差为 3.89，相对误差为 5.41%。

表 3-19 各高光谱指数反演模型的 R^2、F 及误差对比分析

高光谱指数	反演模型	R^2	F	p	绝对误差	相对误差/%
WI	$y=101.53x-43.615$	0.525*	37.63	0.000	3.89	5.41
NDWI	$y=79.616x-160.859$	0.493*	33.01	0.000	4.02	5.60
WI/NDVI	$y=-28.451x+111.94$	0.371*	20.02	0.000	4.48	6.23
R_{1100}/R_{1200}	$y=45.447x+9.6955$	0.427*	25.34	0.000	4.28	5.95
R_{1070}/R_{1200}	$y=40.054x+16.114$	0.426*	25.24	0.000	4.28	5.95
R_{1300}/R_{1200}	$y=-449.72x+526.5$	0.630*	58.00	0.000	3.43	4.78
R_{1300}/R_{1450}	$y=3.3785x+56.796$	0.444*	27.16	0.000	4.21	5.86
R_{1148}/R_{1088}	$y=-90.926x+142.8$	0.390*	21.76	0.000	4.41	6.13

注：* 表示 0.1%的显著水平；$R^2_{0.001[36]}=0.2632$。

分别利用以 R_{1300}/R_{1200}、WI 为变量的反演模型反演条锈病胁迫下小麦的含水量，并把反演结果与实测结果进行对比分析，结果如图 3-17 所示。

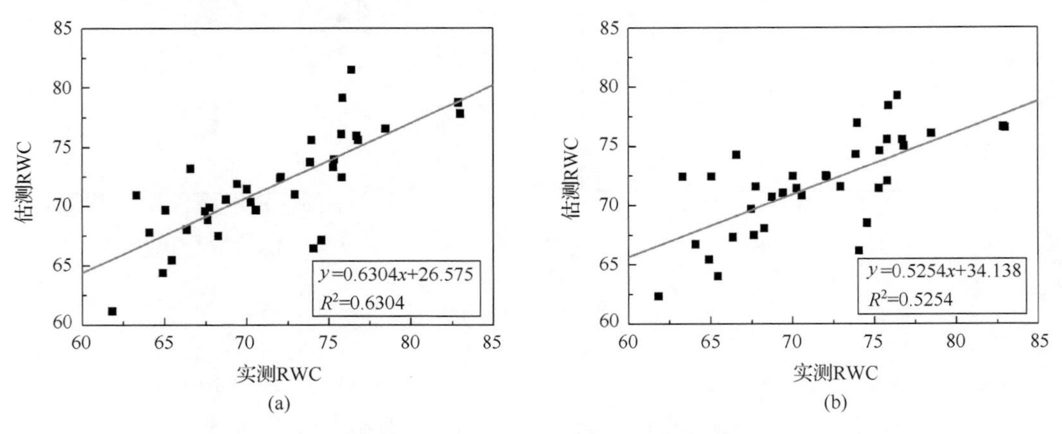

图 3-17 实测 RWC 与估测 RWC 对比分析

(a)R_{1300}/R_{1200}；(b)WI

首先分析不同含水量小麦冠层光谱特征，以及与病情指数之间的关系，根据条锈病胁迫下小麦冠层光谱特征，再结合前人研究的方法与经验，利用近红外与短波红外波段构建高光谱比值指数，并用线性回归方法建立反演条锈病胁迫下的小麦含水量模型，主要取得以下结论：

(1) 随着小麦含水量降低，小麦冠层光谱在近红外波段(900～1300nm)反射率逐渐降低，而在短波红外(1300～2500nm)却逐渐增大。

(2) 在小麦条锈病胁迫下，随着小麦病情的加重，小麦含水量逐渐减少，即小麦含水量与病情指数之间存在极显著负相关关系。

(3) 本书中所选择的高光谱指数，都与小麦 RWC 具有极显著相关性，比值指数 R_{1300}/R_{1200} 为变量的线性模型反演效果最好，其 RMSE 为 3.43，相对误差为 4.78%；其次是 WI 指数，效果也较好，RMSE 为 3.89，相对误差为 5.41%。

(4) 研究发现短波红外波段，由于大气水汽对其的吸收作用，冠层光谱测量稳定性相对于单叶光谱要低，尽管一些短波红外波段的指数在反演单叶水分含量时效果很好，但冠层光谱短波红外波段的植被指数反演效果则不如近红外波段植被指数。

3.8 利用红外归一化指数反演条锈病胁迫下的小麦叶面积指数

3.8.1 高光谱归一化植被指数

为了更好地利用冠层光谱信息反演小麦 LAI，在前人研究方法与经验基础上，根据小麦冠层光谱特征挑选了一些归一化植被指数，见表 3-20。

表 3-20 高光谱指数列表

高光谱指数	描述	出处
NDVI	$NDVI=(R_{800}-R_{670})/(R_{800}+R_{670})$	Rouse 等(1974)
ANDVI	$ANDVI=\frac{\rho_{860}-\rho_{670}+(1+L)(\rho_{550}-\rho_{460})}{\rho_{860}-\rho_{670}+(1+L)(\rho_{550}+\rho_{460})}$	刘占宇等(2008)
NDWI	$NDWI=(R_{1070}-R_{1200})/(R_{1070}+R_{1200})$	Hill 等(2006)
sLAIDI	$sLAIDI=(R_{1050}-R_{1250})/(R_{1050}+R_{1250})$	Delalieux 等(2008)
	$(SD_r-SD_b)/(SD_r+SD_b)$	王秀珍等(2004)
	$(R_{900}-R_{1450})/(R_{900}+R_{1450})$	

3.8.2 高光谱指数与 LAI 之间关系

如图 3-18 所示，高光谱指数与 LAI 之间存在较好的指数关系，与参考文献(刘占宇等，2008；王秀珍等，2004)研究结果一致，且都在 $\alpha=0.001$ 水平达到了显著相关。其中高光谱指数 NDVI 与 $(R_{900}-R_{1450})/(R_{900}+R_{1450})$ 的决定系数 R^2 分别达到 0.7954 与 0.7924，大于本书其他高光谱指数。

分别构建了高光谱指数与 LAI 之间的指数关系模型，并把实测数据与预测数据进行对比分析，结果见表 3-21。从表 3-21 可见，NDVI 与 ANDVI 的决定系数、RMSE，以及相

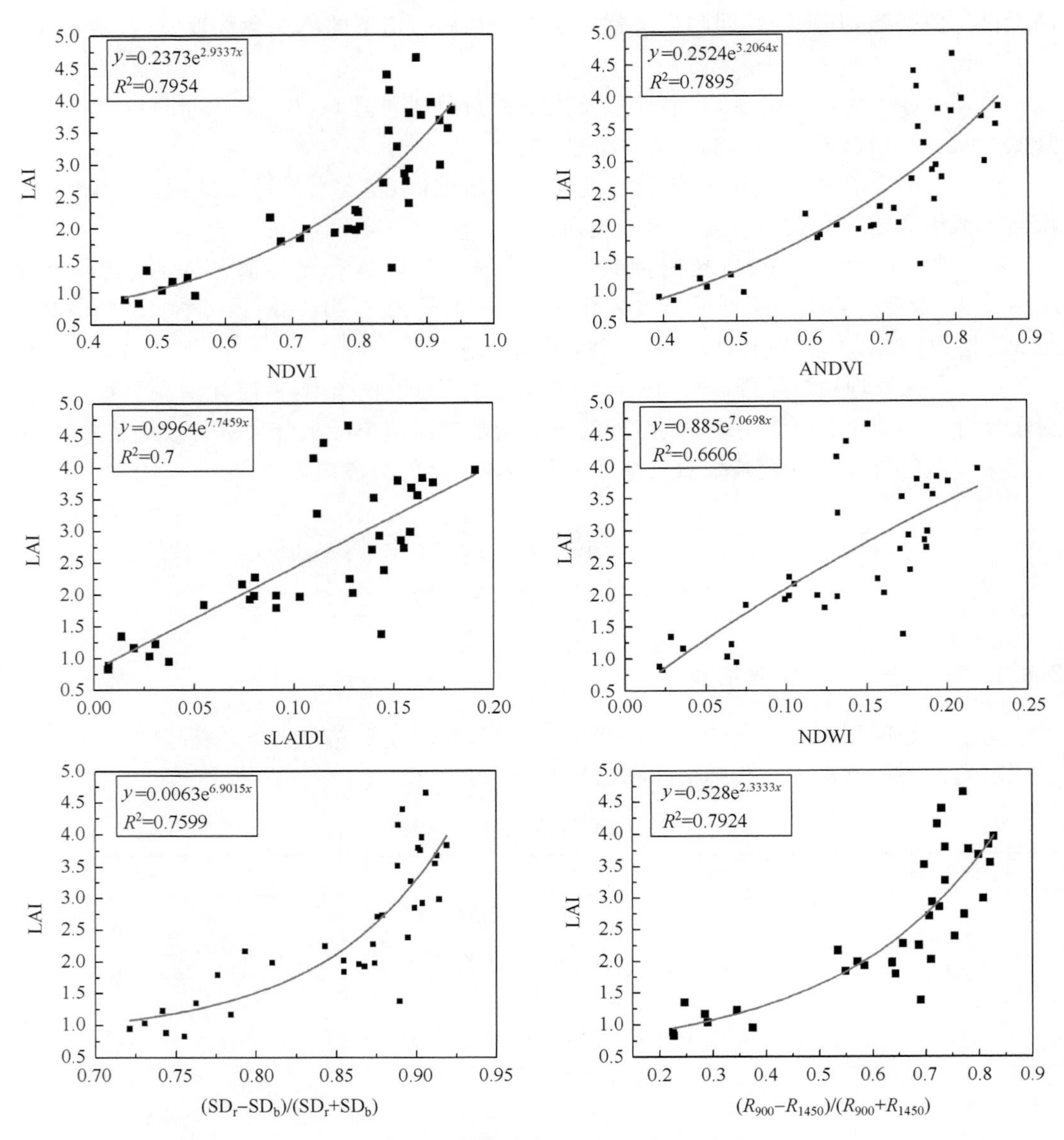

图 3-18　高光谱指数与 LAI 之间的关系

对误差都较为接近，没有明显差异，因此可以认为两个指数反演小麦 LAI 效果基本是一致的，由于 NDVI 指数的相对误差稍微小一些，因此选择 NDVI 指数与其他指数进行对比分析。由于 sLAIDI 与 NDWI 指数估测小麦 LAI 的误差较大，且决定系数也小于其他指数，因此认为这两个指数反演小麦 LAI 的效果不如其他指数。指数$(R_{900}-R_{1450})/(R_{900}+R_{1450})$与面积微分指数$(SD_r-SD_b)/(SD_r+SD_b)$的反演结果误差基本与 NDVI 一致，没有显著差异。

表 3-21 高光谱指数反演小麦 LAI 的模型、决定系数以及误差对比

高光谱变量	模型	决定系数	F 值	RMSE	相对误差/%
NDVI	$y=0.2373e^{2.9337x}$	$R^2=0.7954^*$	128.3	0.5960	23.7
ANDVI	$y=0.2524e^{3.2064x}$	$R^2=0.7895^*$	123.8	0.6066	24.1
sLAIDI	$y=0.9964e^{7.7459x}$	$R^2=0.7000^*$	77.0	0.7231	28.7
NDWI	$y=0.885e^{7.0698x}$	$R^2=0.6606^*$	64.2	0.7550	30.0
$(R_{900}-R_{1450})/(R_{900}+R_{1450})$	$y=0.528e^{2.3333x}$	$R^2=0.7924^*$	126.0	0.5949	23.6
$(SD_r-SD_b)/(SD_r+SD_b)$	$y=0.0063e^{6.9015x}$	$R^2=0.7599^*$	104.5	0.6078	24.1

注：* 表示 0.1%的显著水平；$R^2_{0.001[25]}=0.2694$。

3.8.3 归一化高光谱指数与 CCD 敏感性分析

由于光谱在可见光内受植物色素含量的影响较大，利用可见光波段构建的高光谱指数也会受色素含量变化的影响，该指数不仅受 LAI 变化的影响，也受色素含量变化的影响，从而导致估测 LAI 的能力与稳定性降低。指数$(SD_r-SD_b)/(SD_r+SD_b)$完全使用的是可见光信息，从图 3-19 可见，其与 CCD 的决定系数达到极显著水平，两者之间具有较强的相关性；NDVI 使用了近红外与红光波段信息，其与 CCD 的相关性弱于面积微分指

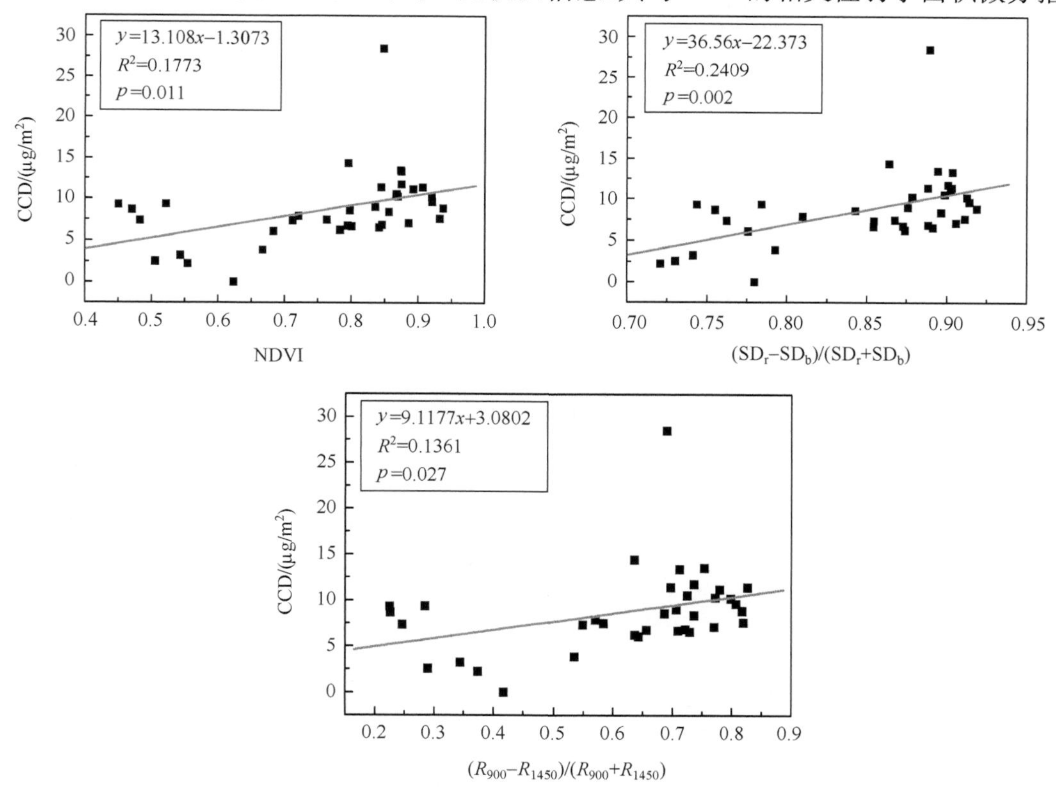

图 3-19 高光谱指数与 CCD 的关系

数$(SD_r-SD_b)/(SD_r+SD_b)$；指数$(R_{900}-R_{1450})/(R_{900}+R_{1450})$没有使用可见光波段信息，因此与CCD的关系最弱，其决定系数最小，p值最大。因此，指数$(R_{900}-R_{1450})/(R_{900}+R_{1450})$与面积微分指数$(SD_r-SD_b)/(SD_r+SD_b)$，以及NDVI相比，该指数受CCD变化的影响最小。

3.8.4 归一化高光谱指数与RWC敏感性分析

从图3-20可见，指数$(SD_r-SD_b)/(SD_r+SD_b)$与RWC的决定系数达到极显著水平；其次是NDVI，再次是指数$(R_{900}-R_{1450})/(R_{900}+R_{1450})$。因此认为指数$(R_{900}-R_{1450})/(R_{900}+R_{1450})$与RWC的相关性最弱，RWC变化对指数$(R_{900}-R_{1450})/(R_{900}+R_{1450})$的影响最小。

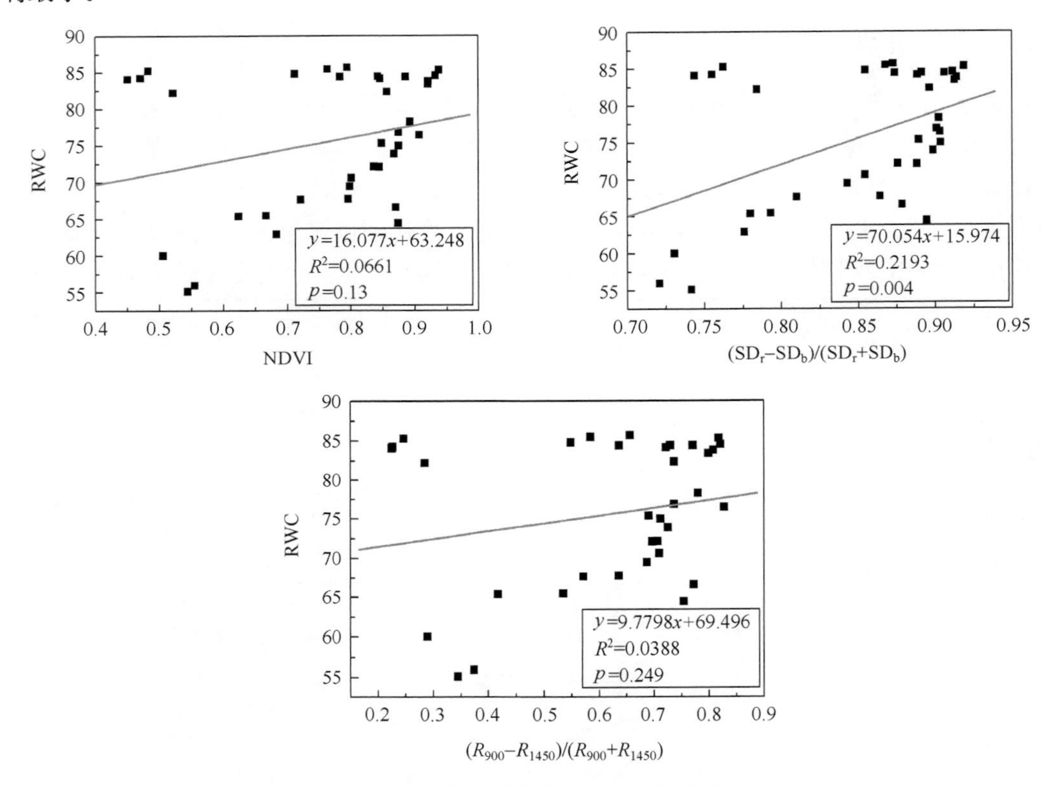

图3-20　高光谱指数与RWC的关系

3.8.5 归一化高光谱指数反演LAI饱和度分析

归一化指数相对于比值指数，存在达到饱和的缺点，本书选择了三个反演小麦LAI精度较高的归一化指数进行饱和度分析。由于NDVI在LAI超过2～5时容易达到饱和(Birky，2001；Gao，1996)，从而给估测小麦叶面积带来较大的估测误差。

从图3-21可见，最容易达到饱和的是指数NDVI，因此该指数不适合应用于LAI较大的植物；其次是指数$(SD_r-SD_b)/(SD_r+SD_b)$，但该指数纵坐标变化幅度最小，指数的稍微变化，将对 LAI 反演结果造成较大的影响，因此该指数反演 LAI 的稳定性较差；指数$(R_{900}-R_{1450})/(R_{900}+R_{1450})$在 LAI 将要达到 5 时，仍旧没有达到饱和状态，且该指数值变化范围为 0.2～1，变化幅度较大，反演 LAI 的稳定性较 NDVI、指数$(SD_r-SD_b)/(SD_r+SD_b)$为优，因此从归一化指数饱和度方面考虑，指数$(R_{900}-R_{1450})/(R_{900}+R_{1450})$优于其他两个指数。

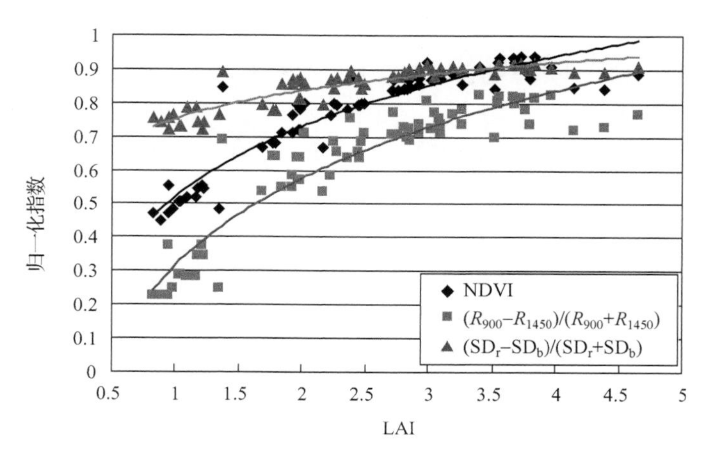

图 3-21　高光谱指数反演 LAI 饱和度分析（彩图附后）

3.8.6　实测 LAI 与估测 LAI 对比分析

从图 3-22 可见，利用指数$(R_{900}-R_{1450})/(R_{900}+R_{1450})$的指数模型反演小麦 LAI 具有较高的精度，不足之处在于该指数反演的 LAI 值稍微大于实测 LAI 值，因此在应用该参数反演作物 LAI 时，可以运用增加常数项修正的方法，提高估测精度。

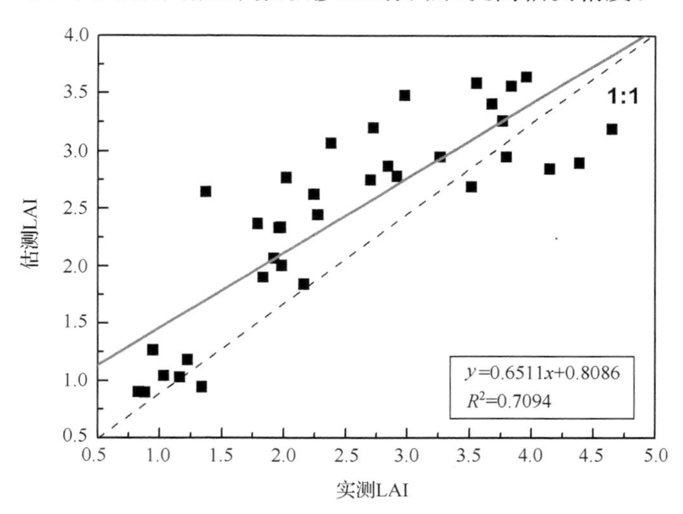

图 3-22　实测 LAI 与估测 LAI 的关系

在对比分析了多个归一化指数对条锈病胁迫下小麦的 LAI 反演精度，经检验表明

NDVI 与 ANDVI 指数估测小麦叶面积的能力基本一致，没有显著差异。NDVI 与 CCD、RWC 的关系都没有达到显著水平，因此可以认为 NDVI 受色素含量变化，以及水分变化影响较弱，但 NDVI 在反演 LAI 时容易达到饱和，当 LAI 处于低值时，可以考虑使用该指数反演小麦 LAI。

王秀珍等(2004)提出的面积微分指数$(SD_r-SD_b)/(SD_r+SD_b)$与 LAI 具有较好的指数关系，但是该指数与 CCD、RWC 有极强相关性，不仅 LAI 变化会影响指数值，同时 CCD 与 RWC 变化也会影响指数值。因此该指数易受多个因素的影响，反演 LAI 的稳定性与鲁棒性都会受到影响。

利用近红外波段构建的归一化指数$(R_{900}-R_{1450})/(R_{900}+R_{1450})$反演 LAI 的精度、模型的决定系数、$F$ 值，基本与 NDVI、面积微分指数$(SD_r-SD_b)/(SD_r+SD_b)$一致。而且该指数与 CCD 以及 RWC 的相关性比较弱，说明指数$(R_{900}-R_{1450})/(R_{900}+R_{1450})$更不易受到色素与水分含量变化影响，且该指数在饱和度方面不如 NDVI 容易达到饱和，其归一化值分布为 0.2～1，反演模型的稳定性也较好。因此可以认为指数$(R_{900}-R_{1450})/(R_{900}+R_{1450})$是反演小麦叶面积指数的一个较为优秀的归一化指数，其构建的模型稳定性、鲁棒性都要高于其他指数。

第4章 水浸胁迫下多种植物单叶光谱变化分析与识别

CO_2 泄漏进入土壤，会替代土壤中的氧气，致使植物因为根部缺氧而出现胁迫现象。使土壤缺氧有很多方法，水浸就是自然界最常见的一种方法，如一个地方出现少量积水、长时间降水造成的涝渍，或者地下水位较高等，都会造成土壤中的氧气被水所替代，致使土壤缺少足够植被正常呼吸的氧气，从而造成对植物的胁迫。为了区别 CO_2 泄漏缺氧与水浸缺氧造成的胁迫对植被的影响，特设计该水浸胁迫实验，以检验 CO_2 泄漏与水浸胁迫致使土壤缺氧形成的胁迫特征与高光谱识别方法。

4.1 水浸胁迫实验设计与数据采集

4.1.1 水浸胁迫实验设计

实验于 2008 年 5～8 月在英国诺丁汉大学 Sutton Bonington 校区(52.8°N，1.2°W)完成。本实验选择的品种与 CO_2 泄漏胁迫一致，包括卷心菜(Brassica oleracea L.)、莴苣(Lactuca sativa L.)、玉米(Zea mays L.)、甜菜(Beta vulgaris L.)，以及大豆(Phaseolus vulgaris L.)5 个品种。每个品种种植 6 个样本，其中 3 个对照，3 个水浸胁迫。所有样本植物种植在花盆中，花盆中的土壤全部在通气之前取自 3 个测试小区，土壤数量、质量基本保持一致，不让植物因为土壤质量、数量而影响植物的生长。

选择的花盆直径为 20cm，深度为 25cm，土壤高度约 20cm。为了人为造成水浸长期胁迫，所有水浸样本花盆放入一个水桶之中。选择水桶的直径为 35cm，深度为 40cm。为避免桶壁影响阳光照射植物，花盆底部用砖垫起，使花盆的上沿与桶的上沿持平。为了完全达到水浸胁迫的目的，水桶中水的高度保持离土壤高度 1cm 之内，花盆底部具有泄水孔，根据连通器原理，花盆中的水位与水桶水位保持一致。这样既不会淹死植物，又能够达到胁迫的需要。

在水浸胁迫实验中，由于水散热较慢，致使在太阳落山后对照样本花盆与胁迫样本花盆外壁的温度变化不一致，导致植物的生长会出现差异，特在对照样本花盆的外边缘用保暖材料包裹起来，以保证其外部温度的变化与水浸胁迫花盆的温度尽可能保持一致。

每个品种的 6 个样本东西方向一字排开，这样每个样本接收的阳光一致，对照植物除了正常降水外，只有在植物出现干旱的早期症状后，才给予浇水，在浇水的时候，要保证每个样本施相同的水量。

4.1.2 样本采集

每次实验每株植物采集一个叶片作为样本，为避免不同生育期长出的叶片由于发育周期不一致导致光谱特征发生变化，选择采集对照与水浸胁迫玉米、甜菜、莴苣、卷心菜，以及大豆在同一生育期、同一位置的一个叶片，测量其参数。

4.1.3 单叶光谱数据测量

测量玉米、甜菜、莴苣、卷心菜及大豆在水浸胁迫下的单叶光谱数据。测量仪器采用ASD Fieldspec Pro 地物光谱仪，光源采用地物光谱仪自带的光源，为了防止外界环境对光谱数据的影响，特别加工了一个暗室，四周用黑色粗糙的防水雨布覆盖，底部木板漆成黑色，光源固定在箱子的右上角顶端，光线与箱子底部呈45°角；测试物品放在一个升降平台上，平台可以根据测量地物的变化进行升降，平台上面放一个木板，木板厚度与白板厚度基本一致，在木板上放置一块粗糙的黑油布，尽量减少底板对光谱测量的影响。

在观测之前，要对光谱仪进行预热，至少预热1个小时以上，让光谱仪处于稳定的工作状态。在初始化后，测量白板，以便使测量数据转化为反射率。由于植被叶片易发生卷曲，为了减少样本放置方向对地物光谱的影响，在光谱测量过程中每个叶片从四个互呈90°夹角的方向分别测量四次光谱，并取平均值作为该样本叶片的光谱值。由于在室内测量环境变化较小，一般在测量2～3个样本后，测量一次白板进行反射率校正。

4.2 数据处理以及分析方法

4.2.1 光谱平滑处理

光谱平滑可以消除仪器引起的随机误差，如仪器引起的背景噪声误差等。有些学者研究了一些方法进行数据平滑，Savitzky 和 Golay(1964)用最小二乘过滤法既能够平滑又能够区分数据。Fourier 转换法也可以用来平滑数据，该法可以把信号分为高频与低频，然后把高频信号去除(Bellanger，1984)。更进一步的平滑方法就是设计一个平滑窗口，取窗口内各值的均值作为窗口中间点的值。上述方法最主要的就是要控制平滑窗口的大小，因为窗口越大，其值越平滑，但却失去了数据应有的特点。一个更加优化的过滤器则是对离中心点不同距离的数据赋予不同的权重，而不是取窗口内的数据均值赋予中间点。注意不要忘记把得到的值除以权重总和。例如，5点权重平滑法的计算公式如下(Smith，2002)：

$$n=\left(\frac{m_{-2}}{4}+\frac{m_{-1}}{2}+\frac{m}{1}+\frac{m_1}{2}+\frac{m_2}{4}\right)\Big/2.5 \qquad (4\text{-}1)$$

式中，n 为过滤窗口中间点的加权均值；m 为未平滑前数据点的值。

该过滤器的最大优点在于给予中间点的权重最大，离中心点越远，则权重越小，即对数据的影响越小。

从图4-1可见，原始光谱的一阶微分值比较粗糙，曲线棱角分明，不够平滑，当我们在利用某一点微分光谱值进行计算时，会带来一些误差；七点均值平滑法显然已经过滤过度，使光谱曲线失去其应有的特征；而五点权重平滑法既能够使微分光谱曲线比较平滑，又能够保持光谱曲线的自身特征点，因此，认为五点权重平滑法优于其他方法。这与

Smith(2002)研究结果一样，因此，我们在本书中，采用5点平滑法处理所有光谱数据。

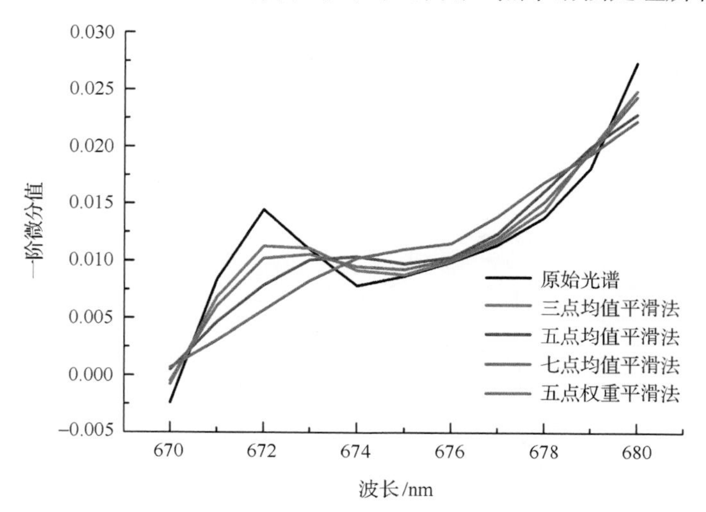

图 4-1　不同平滑方法对光谱处理结果的影响(彩图附后)

4.2.2　光谱一阶微分处理

光谱的一阶微分可以近似表示如下(浦瑞良和宫鹏，2000)：

$$\rho'(\lambda_i) = (\rho(\lambda_{i+1}) - \rho(\lambda_{i-1}))/2\Delta\lambda \tag{4-2}$$

式中，λ_i 为每个波段的波长；$\rho'(\lambda_i)$ 为波长 λ_i 的一阶微分值；$\Delta\lambda$ 为 λ_{i-1} 到 λ_i 的间隔。

4.2.3　连续统处理

所有光谱均用连续统方法进行处理，其原理方法参见2.8.1节。

4.2.4　数据误差分析

1) 叶片的代表性误差

由于在采集样本的时候，每株植物只能够采集一片叶子，该叶片就代表着该株植物的生理生化变化特征，从而导致光谱特征的变化。但每次仅从一片叶子反映整株作物的生长状况，存在代表性误差。

2) 叶片光谱的测量误差

对于单叶光谱，采集单叶样本大小不同，在测量的时候无法完全准确地把叶片放在光谱仪测量的中心上，致使探头探测到不仅有植被信息，还包括其他信息，因此完全测量叶片的光谱信息，在本实验中是很困难的，必然带来一些外在因素的影响。

在测量过程中，叶片在1000W卤素灯的照射下，由于采用四次测量法，随着测量的进行，叶片会逐渐变热，这也会影响到植物的光谱特征。要求测量单叶光谱尽可能快速进行，以防止叶片出现枯萎，影响叶片的光谱特征。由于卤素灯是呈45°角照射在叶片上，同时叶片并不是完全平展的。因此，叶片放在测试平台上不同方向，其光谱测量值出现不同，为了避免这一因素的影响，分别把单叶互呈 90°测量四次光谱，取其平均值作为该叶片的最终光谱，叶片放在不同方向对光谱的影响，见图 4-2。但测量四次，会使叶片在卤素灯下照射的时间加长，使其温度增加，带来新的误差。因此，在测量过程中，尽量加快测量速度，避免叶片在灯下长时间照射。

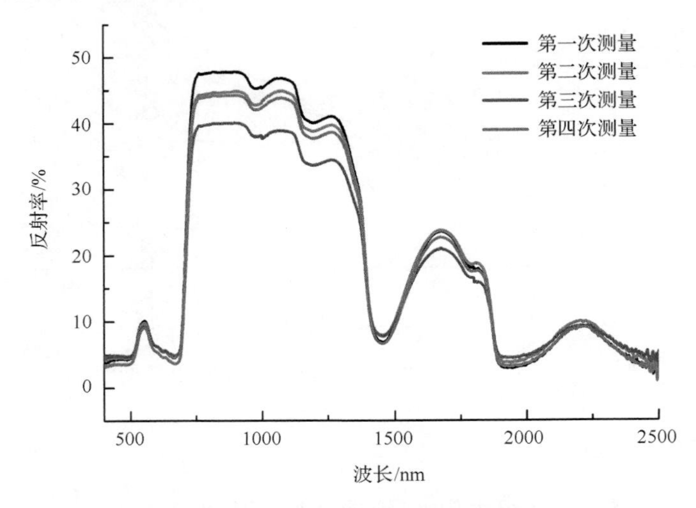

图 4-2　叶片不同方向对光谱测量结果的影响(彩图附后)

3）仪器温度对测量结果的影响

在测量光谱的过程中，光谱仪的温度在逐渐增大，由于内部元件的温度升高，从而影响仪器结构以及元件的灵敏性，为最终的结果造成误差。为了有效消除该项误差，通常是在测量前，使仪器预热到达恒定值，尽量减少由于仪器温度变化带来的光谱测量误差。

4.3　选择识别水浸胁迫下植物的单叶光谱与微分指数

为了更好地识别健康与受到胁迫的植被，根据前人研究的结果，结合 CO_2 泄漏胁迫下的植被光谱特征选用一些微分指数(表 4-1)与植被指数(表 4-2)，本书利用这些常见及构建的植被指数或微分指数，并计算出这些指数，进行对比分析。

表 4-1　微分指数列表

微分指数	定义	参考出处
D_{715}/D_{705}	D_{715}与 D_{705}的比值	Zarco-Tejada 等(2004)
D_{705}/D_{722}	D_{705}与 D_{722}的比值	Zarco-Tejada 等(2002)
D_{720}/D_{702}	D_{720}与 D_{702}的比值	D 为一阶微分值 下标代表一阶微分值所在的波段
D_{720}/D_{525}	D_{720}与 D_{525}的比值	
$D_{720} * D_{525}$	D_{720}与 D_{525}的乘积	

续表

微分指数	定义	参考出处
SD_b	蓝边(430～480nm)一阶微分总和	蒋金豹等(2008)
SD_y	黄边(555～590nm)一阶微分总和	
SD_r	红边(680～760nm)一阶微分总和	
SD_b	近红外(500～550nm)一阶微分总和	

表 4-2　常用植被指数列表

植被指数	方程	参考出处
NDVI(normalized difference vegetation index)	$NDVI=(R_{800}-R_{670})/(R_{800}+R_{670})$	Rouse 等(1974)
SIPI (structural insensitive pigment index)	$SIPI=(R_{800}-R_{445})/(R_{800}+R_{680})$	Peñuelas 等(1995b)
PRI (physiological reflectance index)	$PRI=(R_{550}-R_{530})/(R_{550}+R_{530})$	Gamon 等(1992)
NPCI (normalized pigment chlorophyll ratio index)	$NPCI=(R_{680}-R_{430})/(R_{680}+R_{430})$	Peñuelas 等(1995a)
GNDVI (green normalized difference vegetation index)	$GNDVI=(R_{750}-R_{550})/(R_{750}+R_{550})$	Gitelson 等(1996)
TCARI(transformed chlorophyll absorption reflectance index)	$TCARI=3[(R_{700}-R_{670})-0.2(R_{700}-R_{550})(R_{700}/R_{670})]$	Haboudane 等(2002)
MCARI1	$MCARI1=1.2[2.5(R_{800}-R_{670})-1.3(R_{800}-R_{550})]$	Haboudane 等(2004)
MCARI/OSAVI	$\frac{MCARI}{OSAVI}=\frac{[(R_{700}-R_{600})-0.2\times(R_{700}-R_{550})](R_{700}/R_{670})}{(1+0.16)(R_{800}-R_{670})/(R_{800}+R_{670}+0.16)}$	Daughtry 等(2000)
OSAVI (optimized soil adjusted vegetation index)	$OSAVI=(1+0.16)(R_{800}-R_{670})/(R_{801}+R_{670}+0.16)$	Rondeaux 等(1996)

4.4　不同植被在水浸胁迫下光谱变化及识别结果

4.4.1　卷心菜在水浸胁迫下光谱变化及识别结果

1. 卷心菜在水浸胁迫下光谱特征以及叶片物理特征

在水浸胁迫下，卷心菜的光谱发生明显变化，从图 4-3(a)可见，在胁迫发生 1 周后(7 月 14 日)，在绿光(550nm)区受到水浸胁迫的光谱反射率大于对照的反射率，在红光区以及近红外区域水浸胁迫的卷心菜光谱反射率都稍微大于对照卷心菜的；随着胁迫的持续作用(8 月 11 日)，如图 4-3(b)所示，在测量的后期绿光区以及红光区受到水浸胁迫的光谱反射率仍旧大于对照卷心菜的，但在近红外波段，水浸胁迫的卷心菜光谱反射率小于对照卷心菜的反射率。这说明在水浸胁迫作用下，卷心菜在绿光区反射能力加强，红光的吸收能力在降低，近红外的反射能力逐渐降低。在胁迫开始阶段，水浸胁迫对卷心菜的内部生理结构没有造成破坏，但随着胁迫的持续进行，卷心菜的内部生理结构发生变化，毕竟根部的呼吸作用受到限制，胁迫下的卷心菜光谱反射率在近红外波段低于对照卷心菜的反射率。

在水浸胁迫下，卷心菜的叶片物理参数发生较大变化，水浸卷心菜的叶片在边缘部分出现微红，内部部分叶片有点微黄，且叶片明显变厚变硬，色素含量降低；而对照卷心菜的叶片颜色较绿，色泽较为鲜艳，叶绿素含量较高。从肉眼直接可以分辨出对照与水浸胁迫的卷心菜。

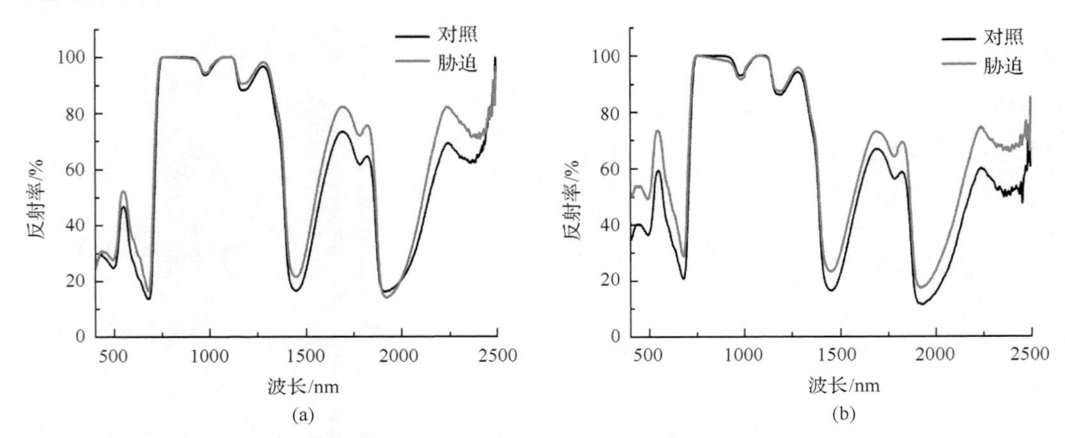

图 4-3　对照与水浸胁迫下的卷心菜单叶光谱变化特征

(a)7 月 14 日；(b)8 月 11 日

2. 利用光谱指数识别水浸胁迫下的卷心菜

从图 4-4 可见，对于 NDVI 指数，在胁迫两周后就可以识别出水浸胁迫下的卷心菜，随着胁迫的持续进行，对照卷心菜的指数值大于水浸胁迫卷心菜的指数值，因此 NDVI 指数可以在胁迫 2 周后有效地区分开对照与胁迫的卷心菜。

对于 PRI 指数可以在胁迫发生后区分开对照与水浸胁迫的卷心菜，水浸胁迫卷心菜的指数值显著低于对照卷心菜的指数值，在整个观测期其规律保持不变；在生育后期，对照与水浸卷心菜的指数值逐渐变小，各项生理指标趋于一致，符合植物生育规律。因此 PRI 指数能够较好地识别出水浸胁迫下的卷心菜。

对于 NPCI 指数，在胁迫发生后对照与水浸胁迫卷心菜的指数值明显出现差异，可以区别对照与胁迫卷心菜，但该指数在胁迫发生前对照与胁迫卷心菜的指数值有较大差异，在胁迫前期阶段利用该指数识别水浸胁迫，有可能会出现误判。

对于 GNDVI 指数，对照与胁迫卷心菜的指数值大小规律性出现变异，随胁迫进行直到 7 月 28 日后，胁迫卷心菜的指数值小于对照卷心菜指数值，该规律一直保持到实验结束，该指数无法在胁迫前期有效识别对照与水浸胁迫的卷心菜，说明该指数可靠性不足。

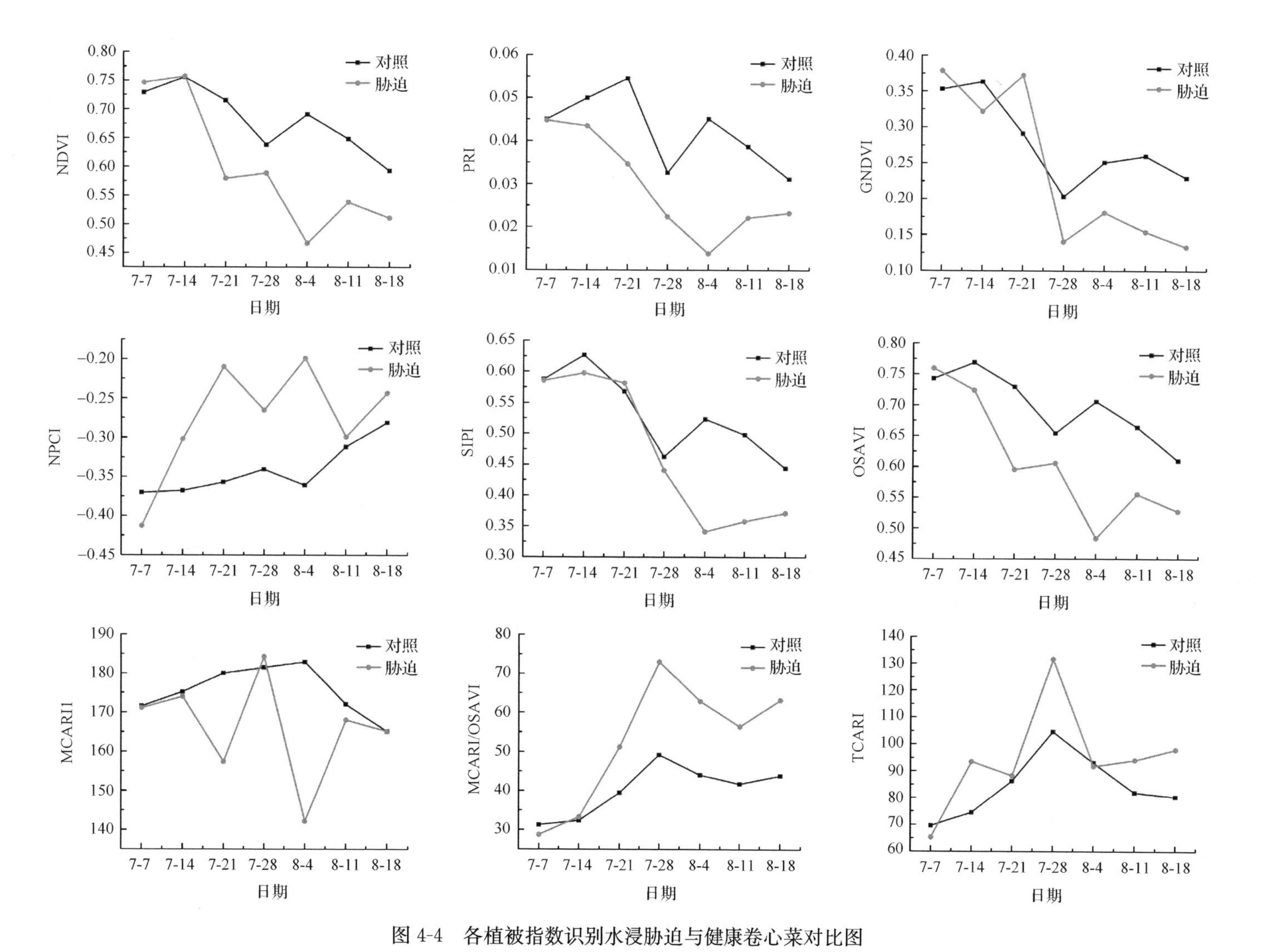

图 4-4　各植被指数识别水浸胁迫与健康卷心菜对比图

对于 OSAVI 指数，在胁迫 1 周后即可区分对照与胁迫卷心菜，对照卷心菜指数值大于胁迫卷心菜指数值，且该规律一直保持到实验期结束。说明该指数可以识别水浸胁迫下的卷心菜。

TCARI 指数，在胁迫 1 周后即可识别出水浸胁迫的卷心菜，但在 7 月 21 日与 8 月 4 日无法识别出水浸胁迫卷心菜，因此该指数不能够在整个生育期有效识别出水浸胁迫的卷心菜。

对于 SIPI 指数，除了在 7 月 21 日与 28 日对照与胁迫下的卷心菜指数值差异较小外，其他时段该指数都能够较好识别胁迫下的卷心菜，从稳定性角度考虑，该指数并不是最优的。

MCARI1 指数在胁迫后对照与胁迫卷心菜的差异较小，随着胁迫的持续进行，其规律出现变异，在 7 月 28 日对照与胁迫卷心菜的指数差异很小且出现规律变化，胁迫卷心菜的指数值波动性较大，无论从指数的稳定性与有效性来讲，该指数不适合识别对照与水浸胁迫下的卷心菜。

MCARI/OSAVI 指数，在胁迫发生两周后就可以识别出水浸胁迫下的卷心菜，随着胁迫的持续进行，对照卷心菜的指数值小于水浸胁迫卷心菜的指数值，因此 MCARI/OSAVI 指数指数可以在胁迫两周后有效地区分对照与胁迫的卷心菜。

综上所述，PRI 指数的规律最为稳定且能够有效、及时地识别出水浸胁迫下的卷心菜；其次 NDVI、MCARI/OSAVI 以及 OSAVI 指数也能够较好识别监测胁迫下的卷心菜；其余的指数从稳定性与有效性方面，都不如上述指数，因此，上述 4 个植被指数可以用来识别水浸胁迫下的卷心菜。

3. 水浸胁迫下卷心菜的一阶微分光谱特征

在水浸胁迫后不久，对照与胁迫卷心菜的光谱特征即出现明显的变化。从图 4-5(a) 可见，在胁迫发生两周后，胁迫卷心菜的一阶微分光谱特征在 525nm 附近小于对照卷心菜的，在红光区大于对照卷心菜的一阶微分值，红边明显有蓝移现象，曲线变尖且陡；在黄光区胁迫卷心菜一阶微分值绝对值小于对照卷心菜的一阶微分值。随着胁迫的持续进

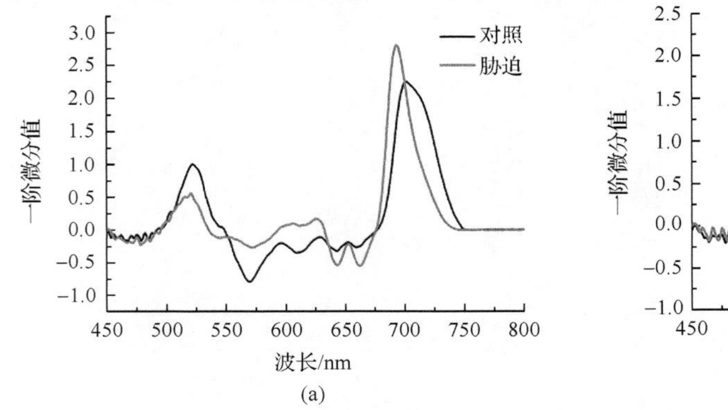

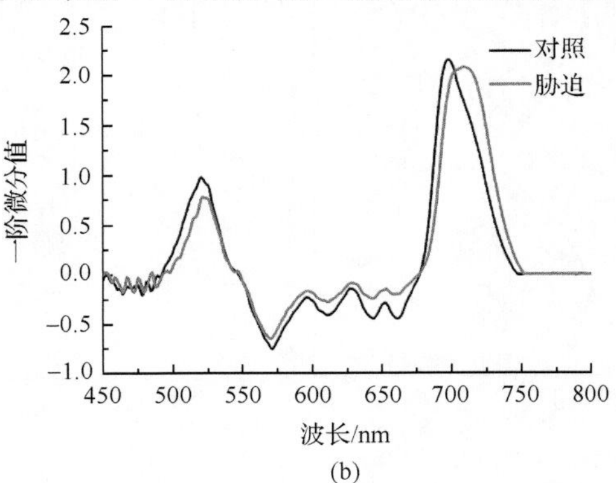

图 4-5 对照与水浸胁迫下的卷心菜单叶一阶微分光谱变化特征

(a)7 月 21 日；(b)8 月 11 日

行，如图 4-5(b)所示，水浸胁迫卷心菜的一阶微分值在 525nm，以及红光区都小于对照卷心菜的，在黄光区胁迫下的一阶微分值绝对值小于对照卷心菜的值。

4. 利用一阶微分光谱指数识别水浸胁迫下的卷心菜

从图 4-6 可见，对于微分指数 D_{705}/D_{722}，在胁迫发生 1 周后即可区别出对照与水浸胁迫卷心菜，胁迫下的微分值大于对照卷心菜的微分指数值，随着胁迫的持续进行，指数值之间的差异越来越大，但在植被生长的后期，两者之间的差异越来越小，说明在植被的生长后期，胁迫下的卷心菜与衰老卷心菜的生理参数趋于一致，致使微分光谱指数也趋于一致。

对于微分指数 D_{715}/D_{705}、D_{720}/D_{702}、D_{720}/D_{525} 与 $D_{720}*D_{525}$，对照与胁迫下的卷心菜指数值变化规律相同，胁迫下的指数值小于对照卷心菜的微分指数值，且在胁迫发生 1 周后即可区别对照与胁迫下的卷心菜。说明上述指数可以用来识别水浸胁迫下的卷心菜。

面积微分指数 SD_r/SD_g 以及 SD_r/SD_y，识别对照与胁迫下的卷心菜的能力较差，其指数值大小规律出现多次变异，且对照与胁迫下的卷心菜的指数值差异较小，因此，这两个指数不适合监测对照与水浸胁迫下的卷心菜。

面积微分指数 SD_y/SD_g 能够在水浸胁迫发生后即可区分出对照与胁迫下的卷心菜，胁迫卷心菜的指数值大于对照的指数值，在前期差异逐渐变大，但在后期差异逐渐缩小，特别是 8 月 11 日对照与胁迫卷心菜指数差异很小，无法进行识别。上述结果说明黄光区的信息也可用来识别对照与水浸胁迫下的卷心菜，只是该指数在整个生育期的稳定性及可分性不是最优的。

面积微分指数 SD_r*SD_g 在胁迫发生 1 周后即可区别出对照与水浸胁迫卷心菜，胁迫下的微分值小于对照卷心菜的微分指数值，随着胁迫的持续进行，指数值之间的差异越来越大，但在植被生长的后期，两者之间的差异有变小的趋势，符合植物生长规律。

综上所述，微分指数 D_{705}/D_{722}、D_{715}/D_{705}、D_{720}/D_{702}、D_{720}/D_{525} 与 $D_{720}*D_{525}$，以及面积微分指数 SD_r*SD_g 都能够在胁迫发生 1 周后即可识别对照与水浸胁迫卷心菜，说明上述指数对于水浸胁迫卷心菜是比较敏感的。

4.4.2 莴苣在水浸胁迫下光谱变化及识别结果

1. 在水浸胁迫下的莴苣光谱变化特征以及叶片物理特征

在水浸胁迫下，莴苣的光谱发生了变化，从图 4-7(a)可见。在胁迫发生 1 周后，在绿光(550nm)区水浸胁迫莴苣的光谱反射率大于对照莴苣的反射率，在红光区以及近红外区域水浸胁迫的莴苣光谱反射率与对照莴苣的反射率差异很小；随着胁迫的持续作用，如图 4-7(b)所示，在绿光区以及红光区水浸胁迫莴苣的光谱反射率大于对照莴苣的反射率。上述说明在水浸胁迫作用下，莴苣在绿光区反射能力增强了，随着胁迫加重与持续，甚至在红光区反射率也增大了。

在胁迫开始阶段，水浸胁迫对莴苣的内部生理结构没有造成破坏，且有充足的水分可供莴苣根部吸收。因此，在开始阶段胁迫莴苣的长势好于对照莴苣的长势；但随着胁迫的

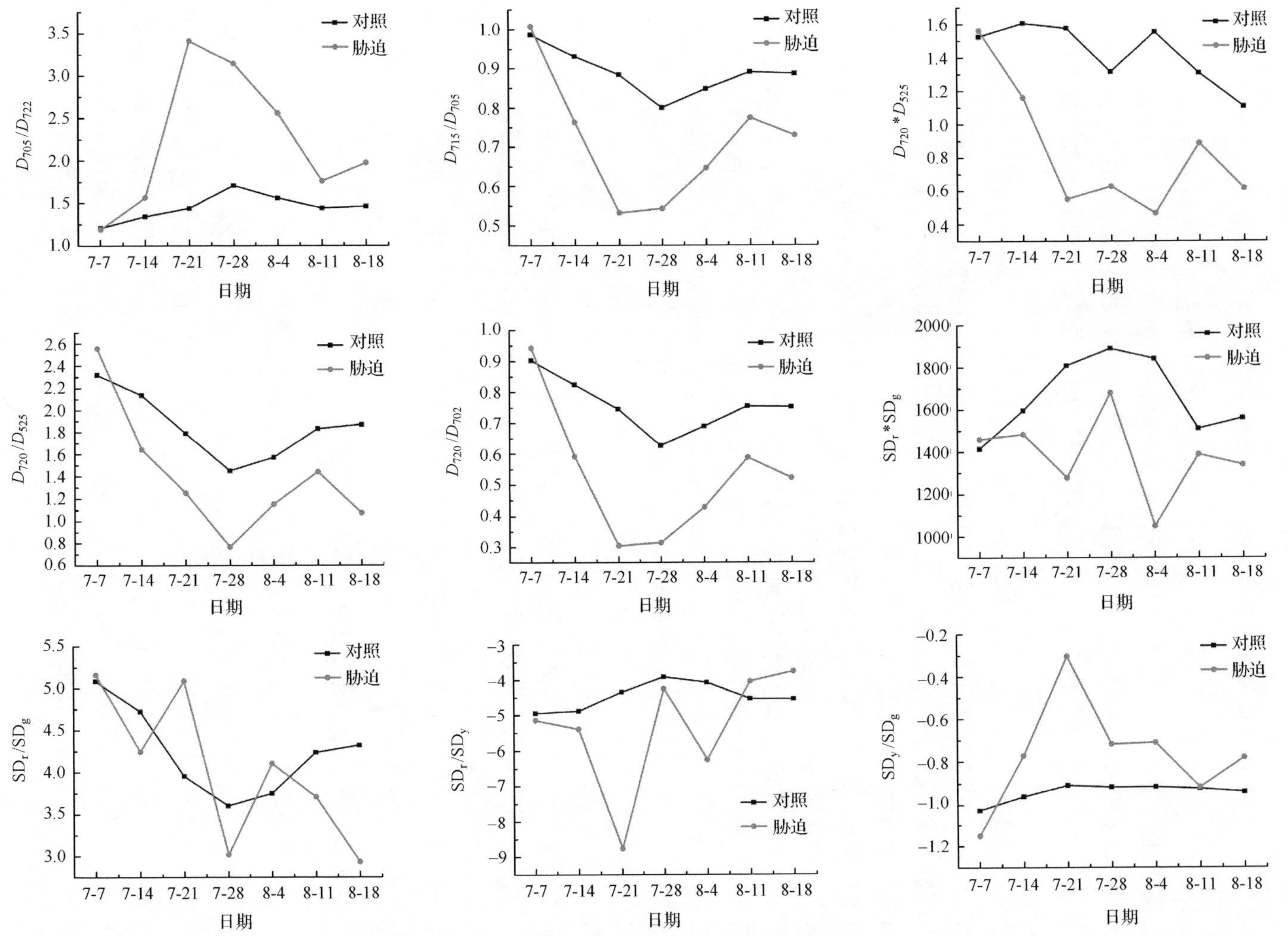

图 4-6　各微分指数识别水浸胁迫与健康卷心菜对比图

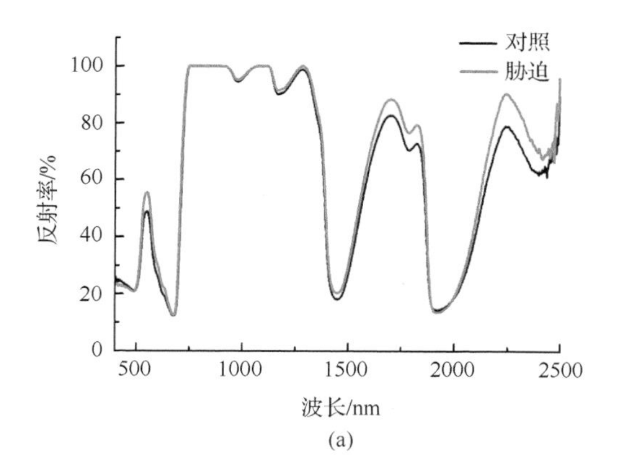

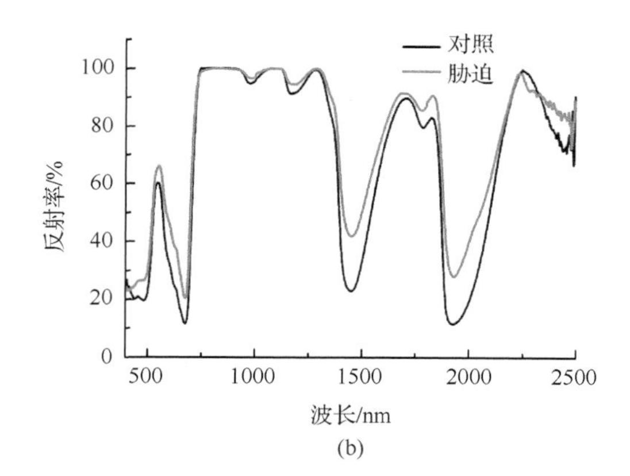

图 4-7 对照与水浸胁迫下的莴苣单叶光谱变化特征

(a)7 月 14 日;(b)8 月 4 日

持续进行,莴苣内部生理结构发生了变化,毕竟根部的呼吸作用受到限制,红光吸收能力下降了,反射率增大了。

在水浸胁迫下莴苣与对照莴苣的叶片有明显差异,对照莴苣叶片明显比水浸胁迫莴苣叶片要大,且色素含量大于水浸胁迫的叶片,水浸胁迫对莴苣的叶面积影响较大,也可以从叶面积方面利用遥感识别水浸胁迫。

2. 利用植被指数识别水浸胁迫下的莴苣

从图 4-8 可见,NDVI 与 OSAVI 指数,在未胁迫的情况下,对照与水浸胁迫莴苣的指数值基本一致,随着胁迫进行,对照与胁迫莴苣的指数值出现明显变化,对照的指数值大于胁迫莴苣的指数值,但在胁迫的后期,指数值的差异越来越小,说明在胁迫后期,对照与胁迫莴苣的长势趋于一致,符合植物生长规律。因此,该指数适合在中前期识别水浸胁迫的莴苣。

其他指数在可靠性及稳定性方面都无法在整个生育期识别出水浸胁迫莴苣,因此 NDVI 与 OSAVI 两个指数识别水浸胁迫莴苣的能力较好。

3. 水浸胁迫莴苣的一阶微分光谱特征

在水浸胁迫后不久,对照与胁迫莴苣的光谱特征即出现明显的变化。从图 4-9(a)可见,在胁迫发生两周后,胁迫下莴苣的一阶微分光谱特征在 525nm 附近小于对照莴苣的,在红光区与对照莴苣的一阶微分值基本一致;在黄光区胁迫莴苣的一阶微分值绝对值小于对照莴苣的一阶微分值。随着胁迫的持续进行,如图 4-9(b)所示,水浸胁迫下的一阶微分值在 525nm,以及红光区都小于对照莴苣的值,在黄光区胁迫下的一阶微分值绝对值稍微小于对照莴苣的值。说明随着胁迫持续进行,在绿边与红边区域胁迫莴苣的一阶微分值均小于对照莴苣的一阶微分值。

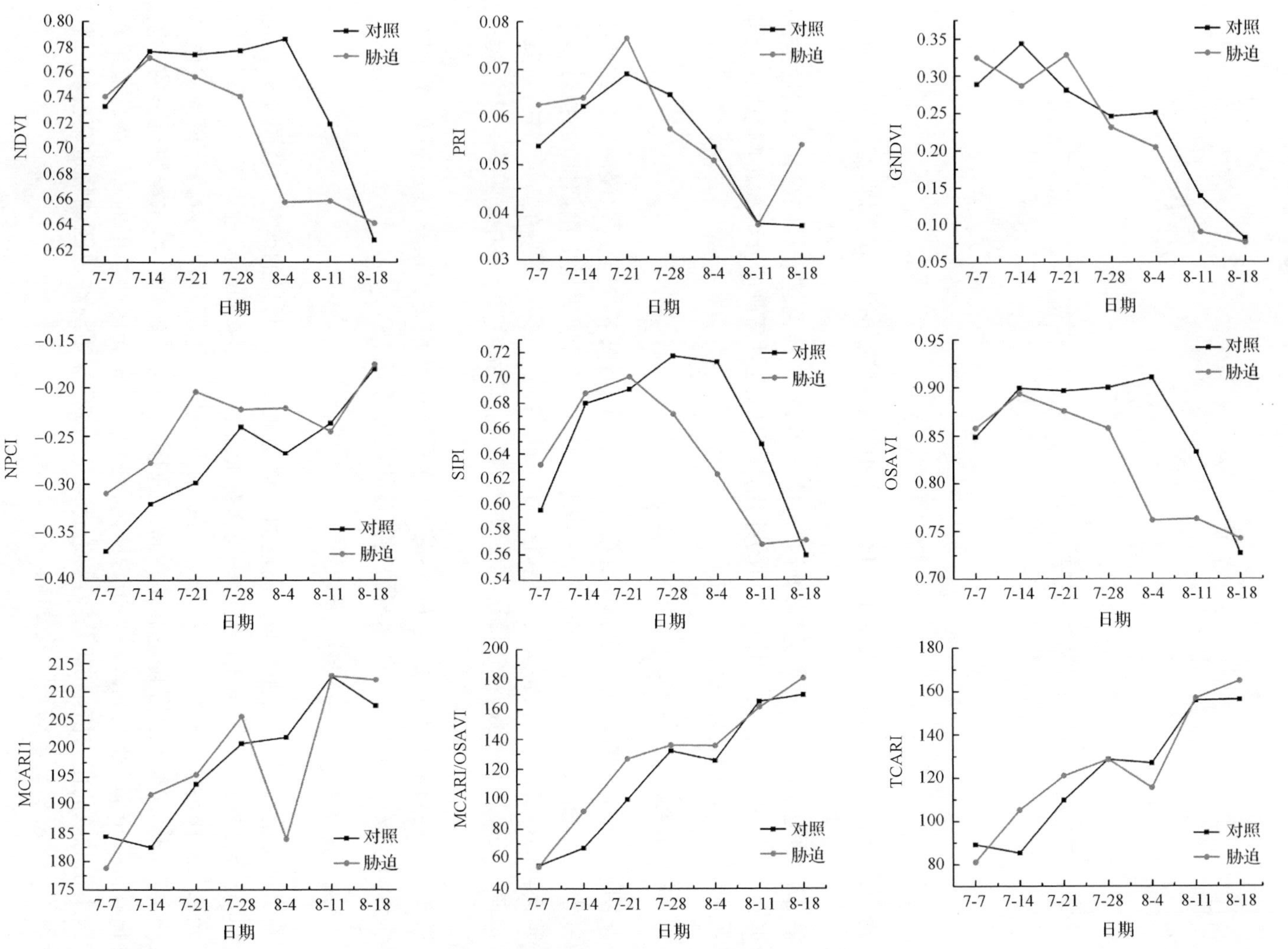

图 4-8　各植被指数识别水浸胁迫与健康莴苣对比图

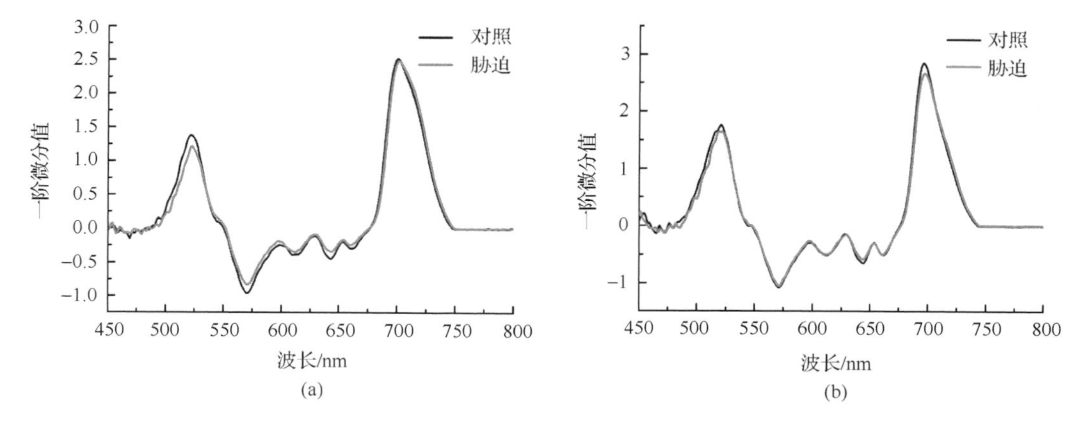

图 4-9　对照与水浸胁迫下的莴苣单叶一阶微分光谱变化特征

(a)7 月 21 日;(b)8 月 11 日

4. 利用微分指数识别水浸胁迫下的莴苣

从图 4-10 可见,对于微分指数 D_{705}/D_{722},在胁迫发生后即可区别出对照与水浸胁迫莴苣,胁迫下的莴苣微分值大于对照莴苣的微分指数值,随着胁迫的持续进行,指数值之间的差异时大时小,但在植被生长的后期,两者之间的差异有缩小的趋势,说明在植被的生长后期,胁迫下的莴苣与衰老莴苣的生理参数趋于一致,致使微分光谱指数也趋于一致。

对于微分指数 D_{715}/D_{705}、D_{720}/D_{702}、D_{720}/D_{525},在胁迫发生后即可识别对照与胁迫下的莴苣,胁迫下的指数值小于对照莴苣的微分指数值,无论是对照莴苣的指数值还是胁迫莴苣的指数值,随着生长期的推进,指数值都逐渐变小,在后期指数值之间的差异逐渐变小。因此,这四个微分指数在水浸胁迫发生后即可区别对照与胁迫下的莴苣。

对于 $D_{720} * D_{525}$ 微分指数,在胁迫发生后对照与胁迫下莴苣的微分值的差异比较小,且出现规律变异;但从 7 月 21 日开始,对照莴苣的指数值明显大于受到胁迫的莴苣指数值。因此,该指数可以在监测的后期有效识别水浸胁迫下的莴苣。

面积微分指数 SD_r/SD_g,能够在胁迫发生后即可识别对照与胁迫下的莴苣,对照莴苣的微分指数值大于受到胁迫的莴苣指数值,该指数在监测后期,尽管没有出现规律性变异,但对照与胁迫的指数值之间的差异越来越小,对实际应用来讲,识别的困难越来越大。

面积微分指数 SD_r/SD_y,其指数之间的差值大小规律出现多次变异,没有固定的规律性,因此,这个指数不适合监测对照与水浸胁迫下的莴苣。

面积微分指数 SD_y/SD_g 能够在水浸胁迫发生后即可区分出对照与胁迫下的莴苣,因此可以利用该指数识别水浸胁迫下的莴苣。从另外一个侧面也可以说明,黄光区的信息也可用来识别对照与水浸胁迫下的莴苣。

面积微分指数 $SD_r * SD_g$ 在胁迫发生两周后即可识别出对照与胁迫下的莴苣,随着胁迫的持续进行,胁迫下莴苣的微分指数值小于对照莴苣的指数值,且其差异逐渐变大,

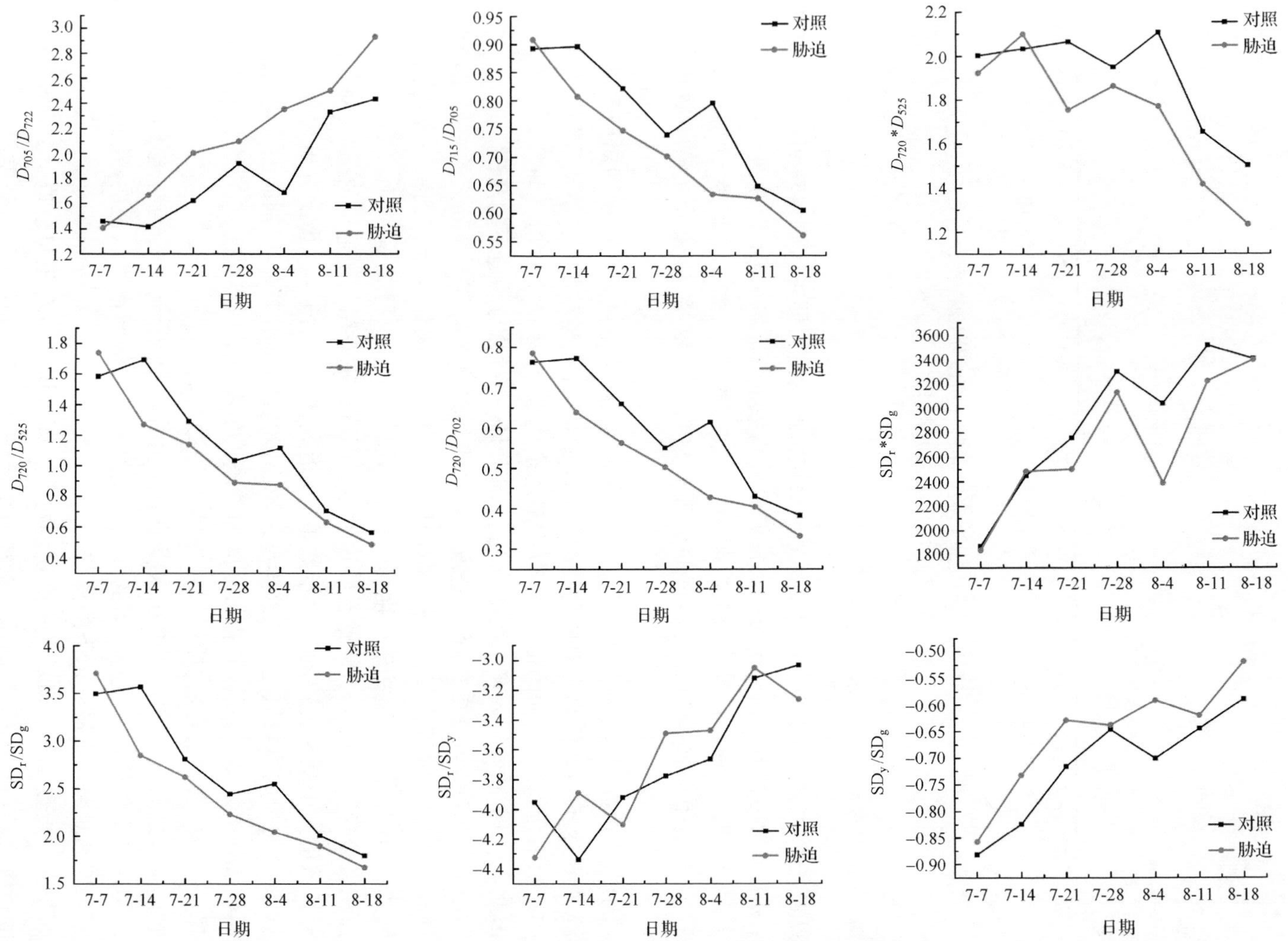

图 4-10　各微分指数识别水浸胁迫与健康莴苣对比图

后期差异又逐渐缩小。因此,该指数可以识别水浸胁迫下的莴苣,只是时效性要比微分指数 D_{705}/D_{722}、D_{715}/D_{705}、D_{720}/D_{702}、D_{720}/D_{525}晚 1 周的时间。

综上所述,微分指数 D_{705}/D_{722}、D_{715}/D_{705}、D_{720}/D_{702}、D_{720}/D_{525}都能够在胁迫发生 1 周后即可识别对照与水浸胁迫莴苣,但在生育期的后期,这四个指数对照的与受到胁迫的指数值之间的差异逐渐变小;面积微分指数 $SD_r * SD_g$ 也能够应用于遥感识别水浸胁迫下的莴苣。

4.4.3 甜菜在水浸胁迫下光谱变化及识别结果

1. 在水浸胁迫下甜菜的光谱特征及叶片物理特征

在水浸胁迫下,甜菜的光谱发生了变化,从图 4-11(a)可见,在胁迫发生 1 周后,在绿光(550nm)区水浸胁迫甜菜的光谱反射率明显小于对照甜菜的反射率,在红光区水浸胁迫甜菜的光谱反射率与对照甜菜的反射率差异很小;随着胁迫的持续作用,如图 4-11(b)所示,在绿光区及红光区受到水浸胁迫的光谱反射率远低于对照甜菜的反射率。这说明在水浸胁迫作用下,甜菜在绿光区反射能力逐渐降低,甜菜在水浸胁迫的作用下,叶子颜色变成褐红色,叶绿素含量逐渐降低;近红外的反射能力也逐渐降低。水浸胁迫对甜菜的内部生理生化结构逐渐造成破坏,叶绿素含量逐渐降低。

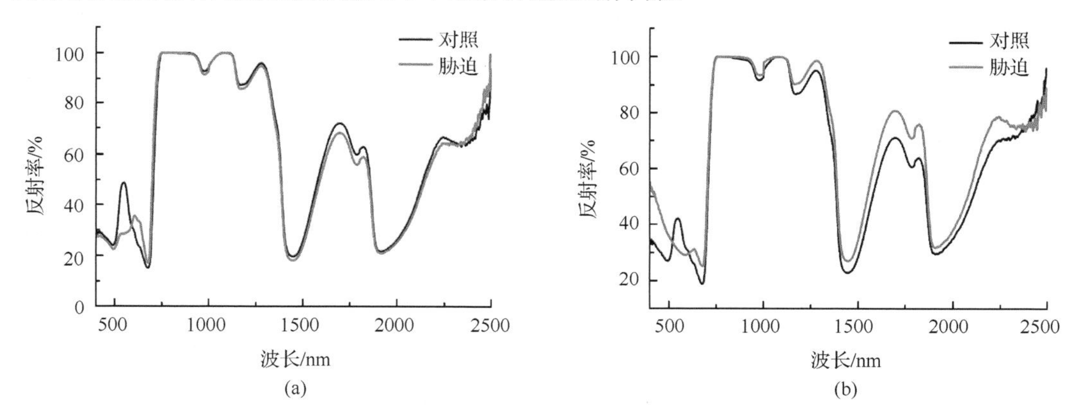

图 4-11 对照与水浸胁迫下的甜菜单叶光谱变化特征

(a)7 月 14 日;(b)8 月 11 日

甜菜在水浸胁迫下叶片与对照叶片的差异比较明显,水浸胁迫的叶片变红,且叶片变小,说明叶片的叶绿素含量极低,叶面积变小;然而对照甜菜的颜色发绿且较为鲜艳,叶面积相对于水浸胁迫下甜菜的叶片要大。因此,可以考虑从叶面积及叶绿素含量方面进行水浸胁迫识别与甜菜的对照。

2. 利用植被指数识别水浸胁迫下的甜菜

从图 4-12 可见,NDVI、PRI、SIPI 以及 OSAVI 四个植被指数,具有相同的变化规律,随着胁迫的进行,对照的甜菜指数值逐渐大于受到胁迫的甜菜指数值,在整个生育期内,指数值之间的差值没有出现规律变异。因此,上述五个指数可以识别水浸胁迫甜菜。

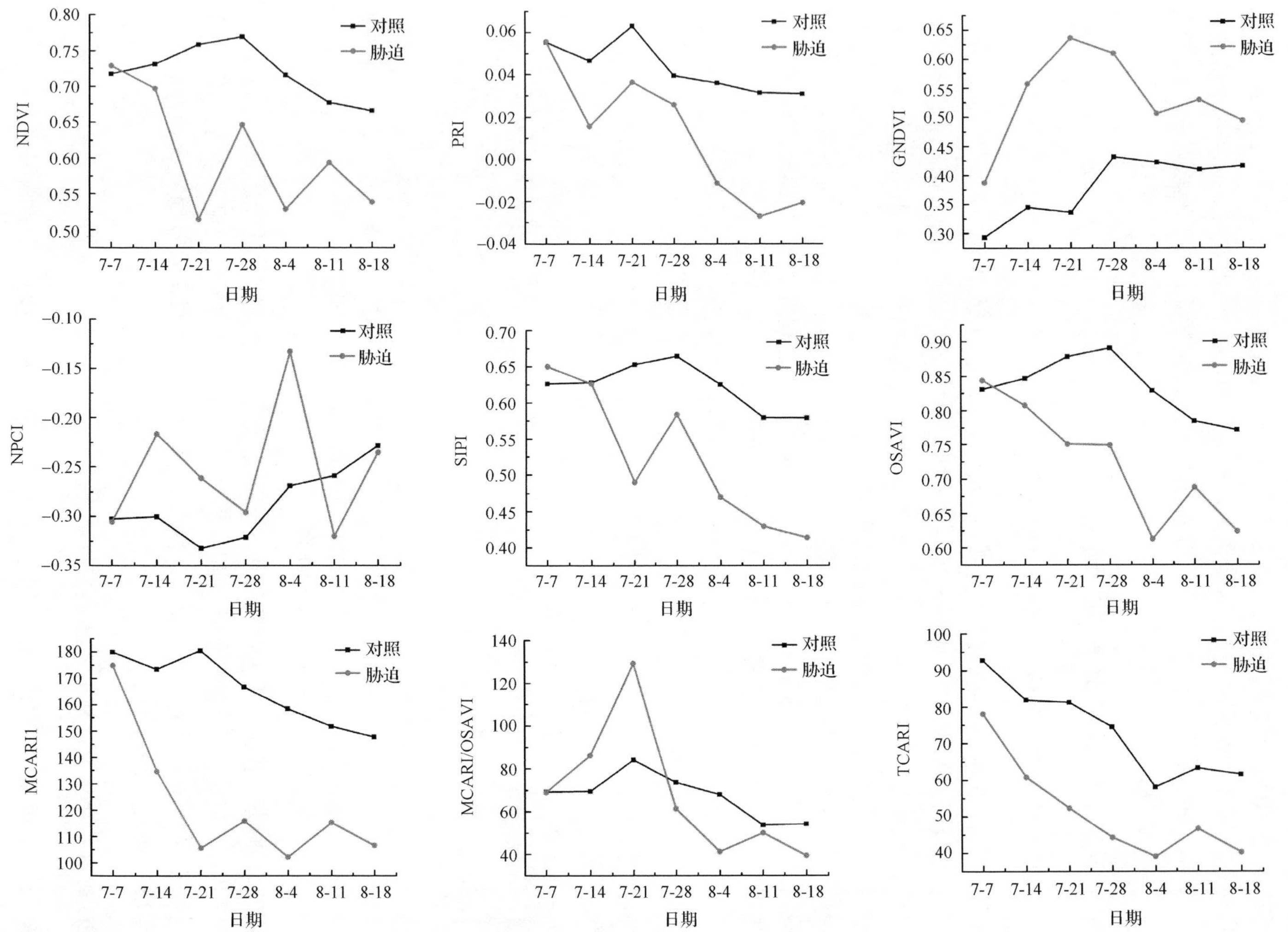

图 4-12　各植被指数识别水浸胁迫与健康甜菜对比图

对于 NPCI 指数，在胁迫出现后即可区分对照与水浸胁迫的甜菜，胁迫甜菜指数值大于对照甜菜指数值，但该指数在 8 月 11 日出现规律变异，因此该指数稳定性不足，无法有效识别监测水浸胁迫下的甜菜。

对于 GNDVI 指数，对照甜菜的指数值总是小于受到胁迫的甜菜指数值，胁迫甜菜指数值大于对照甜菜指数值，但该指数在胁迫未开始之前就出现较大差异，因此，该指数无法有效识别水浸胁迫作用下的甜菜。

对于 TCARI 指数，对照甜菜的指数值总是大于受到胁迫的甜菜指数值，胁迫甜菜指数值小于对照甜菜指数值，但该指数在胁迫未开始之前就出现较大差异，因此，该指数与 GNDVI 一样，无法有效识别水浸胁迫作用下的甜菜。

对于 MCARI1 指数，在水浸胁迫作用下，对照甜菜的指数值大于胁迫甜菜的指数值，且随着胁迫的进行，对照与胁迫下甜菜的指数值差异逐渐变大，在后期对照与胁迫甜菜指数值稍微缩小，也符合植被生长规律。因此，MCARI1 指数可以有效、及时识别水浸胁迫甜菜。

MCARI/OSAVI 指数在整个生育期内，对照甜菜与受到胁迫的甜菜指数值出现规律性变异，因此利用该指数无法有效识别受到水浸胁迫的甜菜。

综上所述，NDVI、PRI、SIPI、MCARI1 及 OSAVI 指数都可以识别水浸胁迫下甜菜，且稳定性及可识别性都比较好。

3. 水浸胁迫下甜菜的一阶微分特征

在水浸胁迫后不久，对照与胁迫甜菜的光谱特征即出现明显的变化。从图 4-13(a)可见，在胁迫发生两周后，胁迫甜菜的一阶微分光谱特征在 525nm 附近小于对照甜菜的一阶微分光谱；在黄光区胁迫的甜菜微分值绝对值小于对照甜菜的微分值；红光区受到胁迫的甜菜微分值稍微大于对照甜菜的微分值，胁迫甜菜微分光谱曲线变得陡且窄，红边有明显的蓝移现象。随着胁迫的持续进行，如图 4-13(b)所示，水浸胁迫下甜菜的一阶微分在绿光区及黄光区几乎变成平线，说明在水浸胁迫作用下，甜菜叶片的叶绿素含量几乎为

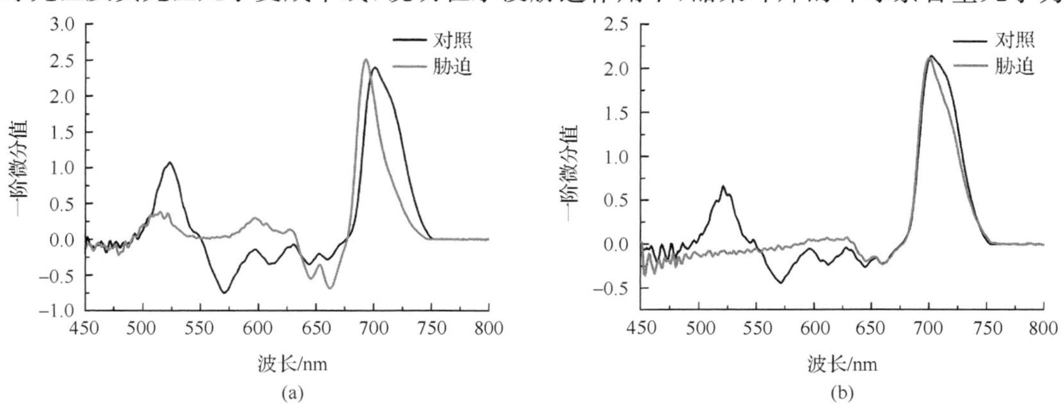

图 4-13　对照与水浸胁迫下的甜菜单叶一阶微分光谱变化特征

(a)7 月 21 日；(b)8 月 11 日

0，这与叶片变红，失去叶绿素有关。在红光区对照甜菜的微分值稍微大于胁迫的甜菜微分值，胁迫甜菜微分光谱曲线仍比对照甜菜的陡且窄，红边蓝移现象仍旧存在。

4. 利用微分指数识别水浸胁迫下的甜菜

从图 4-14 可见，对于微分指数 D_{705}/D_{722}，在胁迫发生后即可区别出对照与水浸胁迫甜菜，胁迫下的甜菜微分值大于对照甜菜的微分指数值，随着胁迫的持续进行，在植被生长的后期，两个指数值之间的差异逐渐缩小，致使该指数识别能力在后期逐渐减弱。

对于微分指数 D_{715}/D_{705}，在胁迫发生后即可识别出对照与水浸胁迫甜菜，胁迫下的水浸甜菜小于对照甜菜的指数值，但在 7 月 28 日两个指数值差异较小，随后又可区分开，但该指数无法在整个生育期有效识别对照与胁迫的甜菜，因此，该指数的识别能力相对较弱，无法准确判断何时是胁迫的，何时是未胁迫的。

对于微分指数 D_{720}/D_{525}、D_{720}/D_{702}，在整个生育期内指数值差值大小规律多次出现变异，胁迫下的微分指数值有时大于对照甜菜的指数值，有时小于对照甜菜的指数值。因此，该指数无法有效识别水浸胁迫下的甜菜。

对于 $D_{720}*D_{525}$ 微分指数，在胁迫发生后，对照与胁迫下甜菜的微分值的差异比较大，对照甜菜的指数值明显大于受到胁迫的甜菜指数值，且在整个生育期都保持同样的规律，尽管在未胁迫时两个指数值就有一定的差值，但差值较小。

面积微分指数 SD_r/SD_g，能够在胁迫发生后即可识别对照与胁迫下的甜菜，胁迫甜菜指数大于对照甜菜指数；然而胁迫两周后对照甜菜的微分指数值大于胁迫甜菜的指数值，且该规律一直保持生育期结束。因此，该指数在水浸胁迫前期不能够用来识别水浸胁迫甜菜，中后期可以用该指数来识别水浸胁迫下的甜菜。

面积微分指数 SD_r/SD_y，该指数在胁迫发生后即可识别出胁迫下的甜菜，胁迫指数值大于对照指数值；但随着胁迫持续进行，SD_r/SD_y 指数在 8 月 4 日后出现规律变异，即胁迫指数值小于对照指数值，且一直保持到生育期结束。

面积微分指数 SD_y/SD_g，该指数在胁迫发生后即可识别出胁迫下的甜菜，胁迫指数值大于对照指数值；但随着胁迫持续进行，该指数在 7 月 21 日与 28 日两次出现规律变异，8 月 4 日后再次恢复原有规律，且一直保持到生育期结束。说明该指数再识别水浸胁迫甜菜时稳定性不好。

面积微分指数 SD_r*SD_g，该指数在胁迫发生后即可识别出胁迫下的甜菜，胁迫指数值小于对照指数值，且该规律一直保持到生育期结束。因此，该指数可以用来识别水浸胁迫下的甜菜。

综上所述，面积微分指数 SD_r*SD_g 能够在胁迫发生 1 周后即可识别对照与水浸胁迫甜菜；同样 $D_{720}*D_{525}$ 微分指数也可以在胁迫发生 1 周后即可识别对照与水浸胁迫甜菜；其他指数在稳定性与可识别性方面弱于上述两个指数。

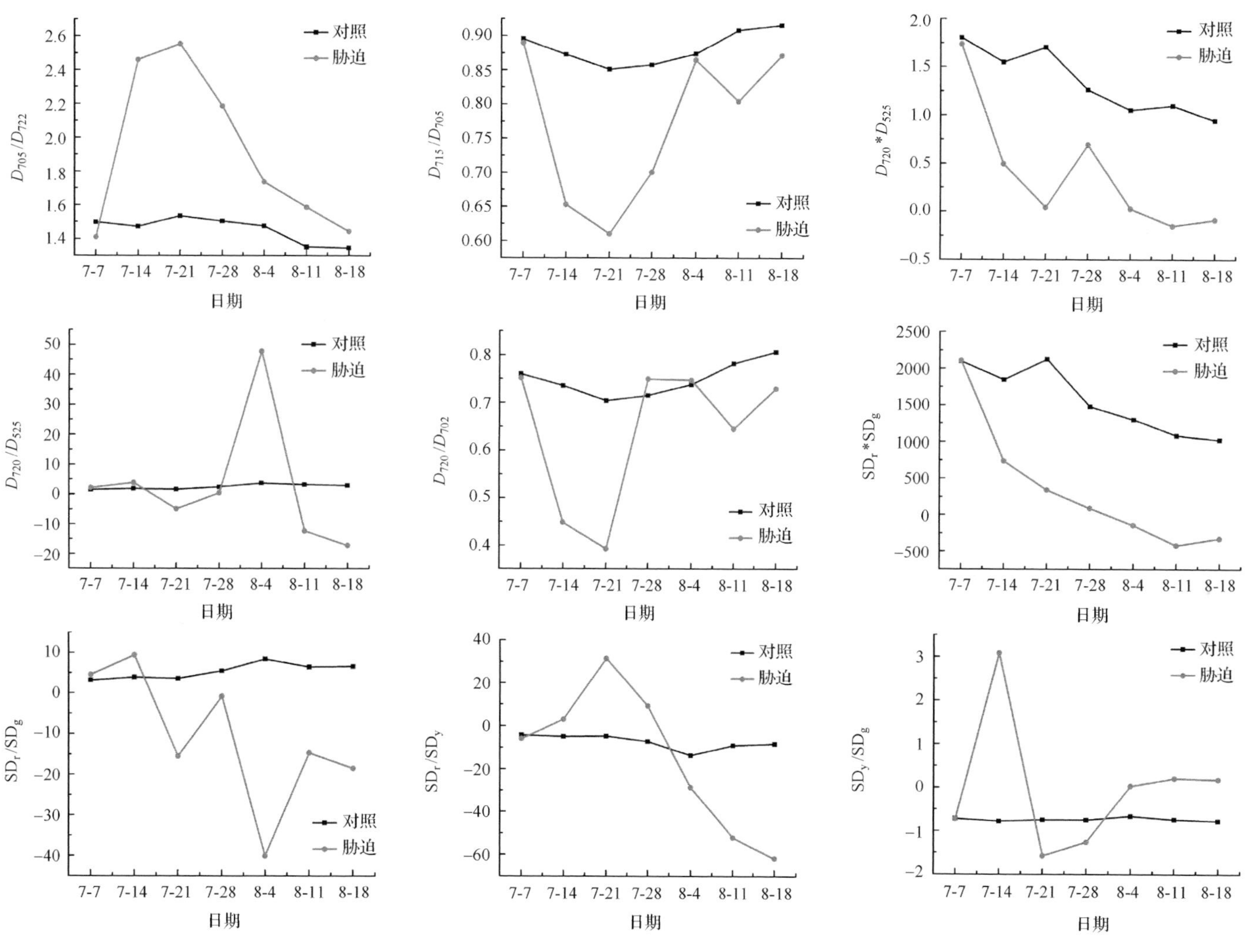

图 4-14 各微分指数识别水浸胁迫与健康甜菜对比图

4.4.4 玉米在水浸胁迫下光谱变化及识别结果

1. 在水浸胁迫下的玉米光谱特征以及叶片物理特征

在水浸胁迫下，玉米的光谱发生了变化，从图 4-15(a)可见，在胁迫发生 1 周后，在绿光(550nm)区水浸胁迫的玉米光谱反射率稍微大于对照玉米的反射率，在红光区水浸胁迫的玉米光谱反射率稍微大于对照玉米的反射率；随着胁迫的持续作用，胁迫玉米光谱特征仍保持原来的规律，如图 4-15(b)所示。这说明在水浸胁迫作用下，玉米在绿光区反射能力逐渐增强，在红光区吸收能力逐渐减弱。由于玉米是喜欢大肥大水的植物，且水并没有完全淹没植物的根部，玉米根部仍旧可以进行呼吸，结果表明，水浸胁迫对玉米的光谱影响在中后期不是十分明显。

对照与水浸胁迫的玉米叶片总体上差异不大。无论从叶绿素含量还是叶面积方面，两者之间的差异都较小，因此，从光谱角度也可以看出，两个叶片之间的光谱差异较小。因此，很难从色素含量以及叶面积方面有效识别水浸胁迫下的玉米与对照玉米。

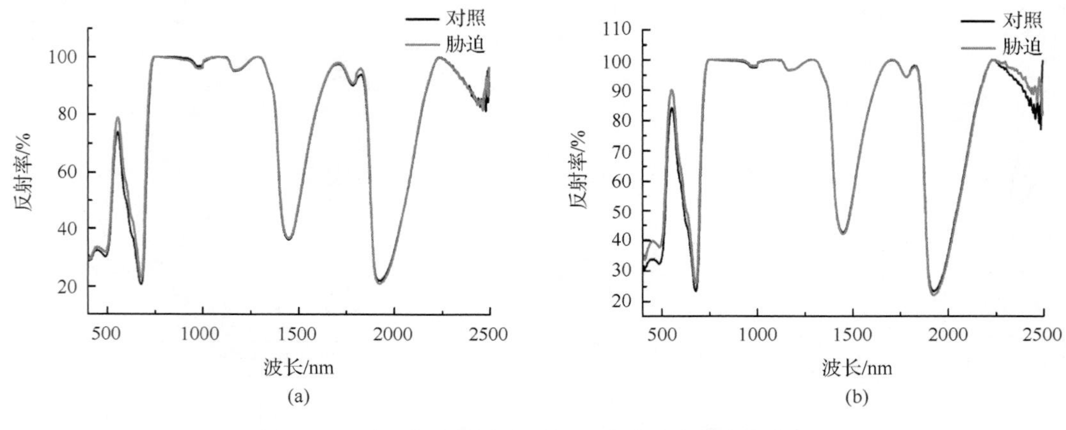

图 4-15 对照与水浸胁迫下的玉米单叶光谱变化特征

(a)7 月 14 日；(b)8 月 11 日

2. 利用植被指数识别水浸胁迫下的玉米

从图 4-16 可见，植被指数 NDVI 及 OSAVI 具有相同的变化规律，胁迫的玉米指数在整个监测期都小于对照玉米的指数值，且在 7 月 28 日差异达到最大，随后又逐渐缩小，在监测的最后，两个指数值基本一致。但在胁迫未发生时，OSAVI 指数就具有一定的差距，且这个差距对于监测后期的水浸胁迫判断会有影响，因此，NDVI 要优于 OSAVI 指数应用于遥感监测玉米水浸胁迫。

对于 PRI 指数，对照玉米与胁迫玉米的指数值差异在整个生育期都不是很大，且波动性较大。在胁迫未发生之前，两个指数就有较大的差异，所以从稳定性、时效性及可识别性角度分析，该指数都不适合监测水浸胁迫的玉米。

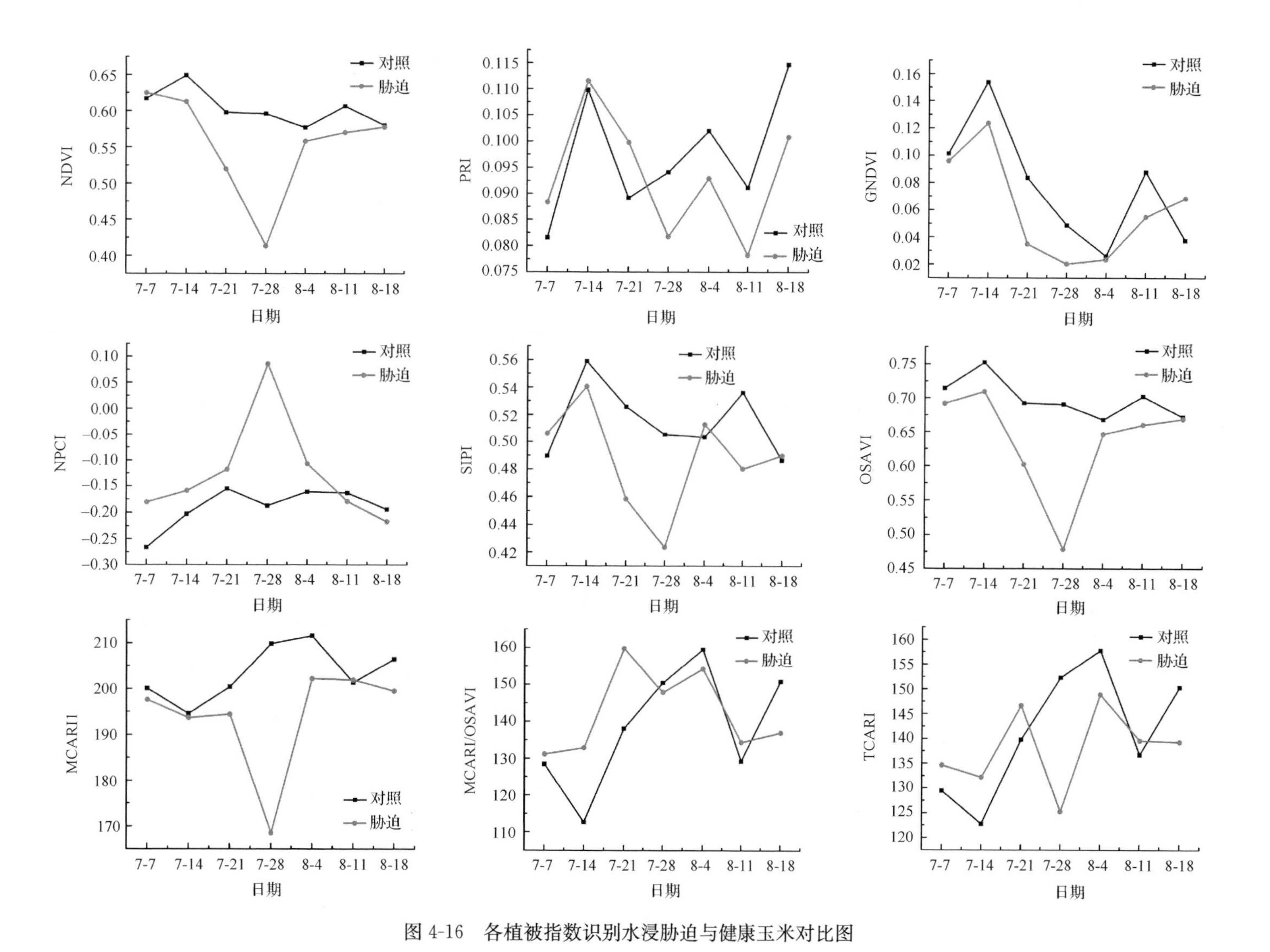

图 4-16　各植被指数识别水浸胁迫与健康玉米对比图

对于 NPCI 指数，在胁迫未发生前，对照玉米的指数值就与胁迫玉米的指数值有差异，在 8 月 11 日两个指数趋于一致。当然，这与数据测量的误差、数据稳定性有关，但从侧面也反映了该指数稳定性不足，抗干扰性较弱。因此，该指数无法有效地识别水浸胁迫下的玉米，不适合应用于遥感监测。

对于 GNDVI 指数，在胁迫发生 1 周后即可识别水浸胁迫玉米，胁迫玉米指数值小于对照玉米指数值，但在 8 月 4 日胁迫与对照指数趋于一致，无法进行识别水浸胁迫玉米，后期指数值大小规律又出现变异，因此，该指数只能够在胁迫中前期可以识别水浸胁迫玉米，在整个生育期无法准确有效识别出水浸胁迫玉米。

对于 TCARI 指数，在胁迫发生后，对照与胁迫玉米的指数值大小规律多次出现变异，波动性较大，且在胁迫未开始前对照与胁迫指数值就有一定差距，为后续规律研判带来困难，因此，该指数不适合应用于遥感监测水浸胁迫玉米。

对于 MCARI1 指数，在胁迫两周后，可以区分出对照与胁迫玉米，且对照玉米的指数都大于胁迫玉米的指数，但在 8 月 11 日，其指数值差异较小，无法识别出水浸胁迫玉米，因此该指数并不适合用来识别水浸胁迫下的玉米。

对于 MCARI/OSAVI 指数，在开始阶段胁迫玉米的指数值大于对照玉米的指数值，但在中后期规律发生变化，因此该指数的稳定性不足，且指数之间的差异较小。因此，该指数识别能力较弱，稳定性比较差。

综上所述，NDVI 能够在整个生育期识别水浸胁迫玉米，其他植被指数的稳定性与可靠性不如 NDVI 指数。

3. 在水浸胁迫下玉米的一阶微分光谱特征

在水浸胁迫两周后，对照与胁迫玉米的一阶微分光谱特征即出现变化，参见图 4-17(a)，胁迫下的玉米的一阶微分光谱特征在 525nm 附近小于对照玉米的；在黄光区胁迫的玉米微分值绝对值小于对照玉米的微分值；红光区胁迫玉米的微分值稍微小于对照玉米的微分值，红边有蓝移现象；随着胁迫的持续进行，水浸胁迫下玉米的一阶微分值在绿光区、黄

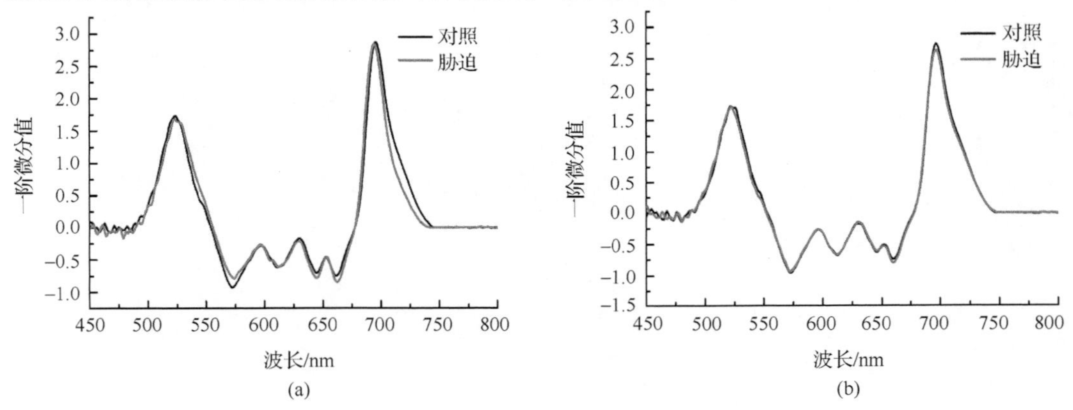

图 4-17　对照与水浸胁迫下的玉米单叶一阶微分光谱变化特征

(a)7 月 21 日；(b)8 月 11 日

光区,以及红光区与胁迫初期的变化基本一致,只是蓝移现象不再明显,如图 4-17(b)所示。

4. 利用微分指数识别水浸胁迫下的玉米

从图 4-18 可见,微分指数 D_{705}/D_{722} 在胁迫的前期,胁迫指数值大于对照玉米的指数值,但在 8 月 4 日与 11 日,指数值差异较小,而 8 月 18 日规律发生变异,该指数在胁迫中前期可以有效识别水浸胁迫玉米,在后期识别能力不足。

对于微分指数 D_{715}/D_{705} 及 D_{720}/D_{702},这三个微分指数对照与胁迫玉米的指数值具有相同的变化规律。在胁迫发生后即可区别出对照与胁迫的玉米,对照玉米的指数值大于胁迫玉米的指数值,如同微分指数 D_{705}/D_{722} 一样,但在 8 月 4 日与 8 月 11 日,对照玉米的指数值与胁迫玉米的指数值趋于一致,在监测的后期规律出现变异,且在胁迫未发生之前,对照与胁迫指数之间的差异就比较大,对后期的指数值差距及规律的判断带来困难,因此该指数不适合应用于遥感监测水浸胁迫的玉米。

对于微分指数 D_{720}/D_{525} 与 $D_{720} * D_{525}$,在胁迫发生后,对照与胁迫下玉米的微分值的差异逐渐变大,对照玉米的指数值明显大于胁迫大豆的指数值,但该指数在胁迫未发生时,两个指数值之间的差异就比较大,为以后规律的判断带来困难,因此,该指数不适合应用于水浸胁迫的玉米。

面积指数 SD_r/SD_g,与微分指数 D_{715}/D_{705},及 D_{720}/D_{702} 规律一致。

面积微分指数 SD_r/SD_y,该指数在胁迫发生 1 周后可明显识别出胁迫下的玉米,胁迫玉米的指数值小于对照玉米的指数值,随着生育期的推进,其指数值的差异逐渐增大,但在后期差距逐渐变小。在胁迫之前,该指数具有一定的差距,与后期的差距比较接近,因此该指数识别区别能力不足,容易引起误判断。

面积微分指数 $SD_r * SD_g$ 在胁迫发生两周后即可识别出对照与胁迫玉米,随着胁迫的持续进行,胁迫下玉米的微分指数值大于对照玉米的指数值,且其差异逐渐变大。因此,该指数相比其他指数,能够更好地识别监测水浸胁迫下的玉米,只是时效性差一些。

综上所述,在微分指数中,只有面积微分指数 $SD_r * SD_g$ 在胁迫发生两周后即能够识别出对照与胁迫下的玉米,随着胁迫的持续进行,胁迫玉米的微分指数值小于对照玉米的指数值,且该规律一直保持整个生育期,因此,该指数相比其他指数,能够更稳健地识别监测水浸胁迫下的玉米。

4.4.5 大豆在水浸胁迫下光谱变化及识别结果

1. 在水浸胁迫下大豆的光谱特征以及叶片物理特征

在水浸胁迫下,大豆的光谱发生了明显变化,从图 4-19(a)可见,在胁迫发生 1 周后,在绿光(550nm)区受到水浸胁迫的大豆光谱反射率稍微小于对照大豆的反射率,在红光区水浸胁迫的大豆光谱反射率明显小于对照大豆的反射率;从 4-19(b)可见,随着胁迫的持续作用下,在绿光区水浸胁迫的光谱反射率低于对照大豆的反射率,在红光区受到水浸胁迫的光谱反射率大于对照大豆的反射率。这说明大豆在水浸胁迫不久,由于土壤水分

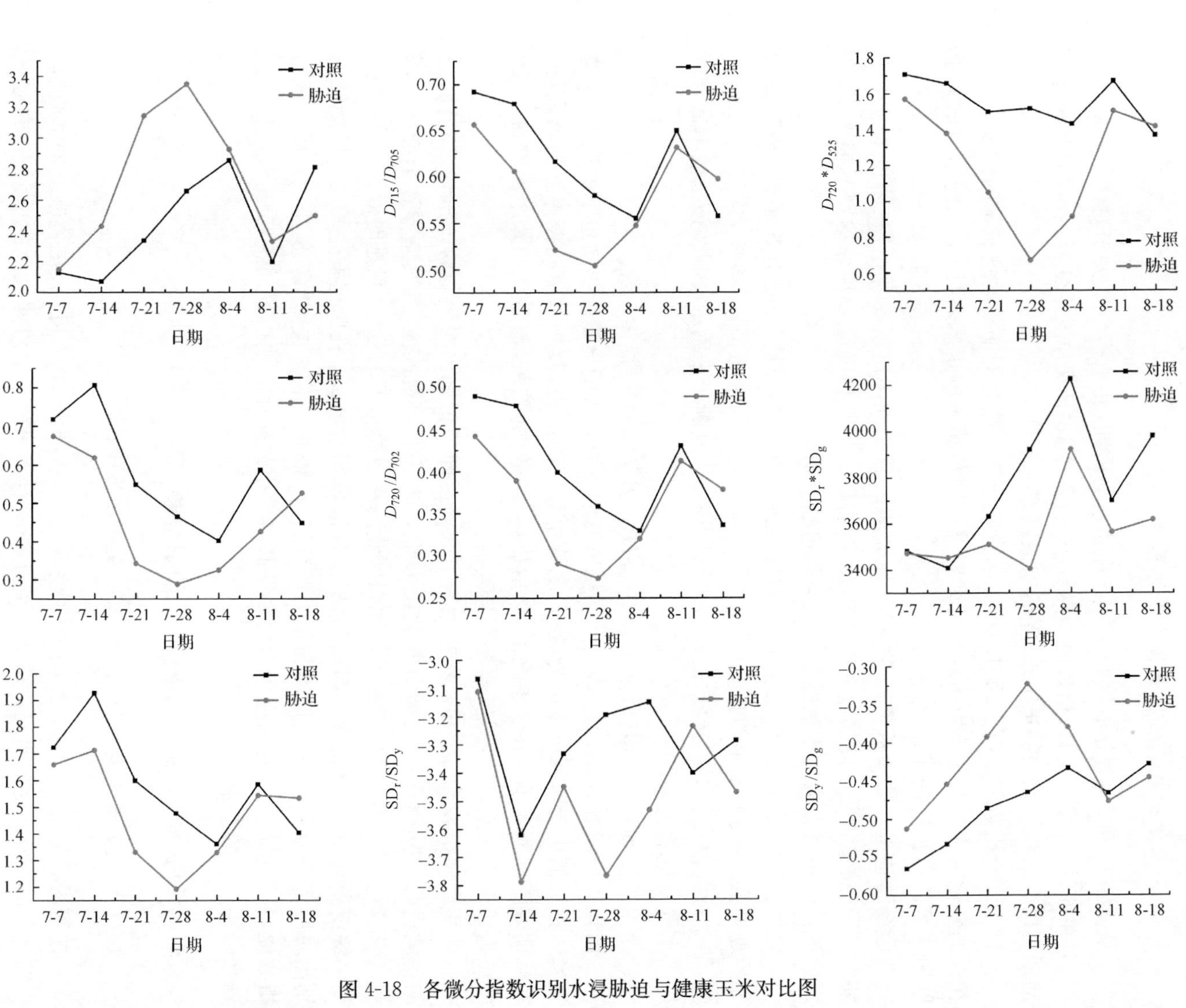

图 4-18　各微分指数识别水浸胁迫与健康玉米对比图

比较充分，不但没有引起大豆的胁迫，反而使大豆长势好于对照大豆；但随着胁迫的持续，水浸对大豆的长势影响逐渐转为不利，致使其光谱特征发生变化。

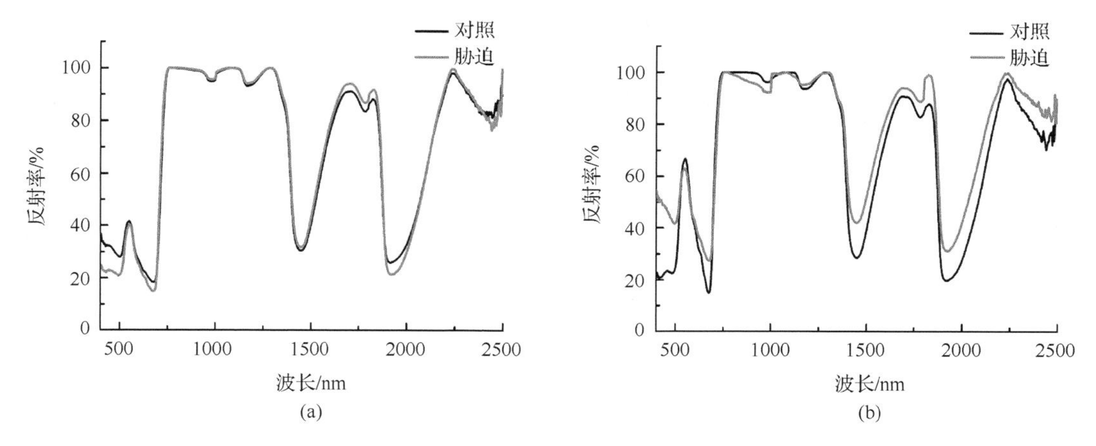

图 4-19　对照与水浸胁迫下的大豆单叶光谱变化特征

(a)7 月 14 日；(b)8 月 11 日

水浸胁迫的大豆叶片与对照大豆叶片有明显差异。通过整个生育期观察，大豆在水浸胁迫下，叶片面积比较小，颜色有些变黄，即胁迫大豆的叶面积及叶绿素含量相对于对照大豆逐渐变小。因此，可以从大豆叶绿素含量及叶面积方面识别水浸胁迫的大豆。

2. 利用植被指数识别水浸胁迫下的甜菜

从图 4-20 可见，NDVI、SIPI 及 OSAVI 三个植被指数，在胁迫未发生的时候，对照与胁迫大豆的指数值基本一致，在胁迫发生后即可区别出对照与胁迫的大豆，对照指数值大于胁迫大豆的指数值；但胁迫两周后，对照大豆的指数值变为小于胁迫大豆的指数值，这个规律一直保持到监测结束，且指数值之间的差异逐渐变大。这与分析的大豆光谱变化特征是一致的。因此，这三个指数可以在大豆胁迫发生两周后用来识别水浸胁迫的大豆。

对于 PRI、NPCI 指数，在胁迫发生后，即可识别对照与胁迫的大豆，但随后对照与胁迫的指数差值大小规律发生多次变异。该指数的稳定性不足，因此，在利用该指数识别水浸胁迫的大豆，会出现误判。

对于 GNDVI 指数，在胁迫发生两周后即可区别对照与水浸胁迫的大豆，随着胁迫的持续进行，胁迫大豆的指数值小于对照大豆指数值，但该指数在 8 月 11 日出现规律变异，因此该指数稳定性不足，无法有效识别监测水浸胁迫下的大豆，且该指数在胁迫发生两周后才能够识别水浸胁迫的大豆，时效性相比其他指数有点不足。

对于 MCARI/OSAVI、MCARI1 及 TCARI 指数，在胁迫发生后即可识别出胁迫的大豆，对照大豆的指数值小于胁迫大豆的指数值，但随着胁迫的持续进行，胁迫大豆的指数值逐渐小于对照的大豆指数值，在 7 月 21 日对照与胁迫大豆的指数值之间差异很小，识别能力较弱；在监测的后期，指数值之间的差异逐渐变大。该指数在胁迫发生 3 周后，两者之间的差异很小，无法有效识别监测水浸胁迫下的大豆。因此，该指数无法在整个生育期内有效识别水浸胁迫的大豆。

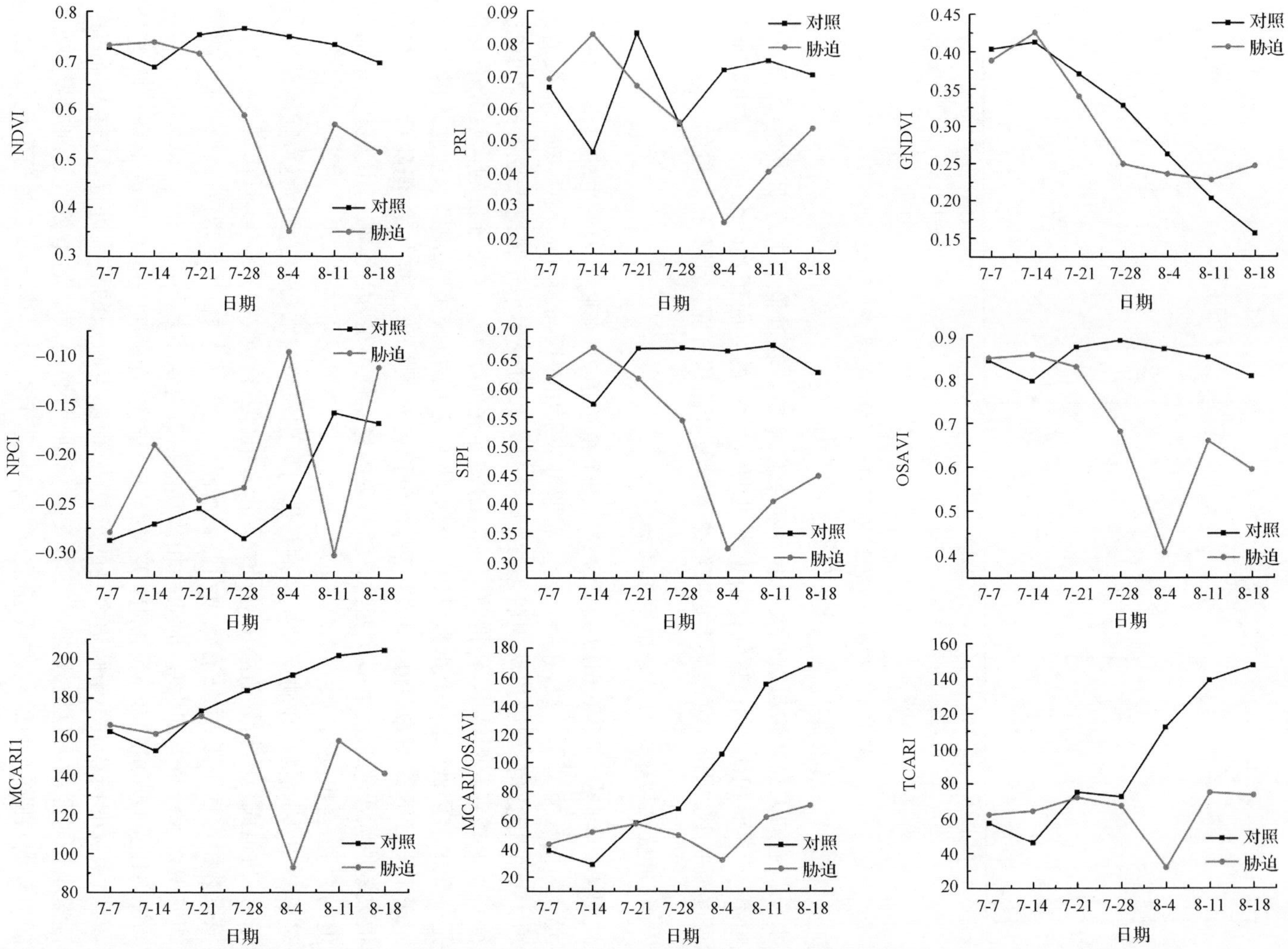

图 4-20　各植被指数识别水浸胁迫与健康大豆对比图

综上所述，上述指数都不能够在整个生育期稳健、可靠地识别水浸胁迫大豆，NDVI、SIPI 及 OSAVI 三个植被指数，在大豆胁迫发生两周后可以用来识别水浸胁迫的大豆。

3. 在水浸胁迫下大豆的一阶微分变化特征

在水浸胁迫发生后不久，对照与胁迫大豆的光谱特征即出现明显的变化。从图 4-21(a) 可见，在胁迫发生 1 周后，胁迫下大豆的一阶微分光谱与对照大豆的一阶微分光谱特征基本一致，没有明显差异；随着胁迫的持续进行，水浸胁迫下大豆的一阶微分在绿边逐渐变小，且小于对照大豆的一阶微分值，说明在胁迫的后期，大豆叶片的叶绿素含量逐渐降低；在黄边胁迫大豆的一阶微分绝对值小于对照大豆的一阶微分值；在红边对照大豆的指数值大于胁迫的大豆的一阶微分值，红边蓝移现象仍旧存在，只是不明显，如图 4-21(b) 所示。

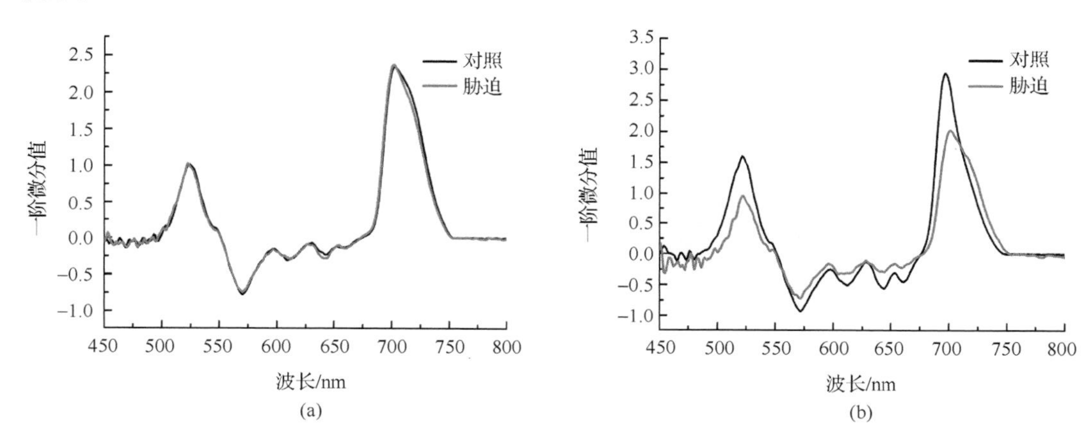

图 4-21　对照与水浸胁迫下的大豆单叶一阶微分光谱变化特征

(a)7 月 14 日；(b)8 月 11 日

4. 利用微分指数识别水浸胁迫的大豆

从图 4-22 可见，微分指数 D_{705}/D_{722} 在胁迫发生后即可区别出对照与胁迫的大豆，胁迫大豆的指数值大于对照大豆的指数值；但在 8 月 4 日后，规律出现变异，对照大豆的指数值转而大于胁迫的指数值，且一直保持到监测结束。因此，该指数的监测规律在生育期内出现变异，无法判断何时会出现变异，所以该指数不适合应用于遥感监测大豆水浸胁迫。

对于 D_{715}/D_{705}、D_{720}/D_{525}、D_{720}/D_{702} 这三个微分指数对照与胁迫大豆指数值具有相同的变化规律。在胁迫发生后即可区别出对照与胁迫的大豆，对照大豆的指数值大于受到胁迫的指数值，如同微分指数 D_{705}/D_{722} 一样，在 8 月 4 日，对照大豆的指数值转而小于胁迫大豆的指数值，且一直保持到监测结束。因此，该指数也不适合应用于遥感监测水浸胁迫下的大豆。

对于微分指数 $D_{720}*D_{525}$，在胁迫发生两周后，对照与胁迫下大豆的微分值的差异逐渐变大，对照大豆的指数值明显大于受到胁迫的大豆指数值，但该指数在胁迫 1 周后，却

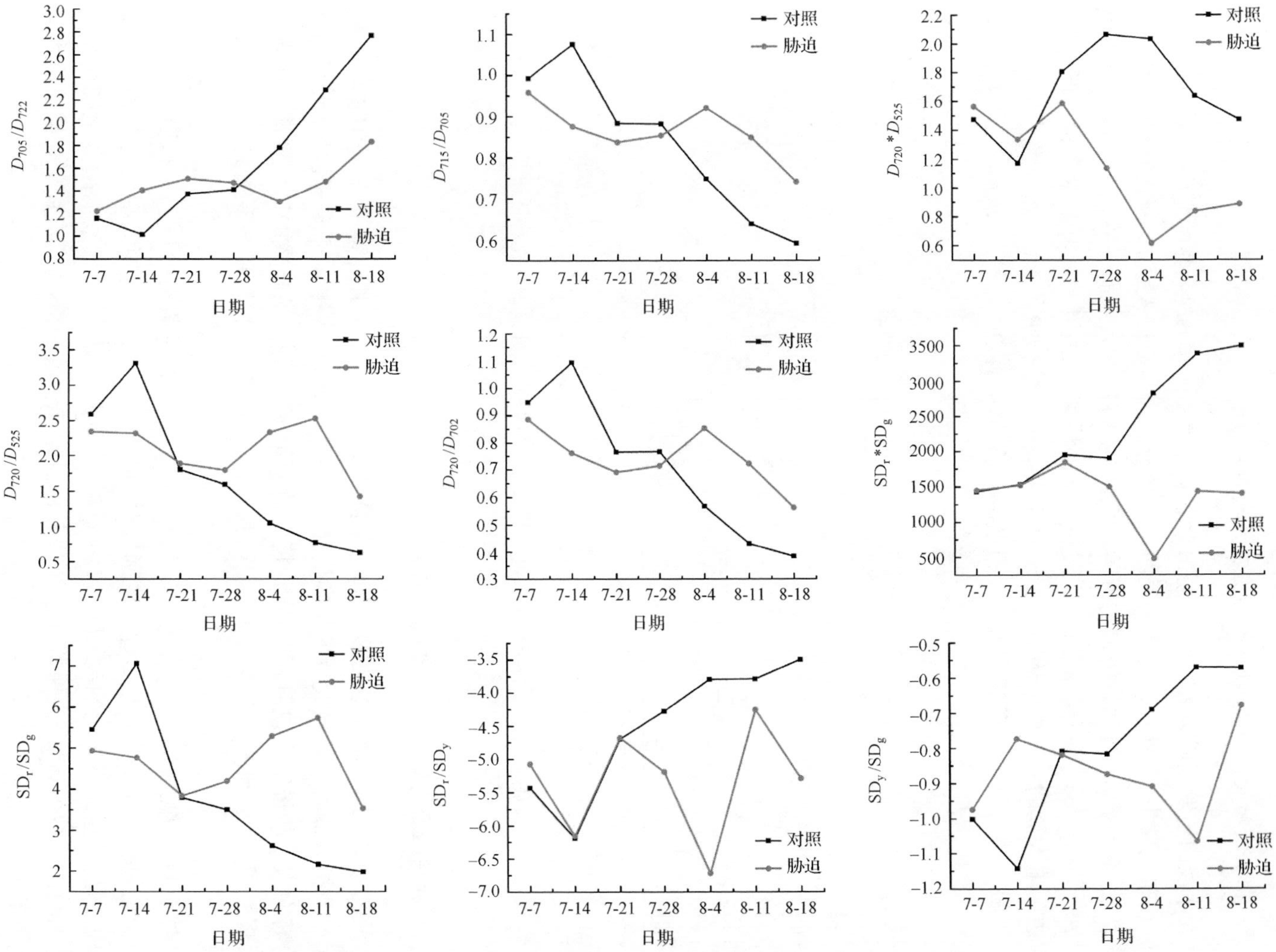

图 4-22 各微分指数识别水浸胁迫与健康大豆对比图

是胁迫大豆的指数值稍微大于对照大豆的指数值，说明该指数规律性不够稳定，因此，该指数适合应用于水浸胁迫的中后期识别大豆。

面积微分指数 SD_r/SD_g 的变化规律如同微分指数 D_{715}/D_{705}、D_{720}/D_{525}、D_{720}/D_{702} 的规律一样。所以该指数也不适合用来识别水浸胁迫下的大豆。

面积微分指数 SD_r/SD_y，该指数在胁迫发生 3 周后可识别出胁迫下的大豆，胁迫大豆的指数值小于对照大豆的指数值，且一直保持到监测结束。但该指数在胁迫未发生前两个指数值就有少量的差异，因此，该指数不适合胁迫前期用来判断大豆是否遭到水浸胁迫。

面积微分指数 SD_y/SD_g 能够在水浸胁迫发生后即可区分出对照与胁迫下的大豆，但该指数在生育期内指数值出现规律变异，但难以判断何时对照大豆的指数大于胁迫下的指数。因此，该指数不适合应用于遥感识别水浸胁迫下的大豆。

面积微分指数 $SD_r * SD_g$ 在胁迫发生两周后对照与胁迫的大豆指数值就有了差异，随着胁迫的持续进行，胁迫大豆的微分指数值小于对照大豆的指数值，且其差异逐渐变大，因此，该指数相比其他指数，能够更好地识别监测水浸胁迫下的大豆。

综上所述，面积微分指数 $SD_r * SD_g$ 可以在胁迫发生两周后识别水浸胁迫大豆，且该指数规律一直保持到生育期结束。微分指数 $D_{720} * D_{525}$ 能够在胁迫发生两周后识别对照与水浸胁迫大豆，只是该指数在胁迫未发生时指标值就存在一定差异，容易引起误判，其他微分指数由于在生育期内出现规律的变异，致使无法有效识别水浸胁迫的大豆。

第 5 章　CO_2 泄漏胁迫下多种植物单叶光谱变化分析与识别

5.1　CO_2 泄漏实验设计与数据采集

5.1.1　CO_2 泄漏胁迫实验设计

本实验区位于英国诺丁汉大学 Sutton Bonington 校区(52.8°N, 1.2° W),每个实验小区的大小均为 2.5m×2.5m,每个小区之间的间隔为 50cm,共使用了 19 个实验小区:8 个种植草,其中 4 个胁迫区,4 个对照区;8 个种植大豆,其中 4 个胁迫区,4 个对照区;另外 3 个测试区用来种植玉米、甜菜、莴苣、卷心菜及大豆,其中 1 个对照区,2 个胁迫区。实验区空间分布图见图 5-1。

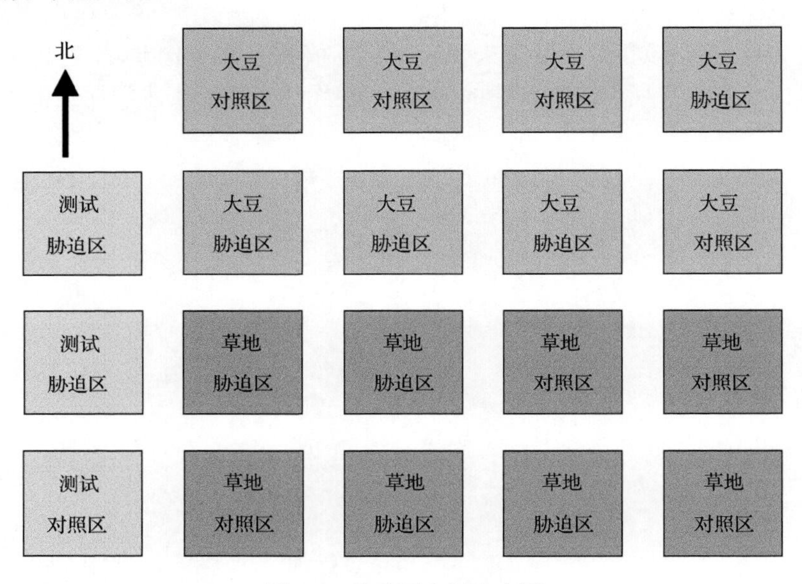

图 5-1　实验区空间分布图

对于三个测试区,分别划分成 50cm×50cm 面积的 25 个小格,在每个测试区内。每个小格种植一种植物,其分布见图 5-2。

大豆(Vicia faba cv Clipper)为试验对象,该豆类属于生长期较短的植物,在英国适合 3～7 月进行野外播种,10～12 周成熟。所有试验小区均在人工翻地后于 2008 年 6 月 4 日进行播种,其行距为 30cm,株距为 23cm,每个试验小区约播种 80 株。

草地(cv Long Ley)为 2006 年种植,该草地适合在英国生长,一年四季常绿,每隔 3～4 周修剪一次,保留 4～5cm 高。

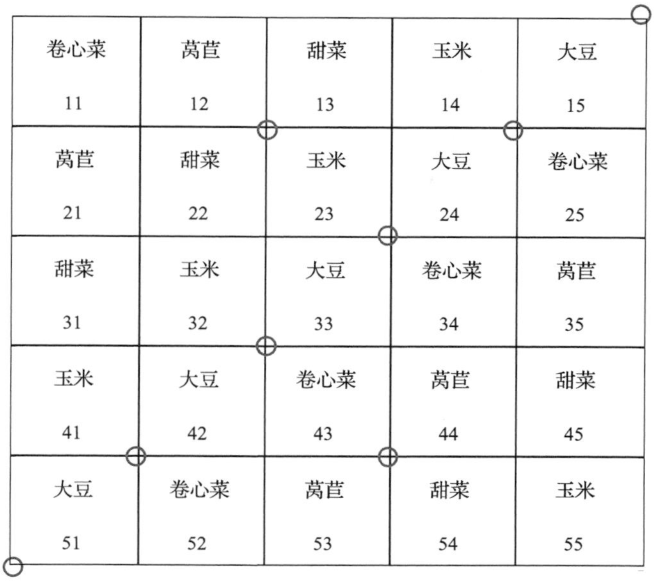

卷心菜 11	莴苣 12	甜菜 13	玉米 14	大豆 15
莴苣 21	甜菜 22	玉米 23	大豆 24	卷心菜 25
甜菜 31	玉米 32	大豆 33	卷心菜 34	莴苣 35
玉米 41	大豆 42	卷心菜 43	莴苣 44	甜菜 45
大豆 51	卷心菜 52	莴苣 53	甜菜 54	玉米 55

图 5-2　在测试区 5 种植物的分布图以及气体浓度测量管的分布图

○ 代表插管测量土壤中 CO_2 浓度的位置

5.1.2　土壤中 CO_2 泄漏速率及浓度测量方法

在每个 CO_2 泄漏胁迫实验小区均安装 CO_2 泄漏管道，其泄漏口位于实验小区中央 60cm 深处，通过计算机控制 CO_2 的泄漏量。测试区实验通气时间为 2008 年 7 月 7 日，草地通 CO_2 气体时间为 2007 年 4 月 27 日，大豆通 CO_2 气体时间为 2008 年 7 月 4 日，通气后一直处于胁迫状态。CO_2（British Oxygen Company，Windleham，UK）气体以 1L/min 的速度不间断地泄漏进入土壤，该速度可以确保在实验小区中心区表层土壤气体中 CO_2 气体浓度大于 50%。

为了测量不同地点土壤中 CO_2 气体的浓度，在两个 CO_2 泄漏胁迫小区分别布设 10 根土壤中气体浓度测量管道，其中 8 根长期观测，另外在西北角与东南角布设 2 根，仅观测 2 周，检验土壤气体浓度分布是否具有对称性，如图 5-2 所示。仅在对照测试区中心点插 1 根土壤气体浓度测量管，测量其中心点的 CO_2 气体浓度。每根管道长度 1m、内径 19mm，插入土壤深度为 30cm，在测量管最下部 15cm 段内钻一些直径为 5mm 小孔，目的是让管道周围土壤中的 CO_2 气体能够进入测量管。为防止在插入土壤时泥土进入测量管，特用橡胶塞封住测量管的底部。测量管上部用橡胶塞封住，且加上活动开关，当测量气体浓度的时候，把开关打开，平时开关关闭。

气体浓度测量的仪器名称为 Gas Analyzer，系 GA2000 Geotechnical Instrument (UK)Ltd. 公司生产。该仪器可以测量 CO_2、CH_4、O_2 等的浓度，在本实验中仅测量 CO_2 的浓度，并观察土壤中氧气含量的变化情况。利用 Gas Surveyor meter（Geotechnical Instruments，Warwickshire，UK）测量管道所在点土壤中的 CO_2 浓度，通过空间差分方法绘制土壤中 CO_2 浓度分布图。

由于测试区与该实验区土壤类型、地表覆盖等参数基本一致，认为测试区与该泄漏实验区土壤中 CO_2 浓度分布相同，其空间分布如图 5-3 所示。

5.1.3 单叶光谱数据测量

单叶光谱测量方法与水浸胁迫植被单叶光谱测量方法相同，具体方法见 4.1.3 节部分。

5.2 数据处理及分析方法

单叶光谱进行平滑、连续统及一阶微分处理，具体方法参见 4.2 节部分。

5.3 实验区内 CO_2 空间分布情况

根据土壤气体浓度测量管测量的气体浓度，对两块测试区 CO_2 浓度进行均值处理，绘出测试区土壤 CO_2 浓度分布图，如图 5-3 所示。由于土壤中 CO_2 的气体浓度低于 10%，其 O_2 浓度变化低于 2%(Steven et al.，2006)，因此氧气浓度变化较小，对于植被的生长影响甚微；而当土壤中的 CO_2 浓度高于 35%时，植物胁迫加重，植物容易死亡或者出现明显胁迫特征，通过人工或者其他遥感方式可以探测。本书希望把人工肉眼无法观测的 CO_2 轻微泄漏胁迫植被识别出来，因此选择土壤中 CO_2 浓度小于 35%区域生长的植被，分别计算出不同植被在 CO_2 胁迫下的平均光谱；对照植物的光谱取对照区内每个品种 5 个重复的光谱平均光谱。

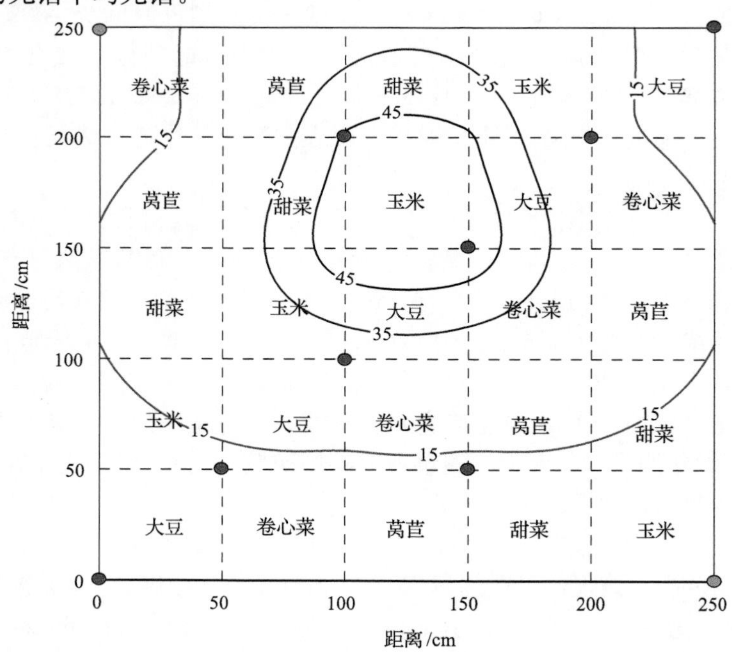

图 5-3 测试区 CO_2 浓度空间分布图

● 代表土壤气体浓度长期测量管位置

5.4 数据选择与奇异值处理方法

对于3个测试区,其中对照区每个品种的5个样本均纳入运算,2个测试胁迫区,如果某一植物所生长的实验小格50%以上面积土壤CO_2浓度大于35%,则不纳入该样本进行计算。从图5-3可知,在2个胁迫测试区,卷心菜共有10个样本,玉米、甜菜、莴苣与大豆均为8个样本。

由于在采集样本时,存在代表性误差,个别叶片的光谱特征与同品种相同胁迫状态的其他样本光谱特征存在明显差异,计算出来的指数值大小明显与其他指数值不同,所有样本直接平均取均值会导致指数值大小规律出现变异。因此,需要先剔除个别奇异值后再取其均值,最终把对照区与胁迫区内同品种植物的光谱均值进行对比分析。在处理水浸胁迫数据时,也采用了同样方法。

5.5 选择识别CO_2胁迫下植物的单叶光谱与微分指数

该研究所选择的单叶光谱指数与水浸胁迫相同,选择的微分指数见表4-1,植被指数见表4-2。

5.6 不同植被在CO_2胁迫下光谱变化及识别结果

5.6.1 卷心菜在CO_2胁迫下光谱变化及识别结果

1. 卷心菜在CO_2泄漏胁迫下的光谱特征

在CO_2泄漏胁迫下,卷心菜的光谱特征发生变化,从图5-4(a)可见,在胁迫发生2周后(7月21日),在绿光(550nm)区受到CO_2泄漏胁迫的卷心菜的光谱反射率小于对照卷心菜的反射率;在红光区光谱稍微小于对照卷心菜光谱反射率,但变化幅度较小。随着CO_2泄漏胁迫的持续作用(8月11日),见图5-4(b)所示,在绿光区对照卷心菜的反射率明显大于受到胁迫卷心菜的反射率;在红光区对照卷心菜的反射率稍微大于胁迫的反射率,差异仍旧较小。这说明在CO_2泄漏胁迫作用下,卷心菜在绿光区反射能力减弱,红光的吸收能力比对照卷心菜强。主要原因在于在胁迫开始阶段,CO_2泄漏胁迫对卷心菜的呼吸作用造成影响,但随着CO_2泄漏胁迫持续,卷心菜的内部结构遭到部分破坏,致使其在绿光区及红光区相对对照卷心菜出现明显的变化。

2. 光谱指数识别CO_2泄漏胁迫下的卷心菜

从图5-5可见,NPCI、SIPI指数在胁迫发生后无法有效识别CO_2泄漏胁迫下的卷心菜,且对照卷心菜的指数值与胁迫下的卷心菜指数值大小规律性比较差,规律变异比较频繁,因此这两个指数在识别CO_2泄漏胁迫下的卷心菜能力较差,不适合应用于高光谱遥

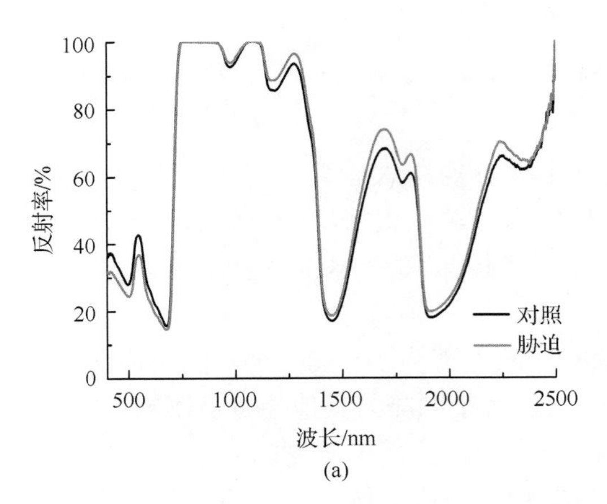

(a)

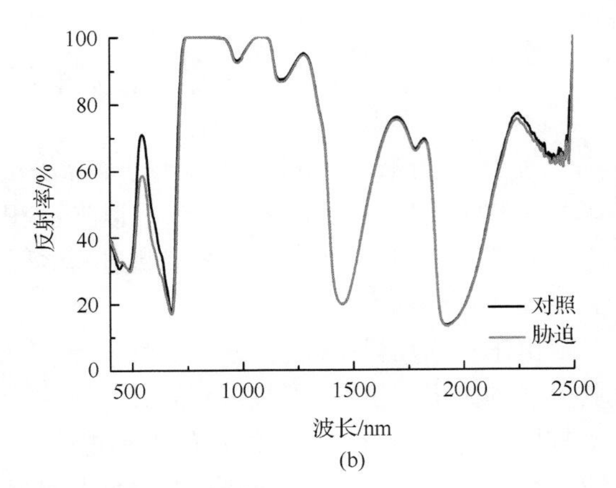

(b)

图 5-4 对照与 CO_2 泄漏胁迫下的卷心菜光谱特征

(a) 7 月 21 日；(b) 8 月 11 日

感监测 CO_2 泄漏胁迫下的卷心菜。

NDVI 指数与 OSAVI 指数识别能力一致，在卷心菜遭受胁迫的中前期，对照与胁迫卷心菜指数值变化规律不够稳定，在 8 月 4 日后 NDVI 与 OSAVI 指数能够识别出对照与遭受 CO_2 泄漏胁迫的卷心菜，直到实验期结束。

PRI、GNDVI 指数在卷心菜遭受胁迫的中前期，对照与胁迫卷心菜的指数值大小规律多次发生变异，在监测后期对照与胁迫卷心菜指数出现明显差异，且规律渐趋于稳定。PRI 指数从 7 月 28 日就可以识别对照与胁迫卷心菜，GNDVI 指数则从 8 月 4 日才能够识别出遭 CO_2 泄漏胁迫的卷心菜。上述结果说明 GNDVI 指数在时效性上不如 PRI 指数。但 PRI、GNDVI 指数只能够在生育期后期用来识别 CO_2 泄漏胁迫卷心菜，时效性较差。

对于 MCARI1、MCARI/OSAVI 与 TCARI 指数，在泄漏胁迫中前期，对照与胁迫卷心菜指数差异较小，无法有效识别对照与胁迫卷心菜。而 MCARI1 与 TCARI 指数在 8 月 4 日后可以稳健地识别出遭受 CO_2 泄漏胁迫的卷心菜，MCARI/OSAVI 指数则在 8 月 11 日才可以识别出遭受 CO_2 泄漏胁迫的卷心菜。

综上所述，在所选用的植被指数中没有指数能够既稳定又及时识别 CO_2 泄漏胁迫下的卷心菜，PRI 指数可以在胁迫发生 3 周后识别出遭受胁迫的卷心菜，但该指数在胁迫前期与对照卷心菜指数规律稳定性较差，且在 8 月 4 日可区分性也较差；MCARI1、MCARI/OSAVI 与 TCARI 指数在胁迫中前期，对照与胁迫卷心菜的指数值一致性较好，无法识别出遭受胁迫的卷心菜，MCARI1 与 TCARI 指数需要在胁迫 4 周后才能够识别出遭受胁迫的卷心菜，而 MCARI/OSAVI 指数则在胁迫 5 周后才能够识别出 CO_2 泄漏胁迫的卷心菜。

3. 在 CO_2 泄漏胁迫下卷心菜一阶微分光谱特征

在 CO_2 泄漏胁迫下，卷心菜的一阶微分光谱特征逐渐发生变化。从图 5-6(a)可见，在 CO_2 泄漏胁迫 1 周(7 月 14 日)后，在绿光区对照卷心菜的一阶微分光谱值小于胁迫卷

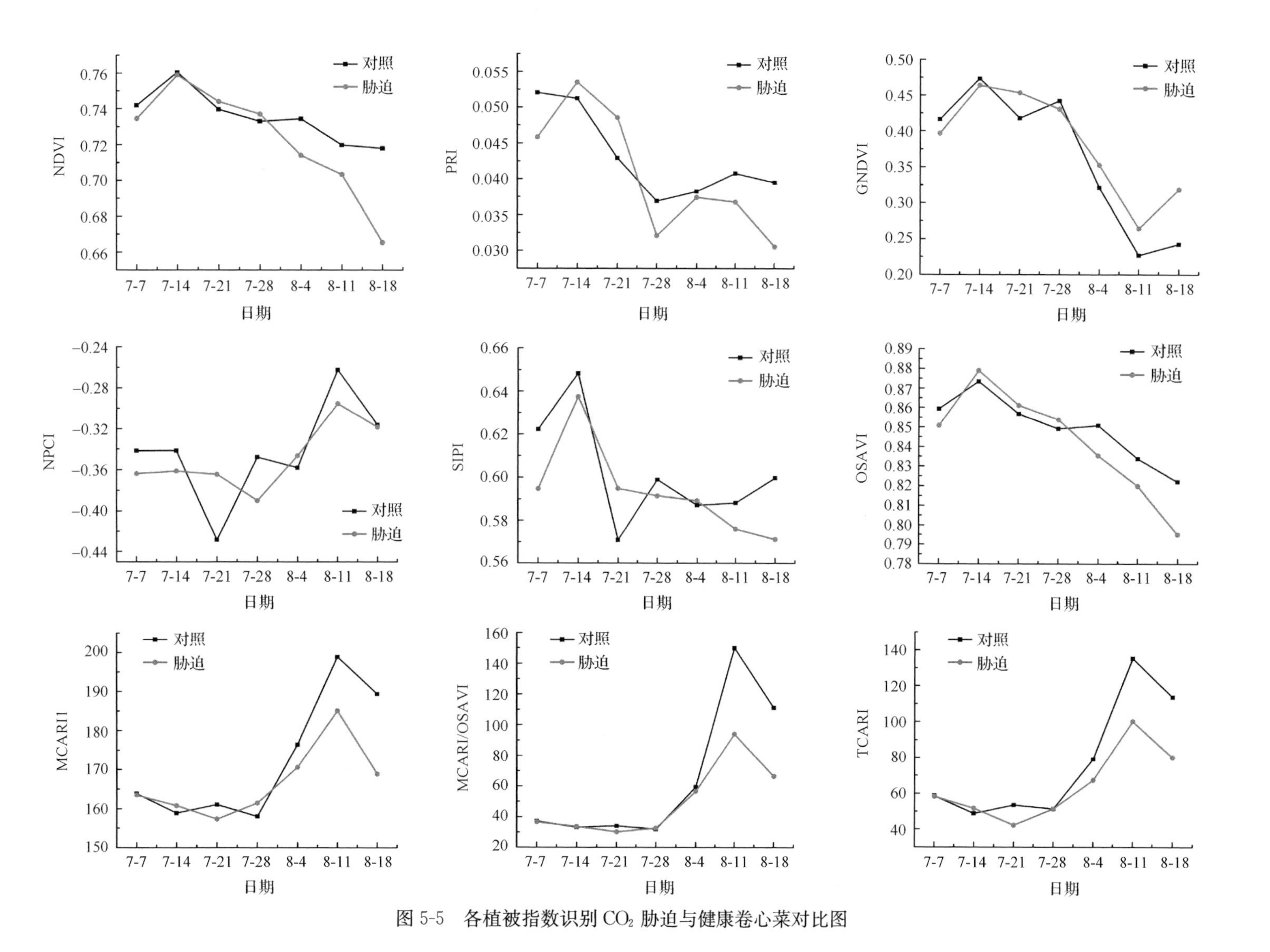

图 5-5 各植被指数识别 CO_2 胁迫与健康卷心菜对比图

心菜的一阶微分光谱值；在黄光区胁迫卷心菜的微分绝对值稍微大于对照卷心菜的微分值；而在红光区，胁迫卷心菜的微分值稍微小于对照卷心菜的微分值，但差异较小；在胁迫持续作用下（8 月 4 日），从图 5-6(b)可见，在绿光区对照卷心菜的微分值稍微大于胁迫卷心菜的微分值，在黄光区对照卷心菜的微分值绝对值明显大于胁迫卷心菜的微分值，在红光区，对照卷心菜的微分值明显大于受到胁迫的卷心菜微分值，且没有出现明显的蓝移现象。

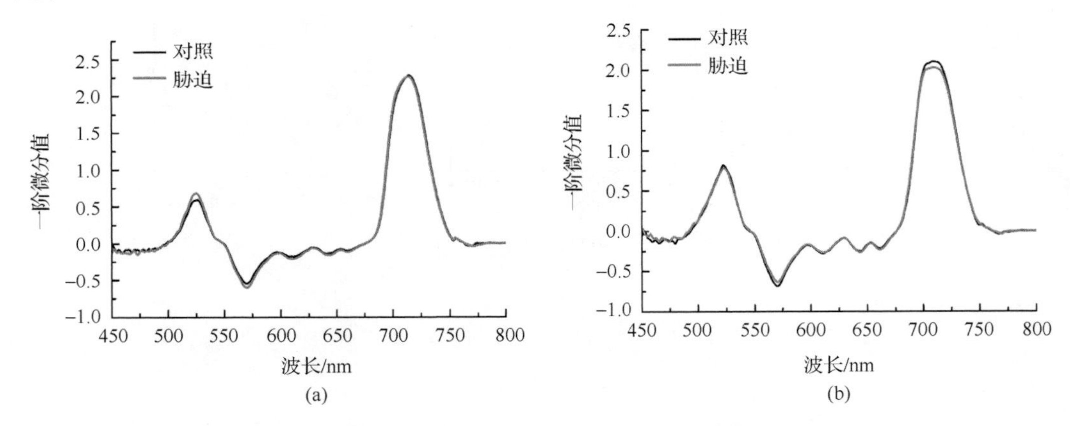

图 5-6　对照与 CO_2 泄漏胁迫下的卷心菜一阶微分光谱特征

(a) 7 月 14 日；(b) 8 月 4 日

4. 利用微分指数识别 CO_2 泄漏胁迫下的卷心菜

从图 5-7 可见，对于微分指数 D_{705}/D_{722}，直到 8 月 11 日，对照卷心菜的指数值明显大于胁迫卷心菜的指数值，该指数在胁迫的中前期无法有效识别 CO_2 泄漏胁迫下的卷心菜，只有在胁迫发生 5 周后才能够区别出 CO_2 泄漏胁迫下的卷心菜。因此，该指数的敏感性及时效性都比较差。

微分指数 D_{715}/D_{705}、D_{720}/D_{525}、D_{720}/D_{702}具有相同的变化规律。在胁迫发生后，对照与胁迫卷心菜的指数值无明显差异，直到胁迫 5 周（8 月 11 日）后，胁迫卷心菜的指数值才明显大于对照卷心菜指数值。如同微分指数 D_{705}/D_{722}一样，该指数识别 CO_2 泄漏胁迫下卷心菜的时效性也较差。

对于微分指数 $D_{720} * D_{525}$，在整个监测期内，指数值变化规律出现多次变异，在胁迫未出现之前对照与胁迫卷心菜指数值就存在一定的差距，为后续规律判断带来困难，因此该指数并不适合用来识别 CO_2 泄漏胁迫下的卷心菜。

面积微分指数 SD_r/SD_b在整个监测期内，对照卷心菜的指数值大于胁迫卷心菜的指数值，除 7 月 28 日出现变异。但在胁迫未发生之前，对照与胁迫卷心菜指数值就出现较大的差异，对胁迫发生后指数值变化规律无法有效判断。

面积微分指数 SD_y/SD_g及 SD_r/SD_y在整个生育期内对照与胁迫卷心菜指数值大小多次出现规律变异。SD_r/SD_y指数在胁迫发生 4 周后，SD_y/SD_g指数在胁迫发生 5 周后，对照指数值明显大于胁迫指数值，因此，该指数也只能够在生育期后期识别出 CO_2 泄漏胁

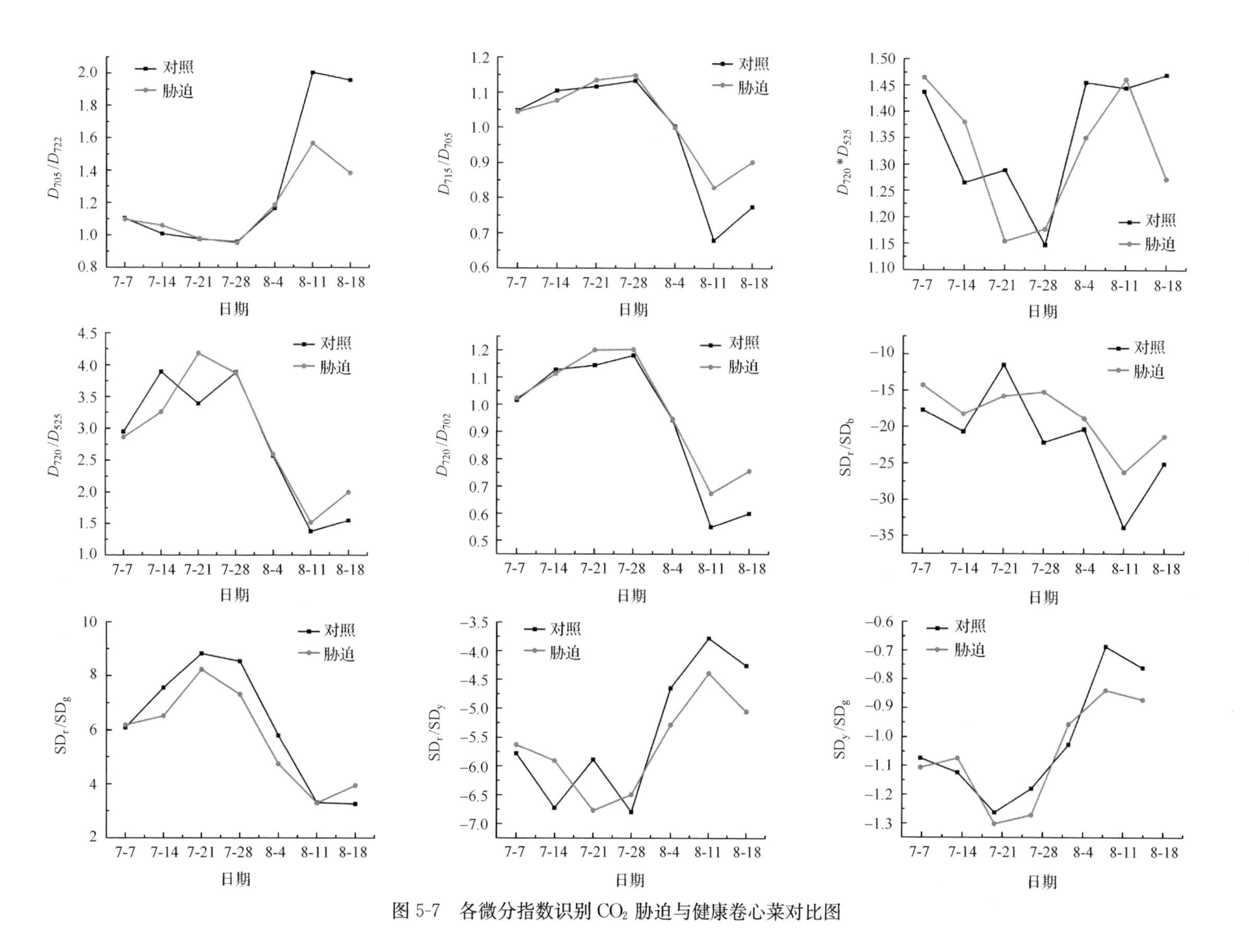

图 5-7 各微分指数识别 CO_2 胁迫与健康卷心菜对比图

迫下的卷心菜,时效性较差。

面积微分指数 SD_r/SD_g 在胁迫发生后即可识别出胁迫的卷心菜,规律稳定性较好,对照指数值大于胁迫指数值,但在 8 月 11 日对照与胁迫卷心菜的指数几乎无差异,然而 8 月 18 日指数值大小规律发生变化,即对照指数值小于胁迫指数值。该指数总体上能够在胁迫初期及时、有效探测 CO_2 泄漏胁迫下的卷心菜,后期其规律其出现变化。

综上所述,面积微分指数 SD_r/SD_g 能够在胁迫发生 1 周后即可识别出 CO_2 泄漏胁迫下的卷心菜,D_{705}/D_{722}、D_{715}/D_{705}、D_{720}/D_{525}、D_{720}/D_{702}、SD_y/SD_g 指数只能够在后期识别出 CO_2 泄漏胁迫下的卷心菜,其他指数无法有效识别出 CO_2 泄漏胁迫下的卷心菜。

5.6.2 莴苣在 CO_2 胁迫下光谱变化及识别结果

1. 莴苣在 CO_2 泄漏胁迫下单叶光谱特征

从图 5-8(a)可见,莴苣在 CO_2 泄漏胁迫 2 周(7 月 21 日)后,单叶光谱在绿光区对照莴苣的反射率稍微低于胁迫莴苣的反射率,在红光区基本无明显变化;随着胁迫的持续进行,在生育期的后期(8 月 18 日),如图 5-8(b)所示,在绿光区受到胁迫莴苣的反射率明显低于对照莴苣的反射率,在红光区仍旧无明显变化。因此,在 CO_2 泄漏胁迫下,对于绿光区反射率逐步降低,但红光吸收没有明显改变。因此,红光区并不是识别 CO_2 泄漏胁迫下莴苣的最佳波段。

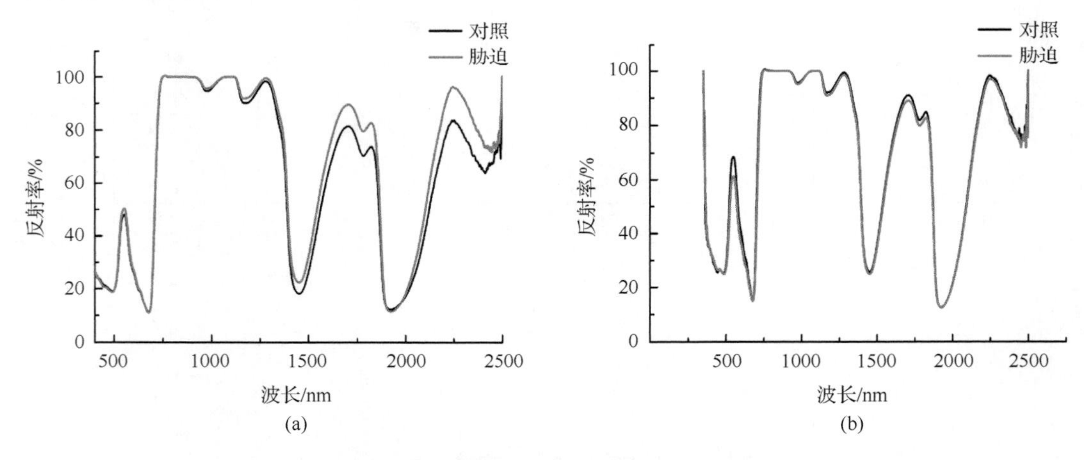

图 5-8 对照与 CO_2 泄漏胁迫下的莴苣单叶光谱变化特征

(a) 7 月 21 日;(b) 8 月 18 日

2. 光谱指数识别 CO_2 泄漏胁迫下的莴苣

从图 5-9 可见,NDVI、OSAVI 指数在胁迫发生后即可有效识别 CO_2 泄漏胁迫下的莴苣,且对照莴苣的指数值小于胁迫下的莴苣指数值,但在胁迫后期对照与胁迫莴苣指数值差异变小,OSAVI 指数值在 8 月 4 日甚至出现规律变异,无法区分 CO_2 泄漏胁迫下的莴苣。

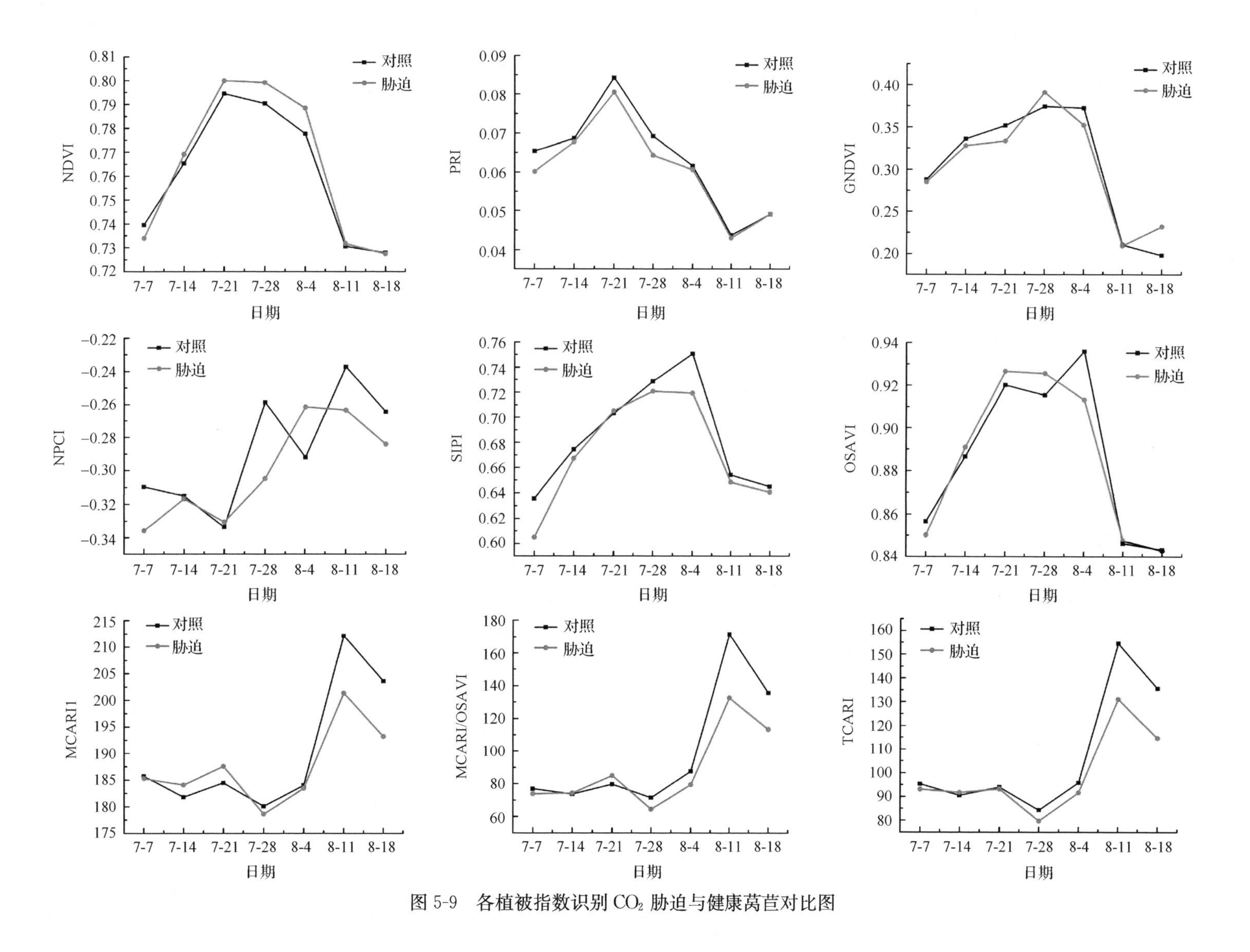

图 5-9 各植被指数识别 CO_2 胁迫与健康莴苣对比图

PRI 与 SIPI 指数，在整个生育期内，对照与胁迫莴苣的指数值差异都较小，且在胁迫未发生前，两个指数之间具有较大的差异，也无法有效判断后期的指数值变化规律。因此，该指数不适合应用于遥感识别 CO_2 泄漏胁迫下的莴苣。

对于 GNDVI 指数，在胁迫发生 1 周后，对照与胁迫莴苣指数就有差异，对照指数值大于胁迫指数值，但在胁迫 3 周后规律出现频繁变化，说明该指数稳定性不强，无法在整个生育期监测 CO_2 泄漏胁迫下的莴苣。

对于 NPCI 指数，在胁迫实验期内，对照与胁迫指数值大小规律多次变化，无法有效识别 CO_2 泄漏胁迫下的莴苣，因此该指数不适合应用于遥感识别 CO_2 泄漏胁迫下的莴苣。

对于 MCARI1 指数，在胁迫发生 1 周后，即可识别出对照与胁迫莴苣，胁迫莴苣的指数值大于对照莴苣的指数值，但在 7 月 28 日对照指数值大于胁迫指数值，且一直保持到实验期结束。胁迫莴苣的该指数值出现多次波动。因此，该指数在稳定性方面有不足之处。

对于 TCARI 及 MCARI/OSAVI 指数，在胁迫发生 3 周后，对照莴苣指数值大于胁迫莴苣的指数值，且该规律一直保持到实验结束，只是 7 月 28 日与 8 月 4 日对照与胁迫莴苣指数值差异较小，而 8 月 11 日与 8 月 18 日指数值差异较为显著。

综上所述，MCARI/OSAVI 指数能够在 CO_2 泄漏胁迫发生 3 周后即能够稳健地识别出胁迫莴苣，其他指数只能够在胁迫前期或后期识别遭受 CO_2 泄漏胁迫的莴苣，但 TCARI 指数稳健性与可识别性为最好。

3. CO_2 胁迫下的莴苣一阶微分光谱特征

从图 5-10(a)可见，莴苣在遭受 CO_2 泄漏胁迫下其单叶光谱的一阶微分值在绿光区有轻微变化，对照莴苣的一阶微分值稍微小于胁迫莴苣的一阶微分值，在黄光区对照莴苣的一阶微分绝对值稍微小于胁迫莴苣的值，在红光区对照与胁迫莴苣的一阶微分值大小基本一致，无明显变化；但是随着胁迫的持续进行(8 月 4 日)，如图 5-10(b)所示，对照与胁迫莴苣的一阶微分值大小规律与 7 月 21 日规律一致。

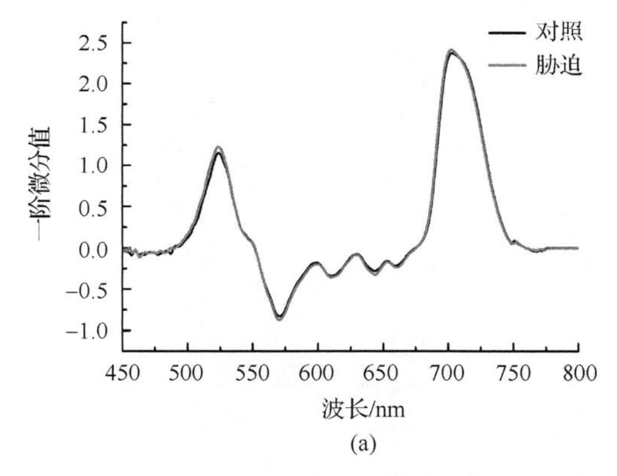

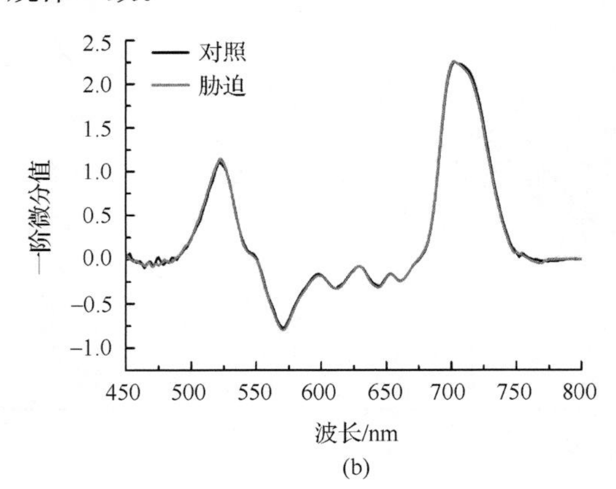

图 5-10 对照与 CO_2 泄漏胁迫莴苣的一阶微分光谱特征

(a) 7 月 21 日；(b) 8 月 4 日

4. 利用微分指数区分对照莴苣与 CO_2 胁迫莴苣

从图 5-11 可见，对于微分指数 D_{705}/D_{722}，在胁迫发生 3 周后即可识别出对照与胁迫的莴苣，对照莴苣的指数值大于胁迫莴苣的指数值，在前期两个指数几乎没有差异。因此，该指数可以用来识别 CO_2 泄漏胁迫下的莴苣。

微分指数 D_{715}/D_{705}、D_{720}/D_{702} 具有相同的变化规律。在胁迫 1 周后，对照与胁迫莴苣的指数值就有差异，对照指数值大于胁迫指数值；但 3 周后，指数值大小规律发生变化，胁迫莴苣的指数值大于对照莴苣的指数值，且该规律保持到实验结束。因此该指数在胁迫 4 周后才可以用来识别 CO_2 泄漏胁迫下的莴苣。

微分指数 D_{720}/D_{525} 在整个生育期内对照与胁迫莴苣指数值大小规律多次发生变化，因此该指数不适合应用高光谱遥感监测 CO_2 泄漏胁迫下的莴苣。

对于微分指数 $D_{720} * D_{525}$ 指数，在整个生育期内，对照与胁迫莴苣指数大小规律多次变化，且在胁迫未发生前即出现较大的差距，因此，该指数无法用来识别 CO_2 泄漏胁迫下的莴苣。

对于面积指数 SD_r/SD_b，胁迫的莴苣指数值大于对照莴苣的指数值，但在 7 月 21 日与 8 月 11 日差异较小，该指数的稳定性比较差。

对于面积指数 SD_r/SD_y，在 7 月 28 日对照与胁迫莴苣指数值大小规律出现变异，并在 8 月 11 日再次变异，说明该指数的稳定性比较差，因此，该指数不适合用于遥感监测 CO_2 泄漏胁迫下的莴苣。

对于面积指数 SD_r/SD_g，在胁迫发生 1 周后，对照与胁迫莴苣指数值就有相区分的趋势，只是差异较小；3 周后可以明显区分对照与胁迫的莴苣，但在 8 月 11 日两个指数之间的差异较小，8 月 18 日则出现指数值大小规律出现变异。总体来讲，该指数可以在胁迫中前期识别 CO_2 泄漏胁迫下的莴苣，后期则易发生误判。

综上所述，微分指数 D_{705}/D_{722}、D_{715}/D_{705}、D_{720}/D_{525}、D_{720}/D_{702} 指数都可以适用于遥感识别 CO_2 泄漏胁迫下的莴苣。面积微分指数 SD_r/SD_g 在胁迫 1 周后就有微小差异，3 周后可明显识别出对照与胁迫下的莴苣，但其在 8 月 11 日两个指数之间的差异较小，18 日指数值大小规律出现变异。总体而言，在胁迫初期面积微分指数 SD_r/SD_g 优于其他微分指数。

5.6.3 甜菜在 CO_2 胁迫下光谱变化及识别结果

1. 甜菜在 CO_2 胁迫下的光谱特征

从图 5-12 可见，甜菜在 CO_2 泄漏持续胁迫下，单叶光谱有明显变化。在胁迫发生 2 周后[图 5-12(a)]，在 550nm 绿峰附近，对照与胁迫甜菜的光谱反射率几乎无变化；而在红谷 680nm 区域，对照甜菜反射率吸收强度高于胁迫甜菜的反射率；在近红外区域，对照甜菜的反射率小于甜菜胁迫的反射率。在胁迫持续作用下[图 5-12(b)]，在 550nm 绿峰附近对照甜菜的反射率明显大于胁迫甜菜的反射率，在红谷附近对照甜菜反射率吸收强度稍微高于胁迫甜菜的反射率。因此，在 CO_2 泄漏胁迫的作用下，绿光的反射率逐渐减

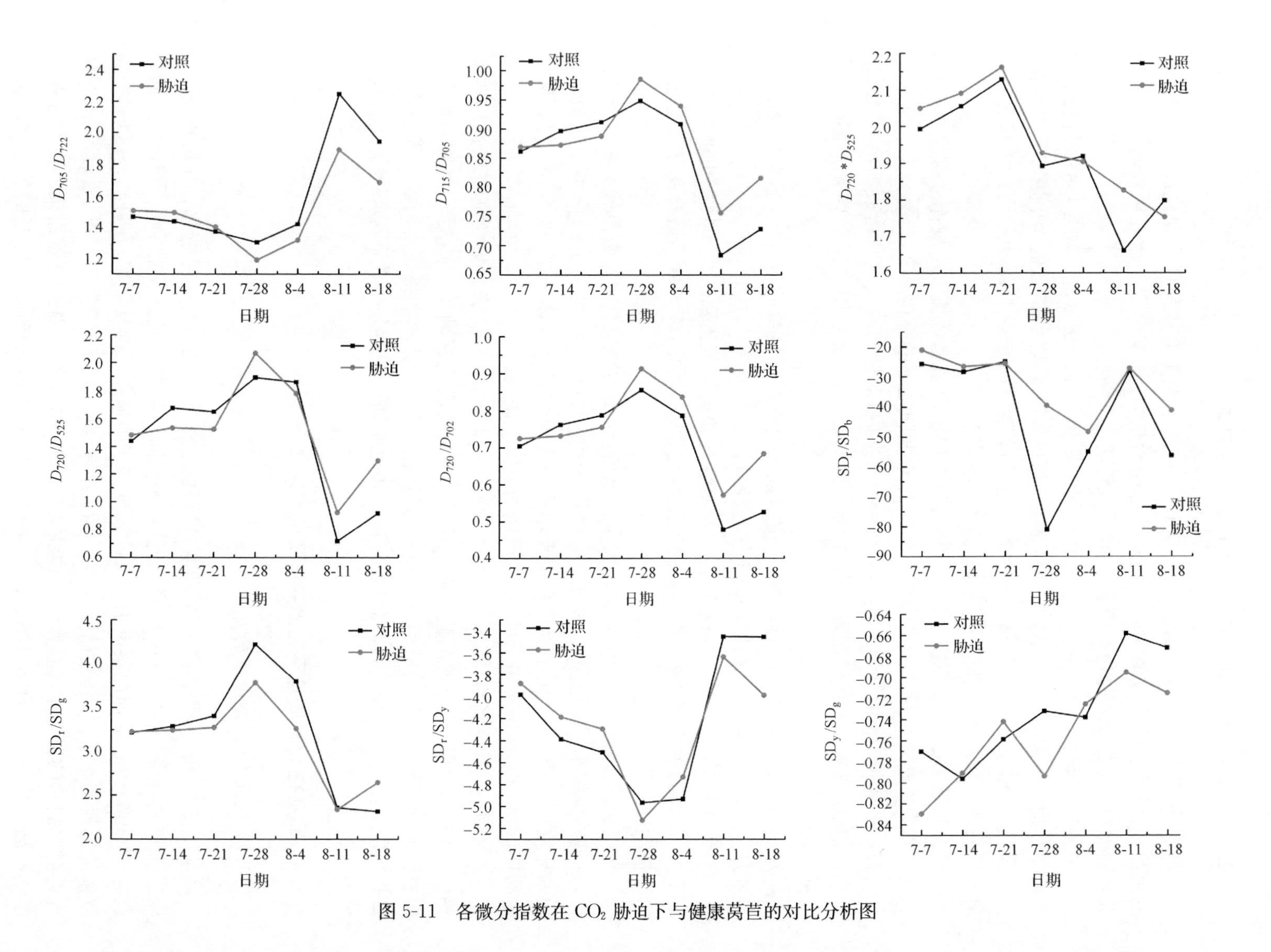

图 5-11 各微分指数在 CO_2 胁迫下与健康莴苣的对比分析图

小，红光区反射率增大。绿峰附近的光谱与红光区域是监测甜菜受到 CO_2 泄漏胁迫的敏感波段区域。

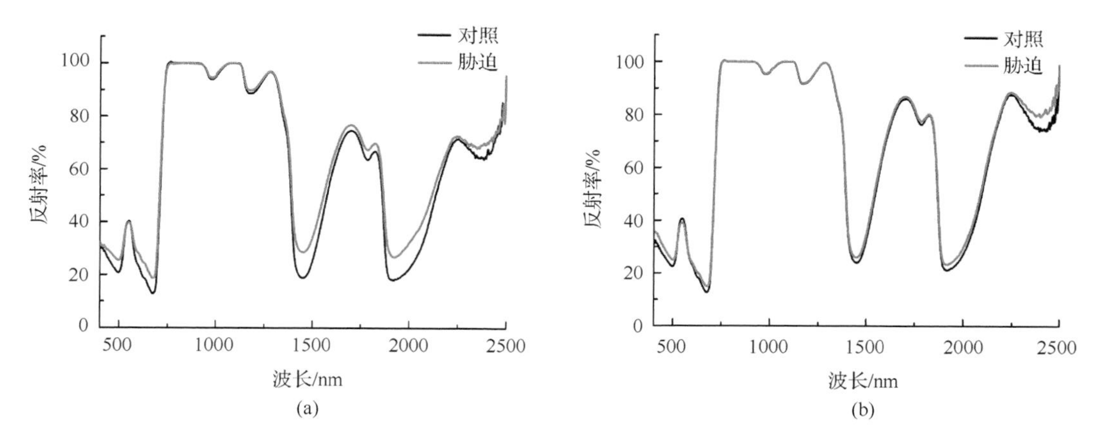

图 5-12 甜菜在 CO_2 胁迫下的光谱特征

(a) 7 月 21 日；(b) 8 月 11 日

2. 利用光谱植被指数识别 CO_2 泄漏胁迫的甜菜

从图 5-13 可见，对于 NDVI、PRI、SIPI、NPCI 及 OSAVI 指数，在胁迫发生后就可识别出 CO_2 泄漏胁迫下的甜菜，但在胁迫未发生之前，对照与胁迫甜菜的指数值均出现较大的差距，不利于后续规律的判断，因此，上述植被指数并不适合用于遥感识别 CO_2 泄漏下的甜菜。

对于 GNDVI 指数，在开始阶段对照与胁迫甜菜的指数规律变化较快，出现指数值大小规律变异，且在胁迫未发生时，对照与胁迫指数值大小就存在差距，不利用后续规律研判。从 7 月 28 日后，该指数规律趋于稳定，胁迫下的甜菜指数大于对照甜菜的指数值，规律一直保持到生育期结束。因此，该指数可以在甜菜生育后期监测，但敏感性及时效性较差，该指数并不是最优的。

对于 TCARI 及 MCARI1 指数，TCARI 指数在胁迫 2 周后即可识别出对照与胁迫甜菜的指数，对照指数值都大于胁迫甜菜的指数值，但两个指数在胁迫未发生前，对照与胁迫指数值之间存在一定的差异，容易引起误判。

对于 MCARI/OSAVI，该指数在生育期内变化较大，且指数值大小规律变化多次，在开始阶段对照与胁迫甜菜的指数值差异较大，因此，该指数无法用来识别 CO_2 泄漏胁迫下的甜菜。

3. 甜菜在 CO_2 泄漏胁迫下的一阶微分光谱特征

从图 5-14 可见，甜菜在 CO_2 泄漏胁迫下，对照的甜菜与受到胁迫的甜菜单叶光谱的一阶微分值在绿光区(525nm)、黄光区(570nm)，以及红光区(720nm)区域出现了明显变化。在泄漏胁迫发生 2 周后，如图 5-14(a)所示，在绿光区对照甜菜的一阶微分值明显大于胁迫甜菜的一阶微分光谱值，而在黄光区对照甜菜的一阶微分光谱绝对值却大于胁迫

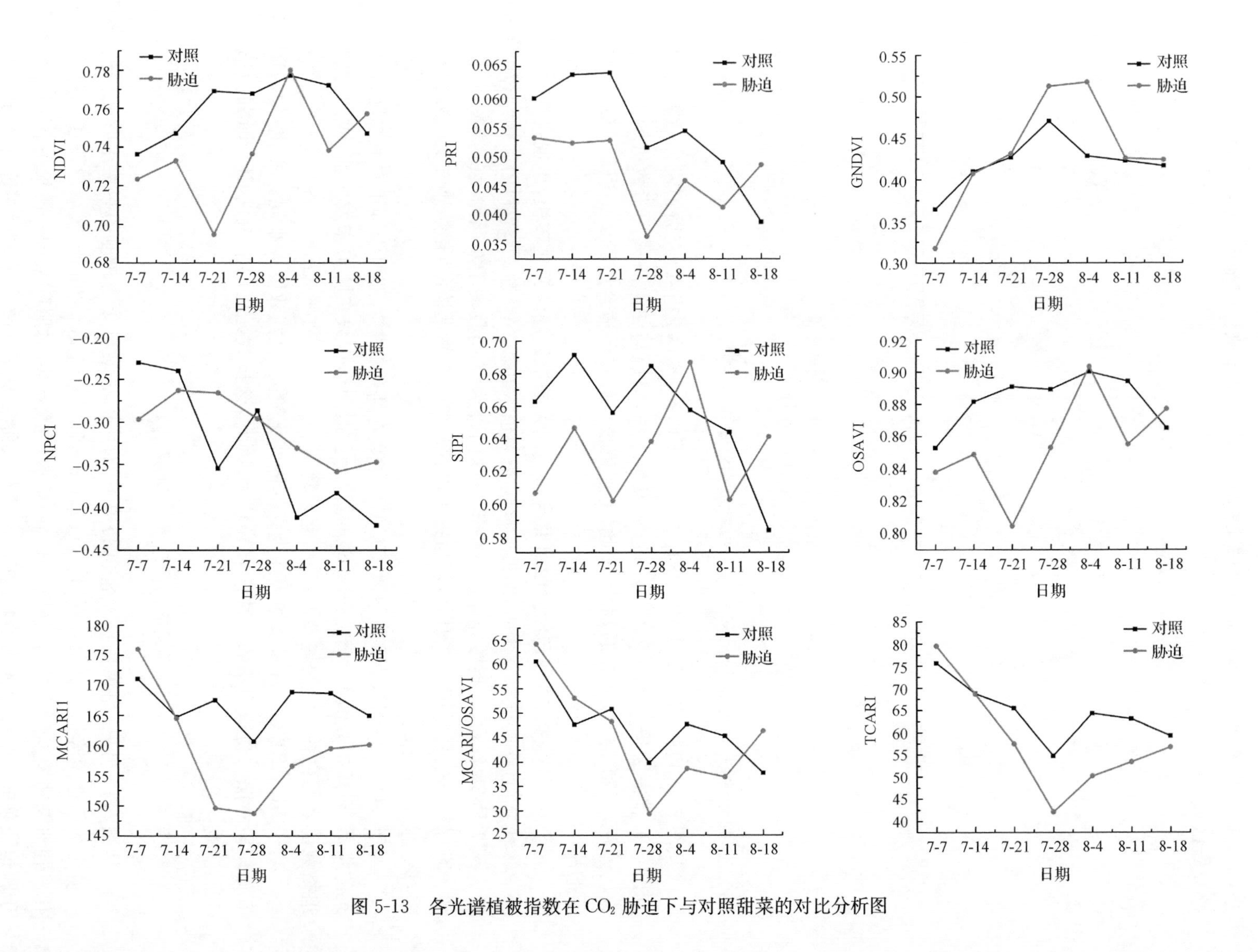

图 5-13　各光谱植被指数在 CO_2 胁迫下与对照甜菜的对比分析图

甜菜的，在红光区对照与胁迫甜菜一阶微分值差异很小，没有明显变化；随着胁迫的持续，如图 5-14(b)所示，在绿光区对照甜菜的一阶微分值仍旧明显大于胁迫甜菜的一阶微分值，在黄光区对照甜菜的一阶微分绝对值大于胁迫甜菜的微分值，在红光区对照甜菜的一阶微分值稍微小于胁迫甜菜的微分值，没有出现明显的“蓝移”或“红移”现象。

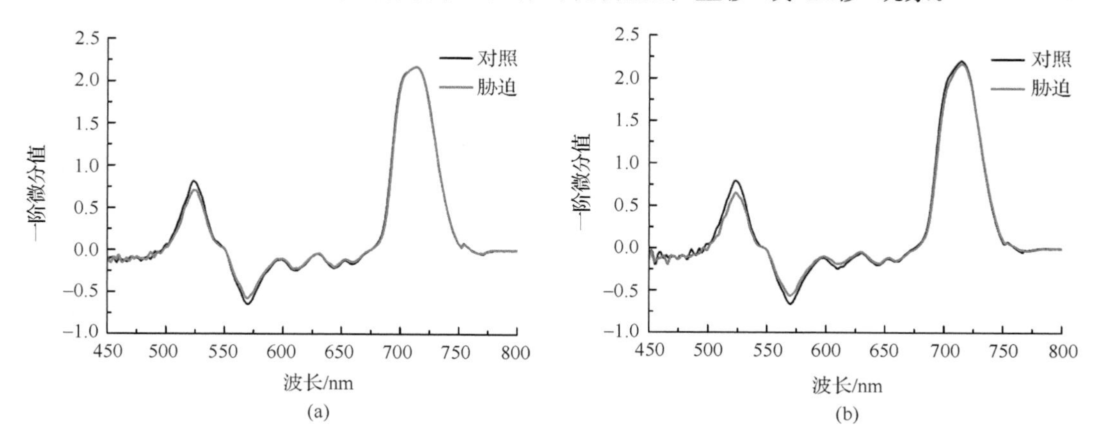

图 5-14　甜菜在 CO_2 胁迫下的一阶微分光谱变化特征

(a) 7 月 21 日；(b) 8 月 11 日

4. 利用微分指数识别 CO_2 胁迫的甜菜

从图 5-15 可见，对于微分指数 D_{705}/D_{722} 指数，在整个生育期内，对照与胁迫甜菜的微分指数值出现多次规律变异，且在胁迫未发生前，两个指数值就出现较大的差异，且该指数大小规律的稳定性很差。对于微分指数 D_{715}/D_{705} 与 D_{720}/D_{702} 具有相同的变化规律，在整个生育期内，对照与胁迫甜菜的微分值指数值大小出现多次规律变异。因此，这三个指数不适合应用于遥感识别 CO_2 泄漏胁迫下的甜菜。

对于微分指数 D_{720}/D_{525} 在胁迫发生 2 周后即可识别 CO_2 泄漏胁迫下的甜菜，胁迫下甜菜的微分指数 D_{720}/D_{525} 值大于对照甜菜的指数值，指数值差异逐渐增大随后又逐渐减小，符合植被生长规律。

对于 $D_{720}*D_{525}$ 指数，在胁迫发生后即可识别 CO_2 泄漏胁迫下的甜菜，胁迫下甜菜微分指数 $D_{720}*D_{525}$ 值小于对照甜菜的指数值，且随着生育期的推进，指数值之间的差异逐渐增大，后期又趋于减小，规律一直保持到生育期结束。微分指数 $D_{720}*D_{525}$ 的缺点在于在胁迫未发生的时候，对照与胁迫的指数值差异较大，对于后续规律研判存在影响。

对于面积微分指数 SD_r/SD_b 及 SD_y/SD_g，在监测期内规律出现较大的变化，且胁迫甜菜的微分指数值波动性较大，从稳定性及规律可靠性方面，该指数都不适合应用于遥感监测 CO_2 胁迫下的甜菜。

对于面积微分指数 SD_r/SD_g，在胁迫发生 2 周后即可识别出遭到 CO_2 泄漏胁迫的甜菜，对照甜菜的指数值小于胁迫甜菜的指数值，且规律一直保持到生育期结束，在开始阶段两个指数值差异逐渐增大，到了后期，差异逐渐减小，这符合植被的生理规律，因此，该指数可以用来识别 CO_2 泄漏胁迫下的甜菜。

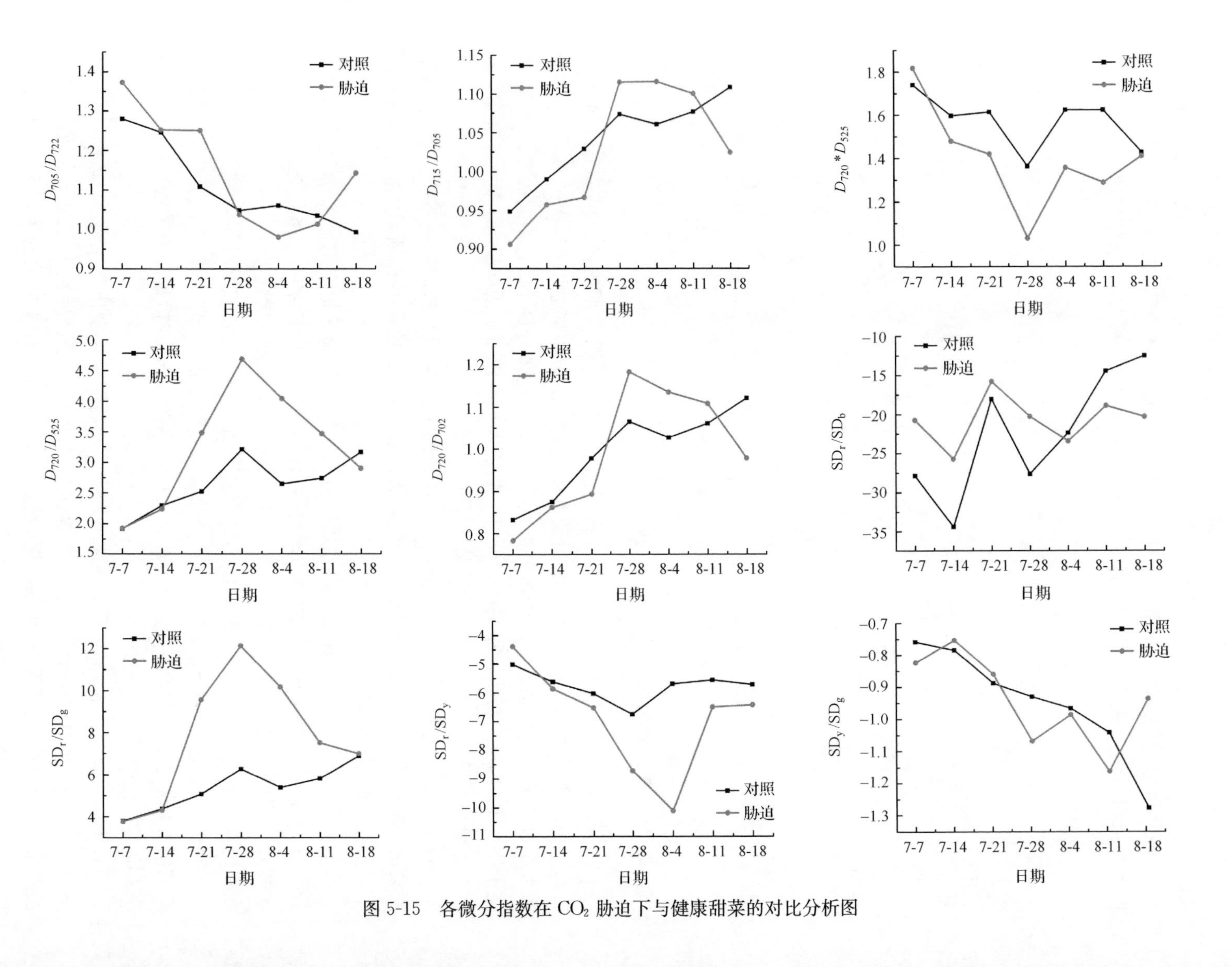

图 5-15 各微分指数在 CO_2 胁迫下与健康甜菜的对比分析图

对于面积微分指数 SD_r/SD_y，在胁迫后就可以识别出对照与 CO_2 泄漏胁迫下的甜菜，胁迫下的甜菜指数值小于对照甜菜的指数值，但在胁迫未发生时，对照与胁迫指数值之间存在差距，对于后续规律研判存在影响。该指数可以在胁迫中后期阶段识别 CO_2 泄漏胁迫下的甜菜。

综上所述，微分指数 D_{720}/D_{525} 与面积微分指数 SD_r/SD_g 在胁迫 2 周后都可识别出 CO_2 泄漏胁迫下的甜菜，且在整个生育期内规律保持一致，因此，上述两个指数适合应用于识别 CO_2 泄漏胁迫下的甜菜。

5.6.4 玉米在 CO_2 胁迫下光谱变化及识别结果

1. 玉米在 CO_2 泄漏胁迫下的光谱变化特征

玉米在 CO_2 泄漏胁迫作用下，对照玉米与受到 CO_2 胁迫的玉米光谱出现明显变化。

从图 5-16(a)可见，在胁迫 3 周后，在 550nm 绿峰附近，对照玉米反射率稍微大于胁迫玉米反射率，在红光区对照玉米的反射率稍微低于胁迫玉米的反射率。但是随着胁迫持续进行，从图 5-16(b)可见，在绿峰 550nm 区域对照玉米反射率仍旧低于胁迫玉米反射率，在红光区与近红外区域反射率差异不显著，说明在 CO_2 泄漏胁迫下，玉米内部的生理结构出现一定程度的变化，导致其光谱特征发生变化。

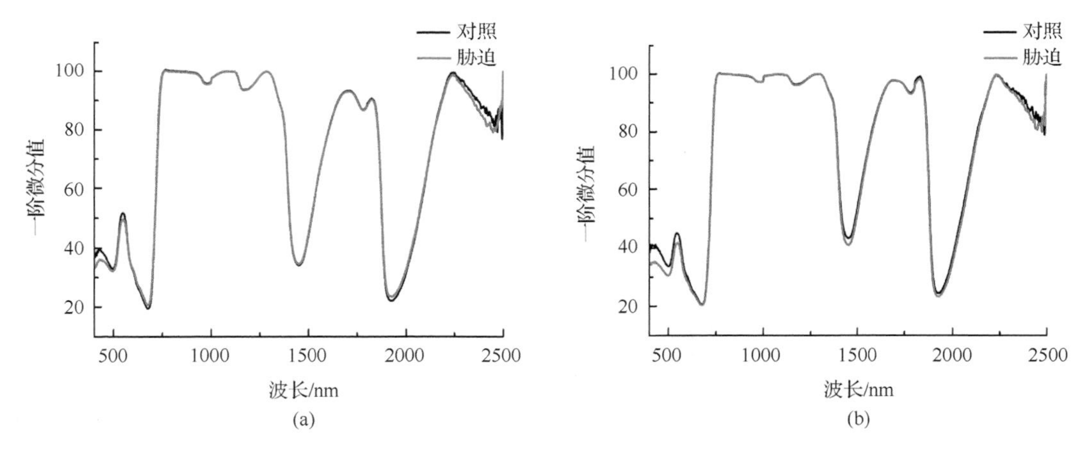

图 5-16 玉米在 CO_2 胁迫下的光谱变化特征

(a) 7 月 28 日；(b) 8 月 18 日

2. 利用植被指数识别 CO_2 泄漏胁迫下的玉米

从图 5-17 可见，除了 PRI、SIPI、NCPI 尚可在胁迫发生 4 周后，对照与胁迫玉米的指数值具有可分性，胁迫玉米的指数值大于对照玉米的指数值，且该规律一直保持到实验结束。其他指数在整个生育期内，对照与胁迫指数大小规律多次出现变化，没有稳定的规律性，无法用来识别 CO_2 泄漏胁迫下的玉米。

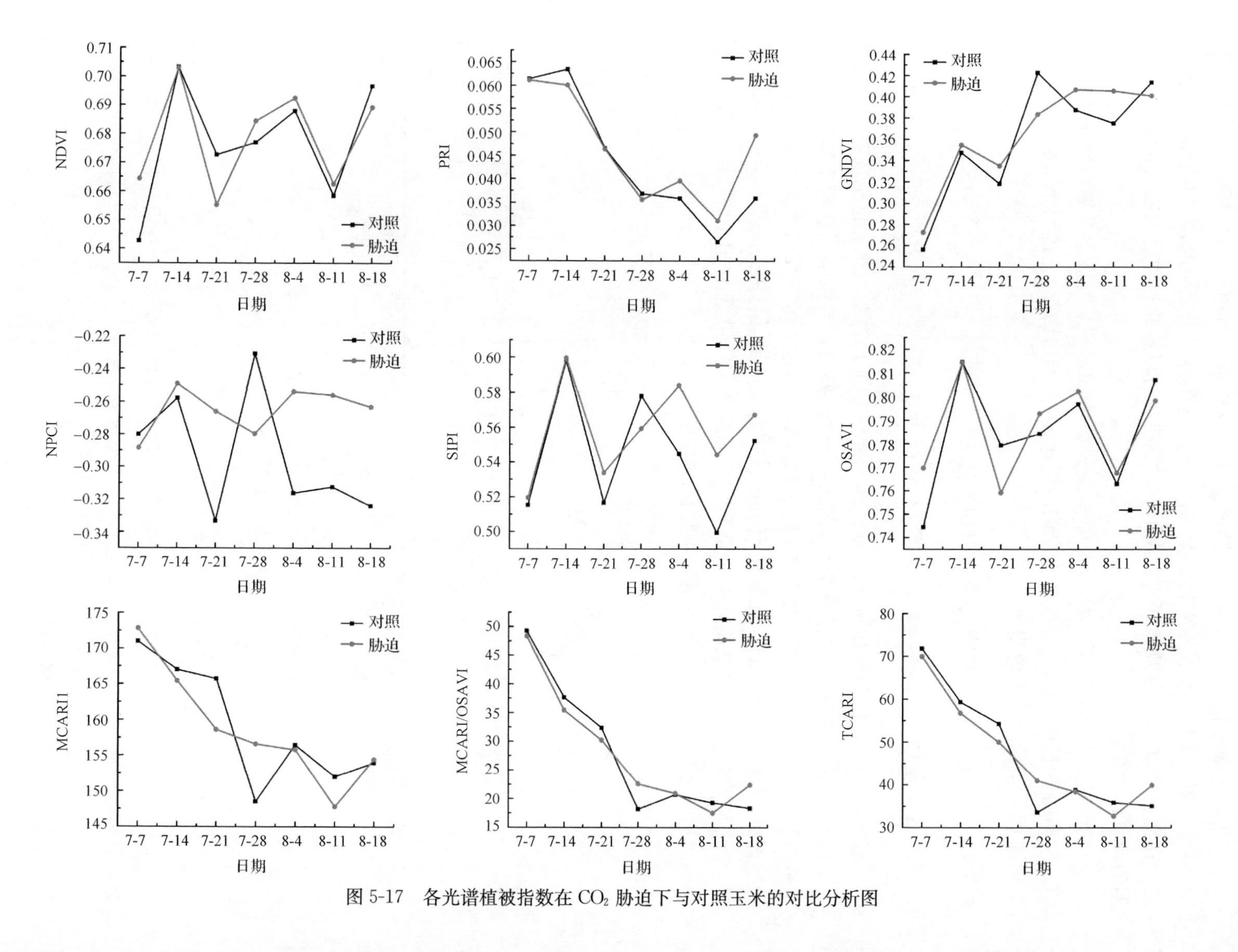

图 5-17 各光谱植被指数在 CO_2 胁迫下与对照玉米的对比分析图

3. 玉米在 CO_2 泄漏胁迫下一阶微分光谱变化特征

在 CO_2 泄漏胁迫作用下，玉米的一阶微分光谱值具有明显的变化。从图 5-18(a)可见，在胁迫 3 周后，在绿边对照玉米的一阶微分值明显小于胁迫玉米的一阶微分值，在黄边胁迫玉米一阶微分值的绝对值大于对照玉米的值，在红边内对照玉米的一阶微分值稍微大于胁迫玉米值。随着胁迫的持续进行，如图 5-18(b)所示，绿边内对照玉米的一阶微分值仍小于胁迫玉米的值，在黄边内胁迫与对照玉米的一阶微分值差异较小，而在红边对照玉米一阶微分值明显大于胁迫玉米的一阶微分值。说明绿边与红边范围是监测 CO_2 泄漏胁迫下玉米的敏感波段区间。

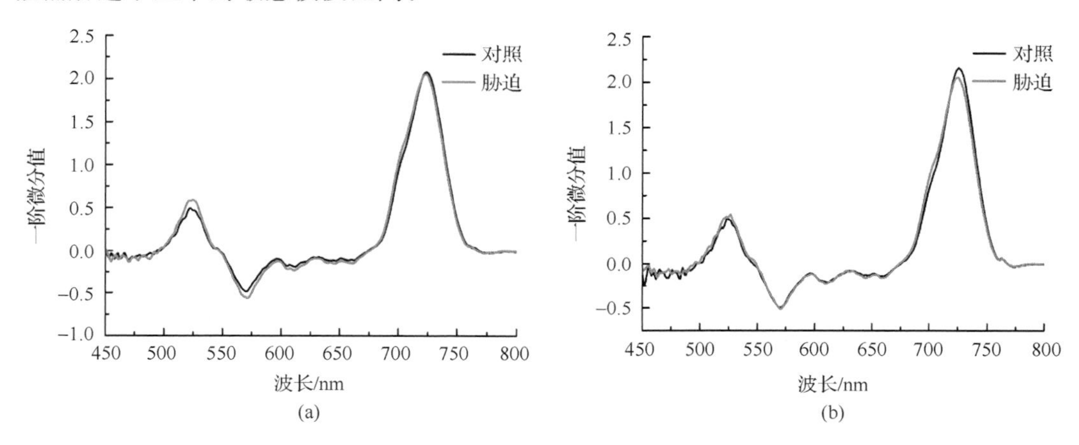

图 5-18 玉米在 CO_2 泄漏胁迫下的一阶微分光谱特征

(a) 7 月 28 日；(b) 8 月 18 日

4. 利用微分指数识别 CO_2 泄漏胁迫下的玉米

从图 5-19 可见，所有的微分指数都不能够在整个生育期内完全区分对照玉米与 CO_2 泄漏胁迫下的玉米，但面积微分指数 SD_r/SD_g，在胁迫发生 3 周后即可识别 CO_2 泄漏胁迫下的玉米，对照玉米的指数值大于胁迫玉米的指数值，在 8 月 4 日与 8 月 11 日数据对照指数值与胁迫玉米指数值差异较小，但没有出现规律变异，且在胁迫未发生之时，两个指数值几乎一致，该指数相对于其他微分指数在识别能力方面要优。其他微分指数对照与胁迫玉米指数值大小规律在生育期内多次出现变化，SD_y/SD_g 指数在胁迫发生 2 周后，胁迫玉米指数值一直大于对照玉米值，在 8 月 4 日对照与胁迫指数值几乎无差异，不易于区分胁迫玉米，且在胁迫未发生时，对照与胁迫玉米指数值出现一定差异，为后续规律判断带来困难。因此，可以考虑利用 SD_r/SD_g 指数识别 CO_2 泄漏胁迫下的玉米。

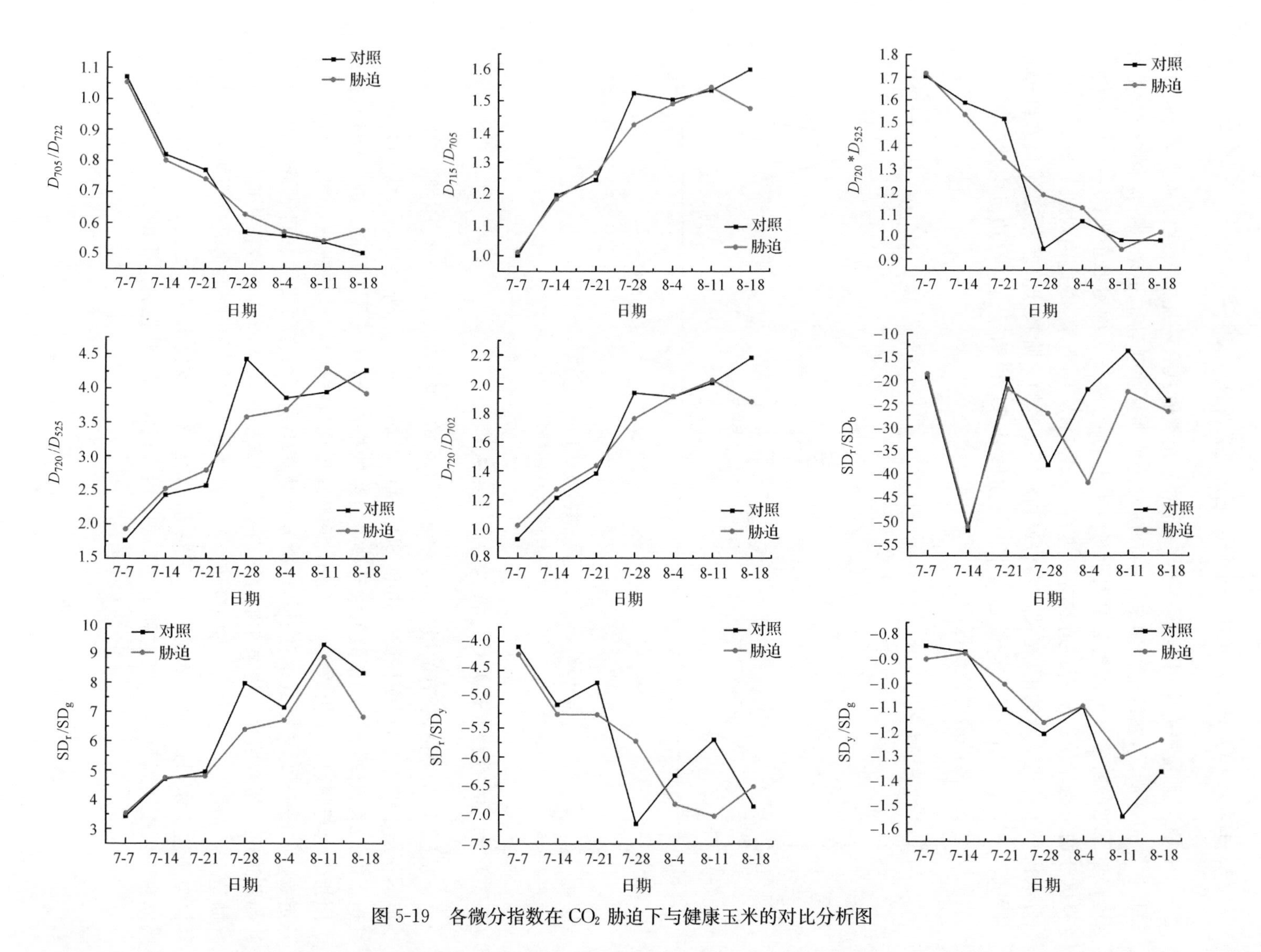

图 5-19 各微分指数在 CO_2 胁迫下与健康玉米的对比分析图

5.6.5 大豆在 CO_2 胁迫下光谱变化及识别结果

1. 大豆在 CO_2 胁迫下的光谱变化特征

大豆在 CO_2 胁迫下，单叶光谱发生明显变化。从图 5-20(a)可见，受到胁迫大豆的光谱反射率在绿峰附近稍微低于对照大豆的，在红光区胁迫大豆反射率大于对照大豆反射率。随着 CO_2 泄漏胁迫的持续进行，如图 5-20(b)所示，受到胁迫的大豆光谱在绿峰与红谷谱段均大于对照大豆的反射率，而在红外区域受到胁迫的大豆光谱反射率稍微低于对照大豆的反射率，说明在 CO_2 持续胁迫作用下，大豆内部结构已经遭到破坏。

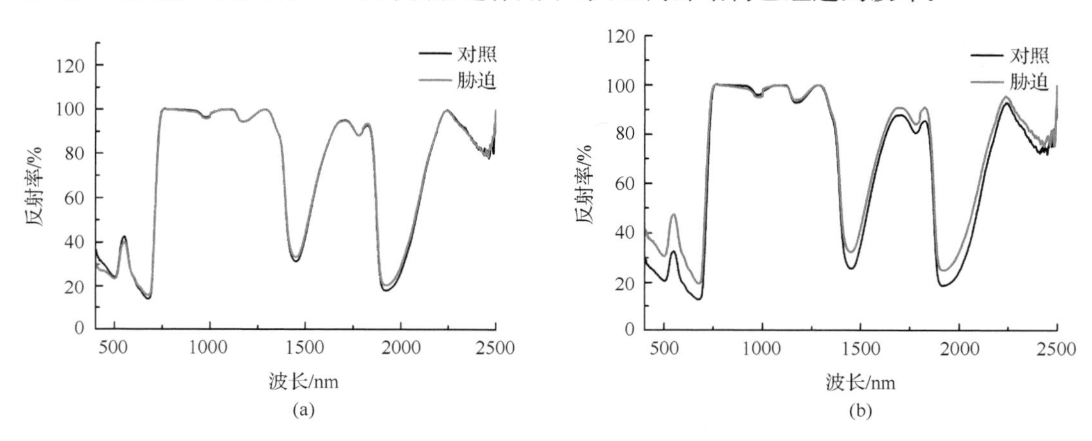

图 5-20 大豆在 CO_2 泄漏胁迫下的光谱变化特征

(a) 7 月 21 日；(b) 8 月 11 日

2. 利用光谱指数识别 CO_2 胁迫下的大豆

从图 5-21 可见，选择的 9 种植被指数都不能够有效识别 CO_2 胁迫下的大豆，因此，上述植被指数都不宜识别 CO_2 泄漏胁迫下的大豆。

3. 大豆在 CO_2 胁迫下的一阶微分变化特征

在 CO_2 泄漏胁迫作用下，大豆的一阶微分光谱值具有明显的变化。从图 5-22(a)可见，在胁迫 2 周后，在绿边、黄边及红边附近都出现明显差异，在绿边与红边对照大豆的一阶微分值大于胁迫大豆的一阶微分值，而在黄边对照大豆的一阶微分绝对值大于胁迫大豆的一阶微分值。

随着胁迫的持续进行，如图 5-22(b)所示，各敏感点一阶微分值出现了明显变化，在绿边胁迫大豆的一阶微分值大于对照大豆的一阶微分值，在黄边胁迫大豆的一阶微分值绝对值大于对照大豆的值，在红边胁迫大豆的一阶微分值明显小于对照大豆的值，且出现蓝移现象。

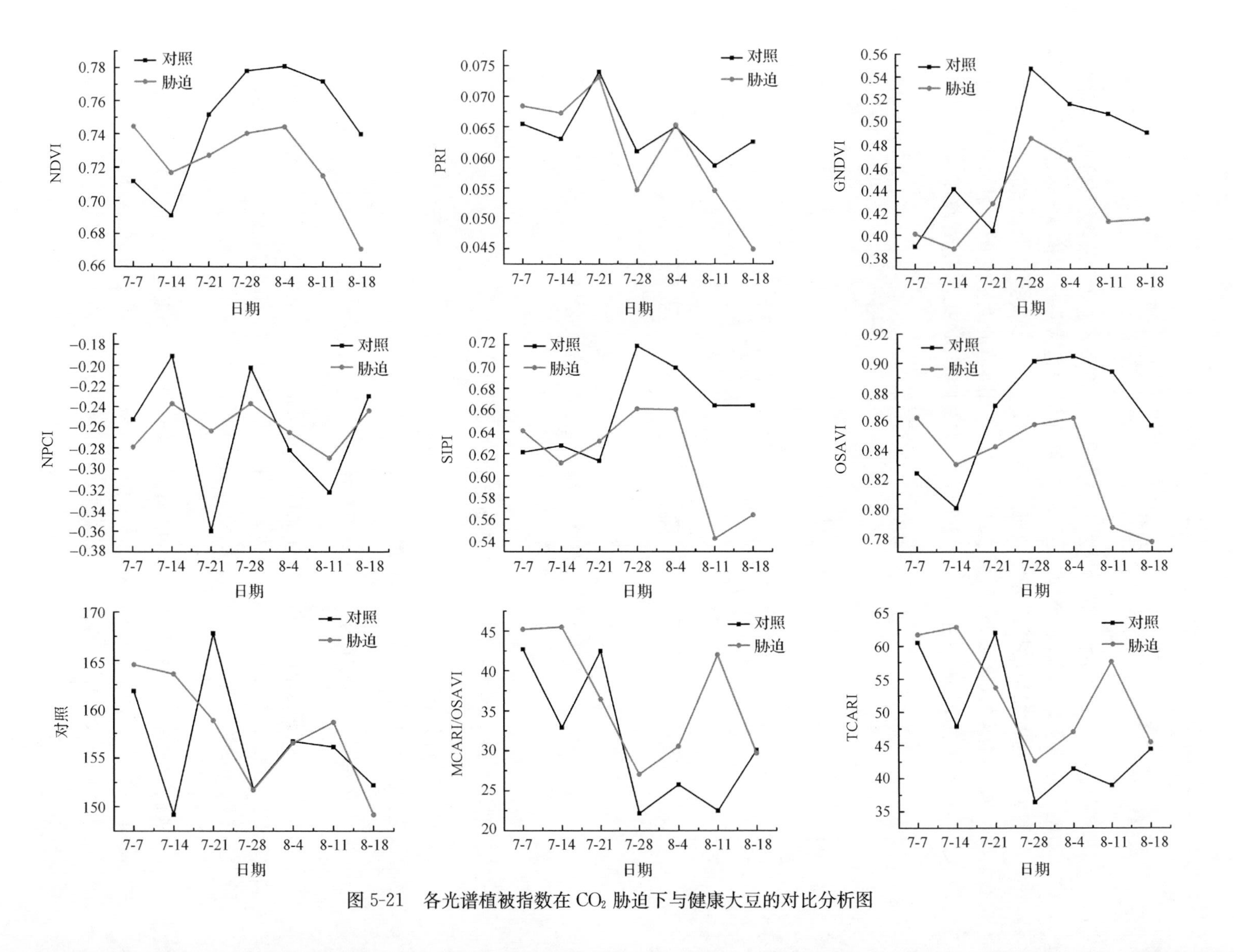

图 5-21 各光谱植被指数在 CO_2 胁迫下与健康大豆的对比分析图

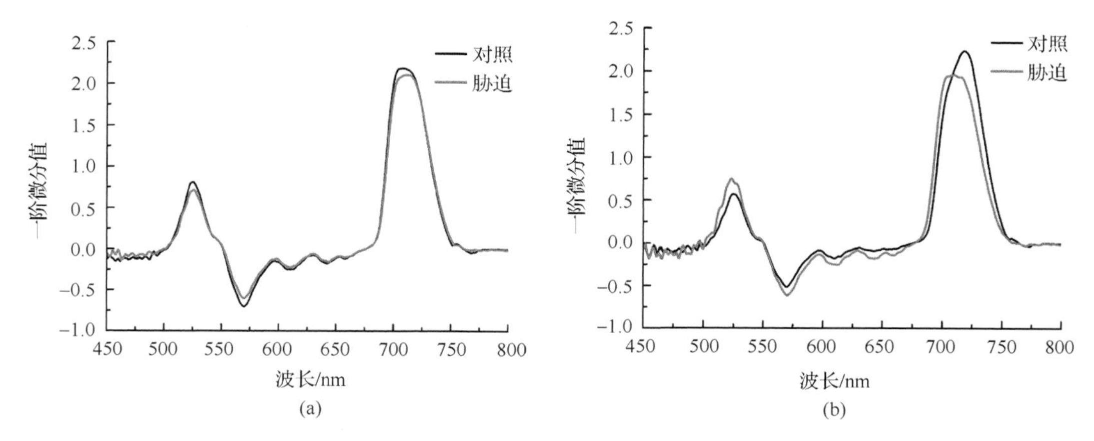

图 5-22 在 CO_2 泄漏胁迫下大豆一阶微分光谱变化特征

(a) 7 月 21 日;(b) 8 月 11 日

4. 利用微分指数识别 CO_2 泄漏胁迫下的大豆

从图 5-23 可见,对于微分指数 D_{705}/D_{722},在胁迫发生后,即可识别对照与胁迫下的大豆,胁迫大豆的指数值大于对照大豆的指数值,除了 7 月 21 日指数差值大小出现变异外,在后期仍旧保持前期的规律,在生育期即将结束时,两个指数值趋于一致,这与植物的生长规律是一致的。因此,该指数可以用来识别 CO_2 胁迫下的大豆,只是稳定性不够优。

对于微分指数 D_{715}/D_{705}、D_{720}/D_{525} 及 D_{720}/D_{702},在胁迫后即可识别 CO_2 泄漏胁迫下的大豆,胁迫下大豆的指数值小于对照大豆的指数值,除了 7 月 21 日指数差值出现变异外,其他时间都有较好的可区分性。因此,该指数可以用来识别 CO_2 泄漏胁迫下的大豆,但该指数稳定性不足。

对于微分指数 $D_{720} * D_{525}$,该指数在胁迫未出现之前,两个指数值就有一定的差距,这为后期的准备判断带来困难,对照与胁迫的大豆的指数值有一定的波动,因此该指数在识别 CO_2 泄漏胁迫的大豆具有缺点,不够稳定。

对于面积微分指数 SD_y/SD_g、SD_r/SD_y 及 SD_r/SD_b,对照大豆的指数值与胁迫大豆的指数值大小规律出现多次变异,只在后期规律才较为稳定,因此从整个生育期可见,该指数不能够及时有效识别出 CO_2 泄漏胁迫的大豆。

面积微分指数 SD_r/SD_g 在胁迫 4 周后能够完全识别对照与胁迫大豆,前 3 周对照与胁迫大豆指数值大小基本一致,说明该指数的稳定性较好,只是时效性较差。因此,可以利用该指数监测 CO_2 泄漏胁迫一段时间的大豆。

综上所述,微分指数 D_{705}/D_{722}、D_{715}/D_{705}、D_{720}/D_{525}、D_{750}/D_{550} 及 D_{720}/D_{702},都可以在胁迫发生后即可识别出 CO_2 泄漏胁迫下的大豆,除 7 月 21 日对照大豆的指数值与胁迫大豆的指数值出现变异外,其他时段都能够明显区别出胁迫的大豆,只是上述指数在生育期内稳定性不足。

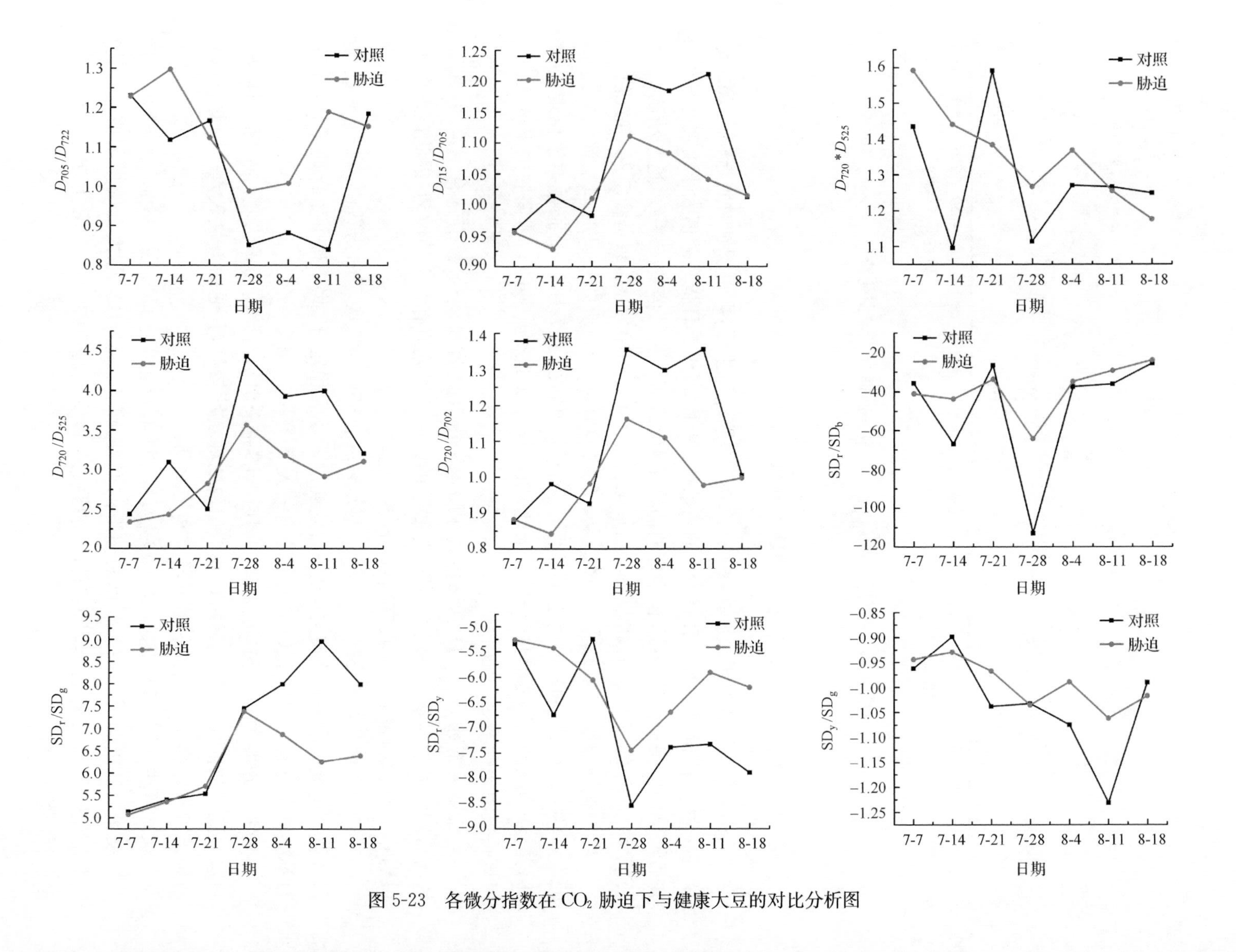

图 5-23　各微分指数在 CO_2 胁迫下与健康大豆的对比分析图

面积微分指数 SD_r/SD_g在胁迫 4 周后能够完全识别对照与胁迫大豆，前 3 周对照与胁迫大豆指数值大小基本一致，说明该指数的稳定性较好，与微分指数 D_{705}/D_{722}、D_{715}/D_{705}、D_{720}/D_{525}、D_{750}/D_{550}及 D_{720}/D_{702}相比，只是时效性较差。

5.7 大豆在 CO_2 泄漏胁迫下的症状与单叶光谱特征

5.7.1 样本采集方法

所有大豆单叶样本都是沿着实验小区从东北到西南对角线进行采集。每个实验小区的土壤中 CO_2 浓度可以划分为边缘区域（CO_2 浓度小于 15%），中间区域（CO_2 浓度为 15%～35%）及中心区域（CO_2 浓度大于 35%）。通过 7 月 7～14 日测量结果，对土壤中 CO_2 浓度图进行了初步绘制并标注在实验田地。由于 CO_2 输气管道是从实验小区北边斜着插入地下，因此实验小区中 CO_2 浓度不呈同心圆分布，设计的采样地点如图 5-24 所示。

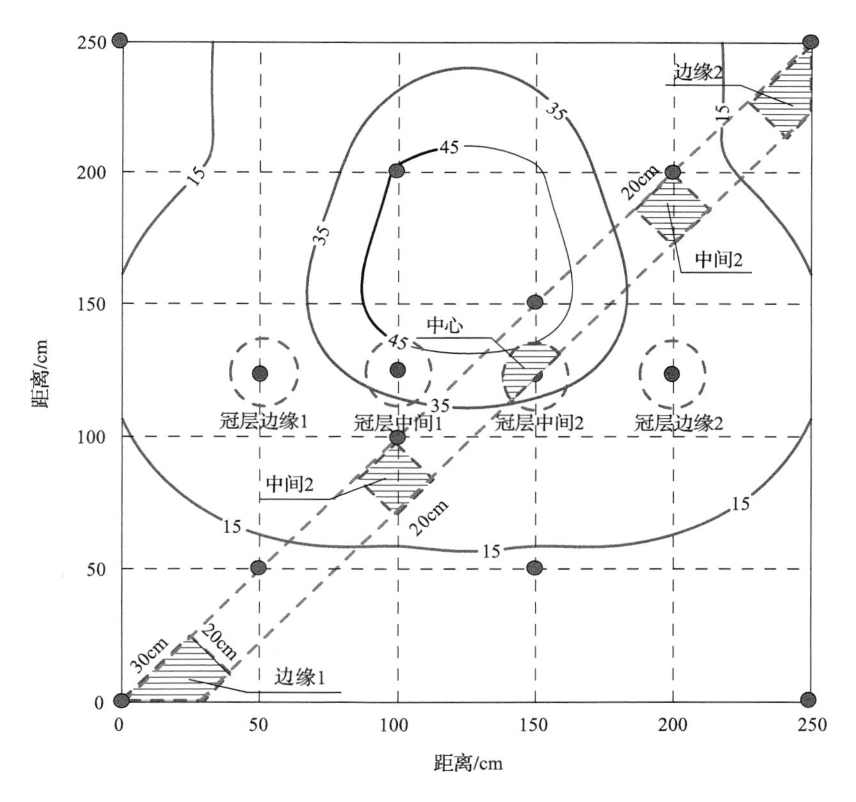

图 5-24　土壤中 CO_2 浓度及采样点分布图（彩图附后）

● 代表土壤气体浓度测量管的位置；◌ 冠层光谱测量位置；▤ 单叶光谱测量位置

为了避免不同生育期叶片的光谱特征的差异，采样大豆单叶叶片样本要求处于同一生育期，通常取从顶部向下第三个叶片。

5.7.2 大豆在 CO_2 泄漏胁迫下的症状

当 CO_2 气体注入土壤 11 天后，中心区大豆叶片开始轻微变黄，随着胁迫持续进行，大豆叶片出现衰老、落叶甚至死亡。在整个生育期内边缘区域大豆长势与对照区无明显差异，中间区域叶片轻微变黄。中心区域的中心位置由于土壤中 CO_2 浓度较高，致使大豆逐渐枯死，其他大豆在植株高度、叶片数量等与对照区相比也具有显著性差异。土壤 CO_2 浓度中心区在空间上形成一个 0.5～1m 直径的圆形区域，在该区域内大豆具有明显的胁迫症状，这与已有研究结果一致（Schollenberger，1930；Smith et al.，2005b）。

通过实测大豆叶片叶绿素含量发现，边缘区域叶绿素含量（52.42±4.15）与对照区的大豆叶绿素含量（52.58±4.00）没有显著区别（$p>0.1$），即当土壤中 CO_2 浓度小于 15% 时，土壤中 CO_2 浓度的变化并没有对大豆的生长发育造成显著性影响。但中间区域叶绿素含量（37.93±4.84）、中心区域的大豆叶绿素含量（27.88±4.59）与对照区大豆叶绿素含量相比具有显著性差异（$p<0.001$），说明当土壤中 CO_2 浓度大于 15% 时，大豆的生长发育就会受到影响，且土壤中 CO_2 浓度越高，对植物生长发育影响越严重，这与肉眼观察的结果一致。

5.7.3 CO_2 泄漏胁迫下大豆的光谱特征

经过平滑及连续统去除法处理后的大豆光谱，如图 5-26 所示。当 CO_2 泄漏胁迫 11 天（7 月 14 日）后，对照、边缘、中间及中心区域的大豆光谱在可见光波段就具有较为明显的差异，见图 5-25(a)，特别是以 550nm 为中心的区域，不同胁迫区域光谱的反射率具有下列关系：中心区＞中间区＞边缘区＞对照区，而在其他波段，差异性并不明显。当 CO_2 泄漏胁迫 25 天（7 月 28 日）后，在 550nm 处不同胁迫区域的光谱仍具有显著性差异，见图 5-25(b)。当泄漏胁迫 46 天（8 月 18 日）后，大豆已经处于生育期的后期，在 550nm 处不同胁迫程度下大豆的光谱差异仍十分明显，见图 5-25(c)，且与胁迫 11 天后的光谱特征一致。以上结果表明，以 550nm 为中心的可见光波段对大豆遭受 CO_2 泄漏胁迫较为敏感，且在整个生育期内该波段的规律性保持一致。尽管在试验中后期 1450nm 与 1930nm 波段也有显著性差异，但该波段的变化规律在整个生育期并不恒定，且该波段处于水分吸收特征波段，不利于航天遥感传感器所利用。

5.7.4 面积指数 $Area_{(510\sim590nm)}$ 的定义

通过上述分析可见，以 550nm 为中心的可见光波段为 CO_2 泄漏胁迫下大豆的敏感波段，随着胁迫程度的增加，光谱反射率逐渐增加，且在整个生育期内规律一致。考虑到单波段光谱信息易受外界因素的影响且稳定性较差，而在 510～590nm 范围内反射率的大小均保持着中心区＞中间区＞边缘区＞对照区的规律，如图 5-25 所示。因此 510～590nm 范围内光谱曲线所包围的区域面积定义为面积指数（$Area_{(510\sim590nm)}$），如图 5-26 所示，该指数包含多波段信息要比单波段光谱信息的稳定性好。

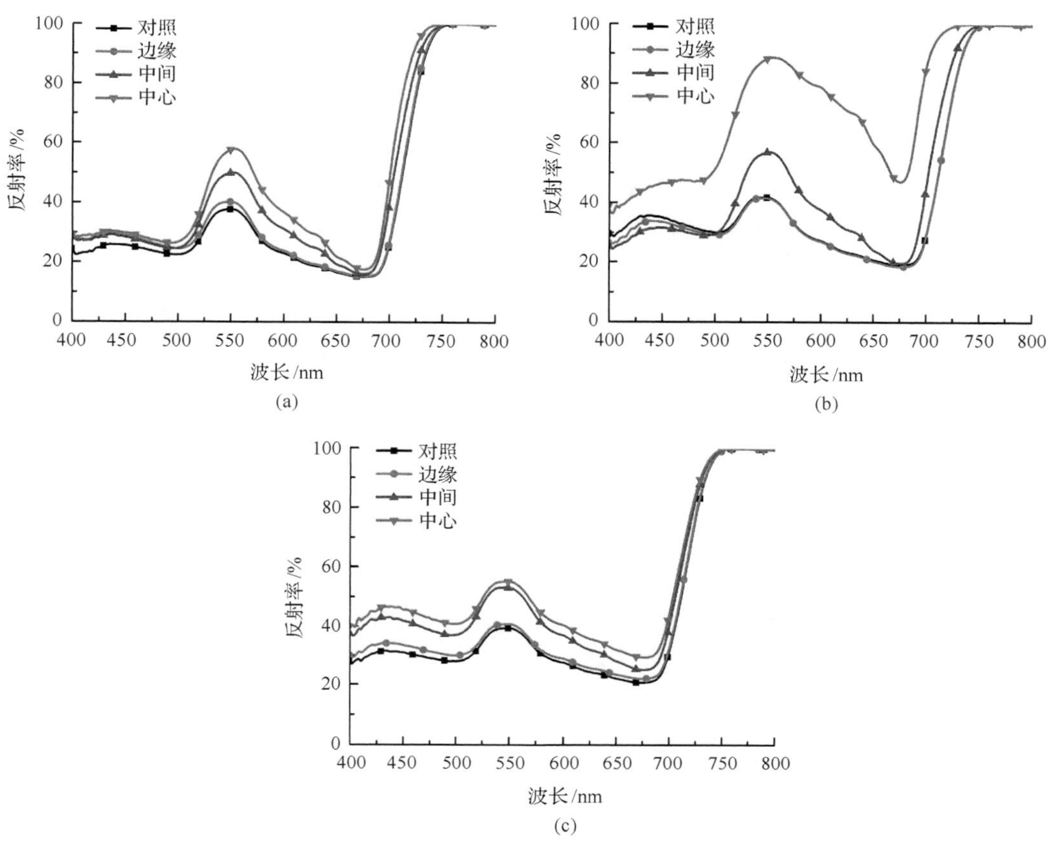

图 5-25　大豆光谱曲线

(a) 7 月 14 日；(b) 7 月 28 日；(c) 8 月 18 日

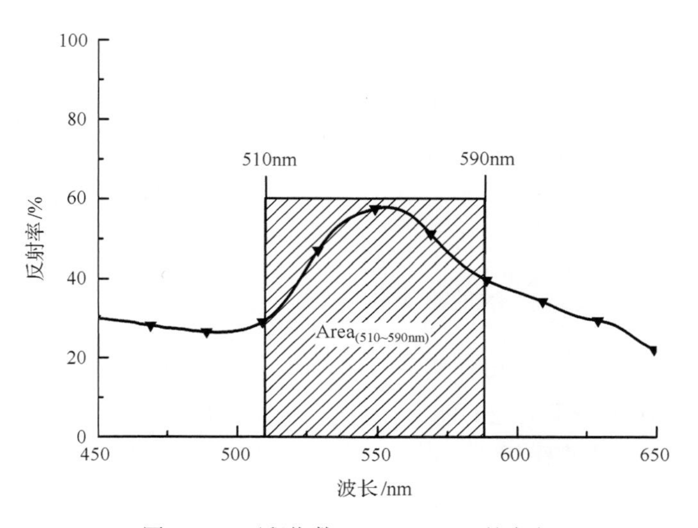

图 5-26　面积指数 $Area_{(510\sim590nm)}$ 的定义

5.7.5 CO_2 泄漏胁迫下大豆的遥感识别模型构建

如图 5-27 所示，对照与胁迫边缘区域大豆的 $Area_{(510\sim590nm)}$ 指数值无显著性差异（$p>0.05$），即该指数识别对照与边缘区域大豆的能力不足，也就是说当土壤中 CO_2 浓度低于 15%时，该指数无法通过地表大豆光谱特征变化有效识别泄漏区。对照与胁迫中间区域大豆的 $Area_{(510\sim590nm)}$ 指数具有极显著性差异（$p<0.001$），因此当土壤中 CO_2 浓度为 15%～35%时，该指数完全可以识别出遭受 CO_2 泄漏胁迫的大豆。对照区与胁迫中心区大豆的 $Area_{(510\sim590nm)}$ 指数也具有极显著性差异（$p<0.001$），同理，当土壤中 CO_2 浓度大于 35%时，$Area_{(510\sim590nm)}$ 指数也可以完全识别出遭受 CO_2 泄漏胁迫的大豆。

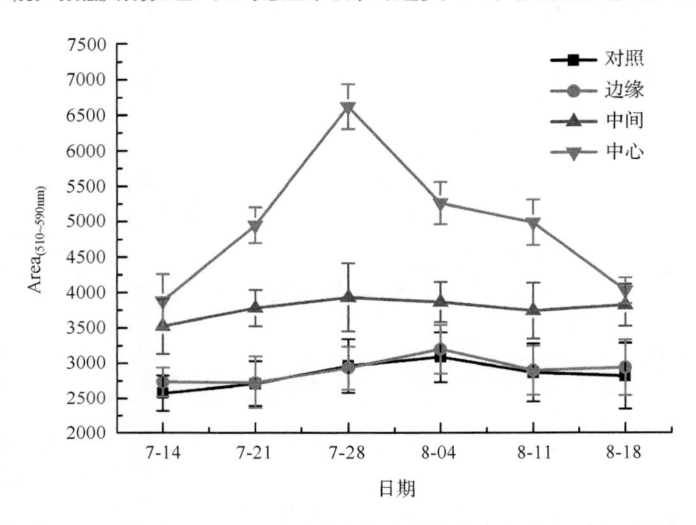

图 5-27 $Area_{(510\sim590nm)}$ 指数识别不同 CO_2 泄漏胁迫程度的大豆

5.7.6 面积指数 $Area_{(510\sim590nm)}$ 与叶片 SPAD 值之间的关系

如图 5-28 所示，$Area_{(510\sim590nm)}$ 指数与大豆叶片 SPAD 值具有极显著负相关关系。

随着 $Area_{(510\sim590nm)}$ 指数的增大，SPAD 值逐渐减小。与图 5-25 所示结果一致，当大豆处于无胁迫状态时，连续统去除后的光谱反射率在绿光区较低，而遭受胁迫的大豆光谱反射率却比较高。

5.7.7 面积指数 $Area_{(510\sim590nm)}$ 的敏感度分析

通过计算不同 CO_2 泄漏胁迫程度下大豆 $Area_{(510\sim590nm)}$ 指数之间的 *J-M* 距离，可以判别该指数识别不同胁迫程度大豆的能力。由于 *J-M* 距离 J_{ij} 的最大值为$\sqrt{2}$。为了更好对比分析，表 5-1 中 *J-M* 距离采用 J_{ij}^2 来表达（Bruzzone et al.，1995）。

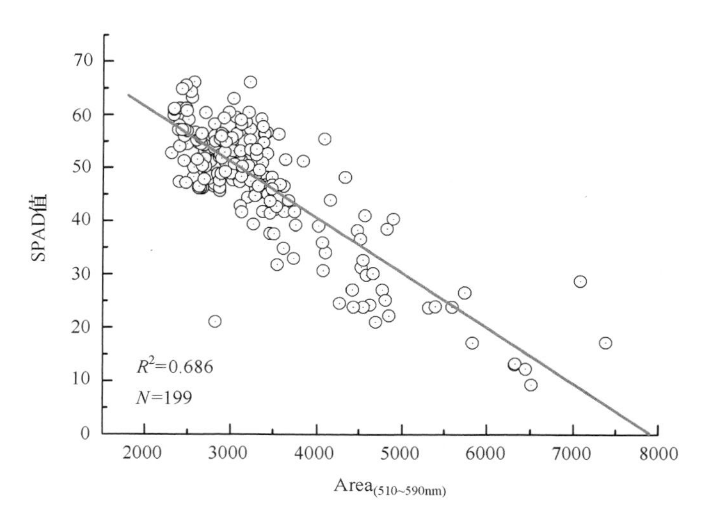

图 5-28 $Area_{(510\sim590nm)}$ 指数与 SPAD 值之间的关系

表 5-1 不同 CO_2 泄漏胁迫程度下大豆 $Area_{(510\sim590nm)}$ 指数之间的 *J-M* 距离

日期	状态	对照	边缘	中间
2008-07-14	边缘	2		
	中间	2	2	
	中心	2	2	2
2008-07-28	边缘	0.590		
	中间	2	2	
	中心	2	2	2
2008-08-11	边缘	0.540		
	中间	2	2	
	中心	2	2	2
2008-07-21	边缘	0.211		
	中间	2	2	
	中心	2	2	2
2008-08-04	边缘	1.977		
	中间	2	2	
	中心	2	2	2
2008-08-18	边缘	1.965		
	中间	2	2	
	中心	2	2	2

注：*J-M* 距离为 J_{ij}^2 的值。以下同。

J-M 距离具有收敛性，其判别标准如下：当 $0<J_{ij}^2\leqslant1.0$ 时，类别之间不具备光谱可分性；当 $1.0<J_{ij}^2\leqslant1.8$ 时，类别之间具有一定的光谱可分性，但存在较大程度的重叠；当

1.8＜J_{ij}^2＜2.0时，类别之间具有很好的光谱可分性（赵德刚等，2010）。

由表5-1可知，中间和中心区域的大豆与对照区大豆之间的J-M距离达到2，因此，$Area_{(510\sim590nm)}$指数完全可以把对照区与胁迫中间和中心区域的大豆识别出来，也就是当土壤中CO_2浓度达到15％以上，在胁迫发生11天后就能够利用遥感识别出CO_2泄漏区域。但胁迫边缘区域与对照区大豆的J-M距离的平方值在整个生育期内并不总大于1.8，因此$Area_{(510\sim590nm)}$指数无法在整个生育期内正确识别对照区与胁迫边缘区域的大豆，即当土壤中CO_2浓度低于15％时，利用该指数无法准确地识别出CO_2泄漏区域。

根据上述研究结果可知，CO_2泄漏胁迫使大豆叶片的叶绿素含量变化，致使其光谱特征发生变化，而在野外有多种因素可以降低植物的叶绿素含量，如水涝及土壤压实等（陈云浩等，2012），致使植物光谱发生变化；而植物病害（黄木易等，2004）、营养缺乏（谭昌伟等，2008）、干旱（谷艳芳等，2008）等因素也可以使叶片叶绿素含量降低，从而导致植物光谱特征发生变化。因此，仅根据光谱特征的变化无法判断该点是否出现CO_2泄漏现象。但仍可以首先利用$Area_{(510\sim590nm)}$指数识别出CO_2疑似泄漏区，然后结合CO_2埋藏区地形图、土壤质量图、地质图等资料划定CO_2高度疑似泄漏区，再对高度疑似泄漏区进行野外实地勘察，可以大大减少野外工作量，能够及时、高效地寻找到CO_2泄漏点。

研究表明，地下储存的CO_2泄漏会对地表植物生长发育造成严重影响，致使其叶绿素含量及光谱特征发生变化，并得到如下结果：

（1）当土壤中的CO_2浓度小于15％时，对大豆的影响较小，其叶绿素含量与对照区大豆的叶绿素含量无显著性差异（$P>0.1$）；当土壤中的CO_2浓度大于等于15％时，大豆会出现明显的胁迫症状，严重时大豆会枯死，其叶绿素含量明显降低，与对照区大豆的叶绿素含量相比具有显著性差异（$P<0.001$）。

（2）连续统去除法处理后的大豆叶片光谱，随着胁迫程度的增加，在绿光区的光谱反射率逐渐增大，而其他波段在整个生育期内无明显统一的规律。

（3）面积指数$Area_{(510\sim590nm)}$可在CO_2泄漏发生11天后就能够较好地识别出土壤CO_2浓度大于等于15％区域的大豆，且具有较高的可区分性及稳定性，但该指数无法在整个生育期内完全识别对照区与土壤CO_2浓度小于15％区域的大豆。

（4）面积指数$Area_{(510\sim590nm)}$与大豆叶绿素含量（SPAD值）之间具有极显著负相关关系。

（5）高光谱遥感可以识别出土壤CO_2浓度大于15％的区域，但当土壤中CO_2浓度低于15％时，面积指数$Area_{(510\sim590nm)}$识别能力及敏感度尚显不足。

第 6 章　CO_2 泄漏胁迫下植被冠层光谱特征分析与识别

6.1　实验设计与数据采集

6.1.1　实验设计

实验设计方案参见 5.1.1 节部分。本章选用 16 块草地与大豆的冠层光谱数据。

6.1.2　冠层光谱测量点选择

由于 CO_2 输气管道是从实验小区北边斜着插入地下，因此实验小区中 CO_2 浓度不呈同心圆分布，设计的冠层光谱测量点如图 6-1 所示。

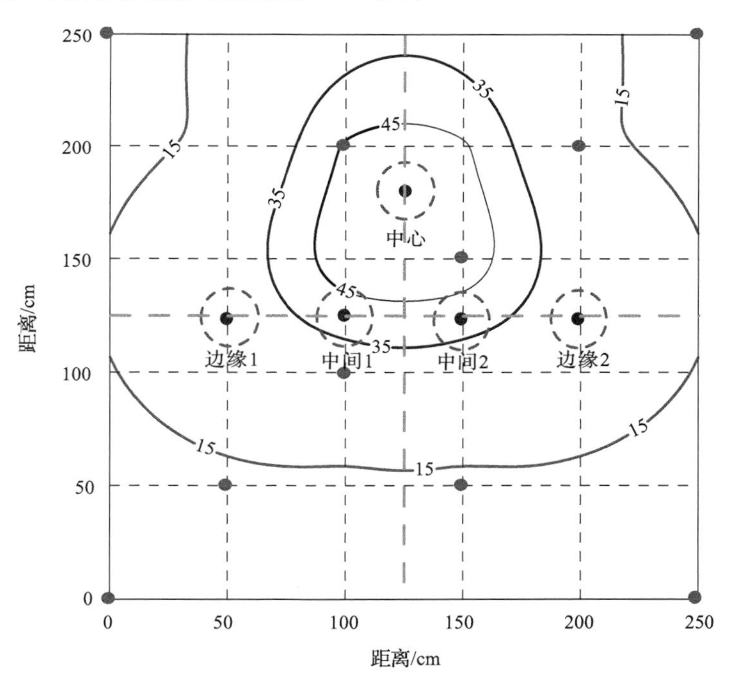

图 6-1　土壤中 CO_2 浓度及采样点分布图

● 土壤 CO_2 浓度测量管位置；◌ 冠层光谱测量位置

6.1.3　冠层光谱数据测量

在注入 CO_2 后，由于英国雨天较多，每当天气符合观测条件，就进行冠层光谱测量。

具体采用的方法与小麦冠层光谱测量要求一致。在每个 2.5m×2.5m 的实验区，在离北边缘 1.2m 处，划一条线，分别测量这条线上的 50cm、100cm、150cm、200cm 四点冠层光谱。对于草地在小区东西中间线上离北边缘 70cm 处加测了一个点。

冠层光谱采用 ASD Fieldspec FR spectroradiometer（ASD，Boulder，USA）光谱仪进行测量，把探头固定在三脚架上，探头离地面 50cm 垂直向下，视场角为 25°，地面视场圆的直径约为 22cm。测量选择当地时间 11：00～13：00，操作人员穿深色衣服并站在仪器北面，当太阳周围云量小于 2%进行测量。在测量每个试验小区前进行白板校正，每个点测量 50 次取其均值作为该点最终光谱测量结果。

草地在整个试验期内测量了 6 次冠层光谱，大豆测量了 3 次冠层光谱。

6.1.4 土壤中 CO_2 泄漏速率及浓度测量方法

参见 5.1.2 节部分。

6.2 冠层光谱数据预处理方法

对冠层光谱进行平滑、连续统及一阶微分处理，具体方法参见 4.2 节部分。

6.3 利用冠层光谱指数识别 CO_2 泄漏胁迫下的草地与大豆

6.3.1 实验小区土壤中 CO_2 浓度空间分布

由于 CO_2 输气管道从离小区北边缘 70cm 处插入土壤，致使土壤中 CO_2 浓度空间分布不呈同心圆分布，具体分布如图 6-1 所示。边缘 1 与边缘 2 两点土壤中 CO_2 浓度为 15%～35%，中间 1 与中间 2 土壤中 CO_2 浓度为 35%～45%，而中心点土壤中 CO_2 浓度大于 45%。在中心点仅测量草地的冠层光谱，由于土壤中 CO_2 浓度大于 45%，该点大豆在泄漏初期几乎全部死亡，因此没有测量该点的大豆冠层光谱。

6.3.2 草地与大豆冠层光谱特征

由图 6-2 可见，CO_2 泄漏胁迫下草地与大豆的冠层光谱在 580～680nm 波段范围内与对照区光谱具有显著差异，随着 CO_2 泄漏胁迫程度加重，胁迫植被的光谱反射率逐渐增大。但在近红外区域草地与大豆冠层光谱变化规律不一致。

图 6-3 为 7 月 25 日与 8 月 15 日草地在 550～700nm 波段的光谱曲线图。从图 6-3(a)、(b)可见，随着 CO_2 泄漏胁迫程度增加，草地冠层光谱在 580～680nm 波段范围内反射率逐渐增大，其冠层光谱反射率变化规律为：中心区＞中间区＞边缘区＞对照区，且在整个试验期内，580～680nm 波段范围内光谱始终保持以上规律。这主要因为在可见光区，植物光谱反射率主要是色素，尤其是叶绿素决定的。随着 CO_2 泄漏胁迫程度的增大，植被叶绿素含量逐渐降低，致使光谱吸收能力减弱，反射率升高。

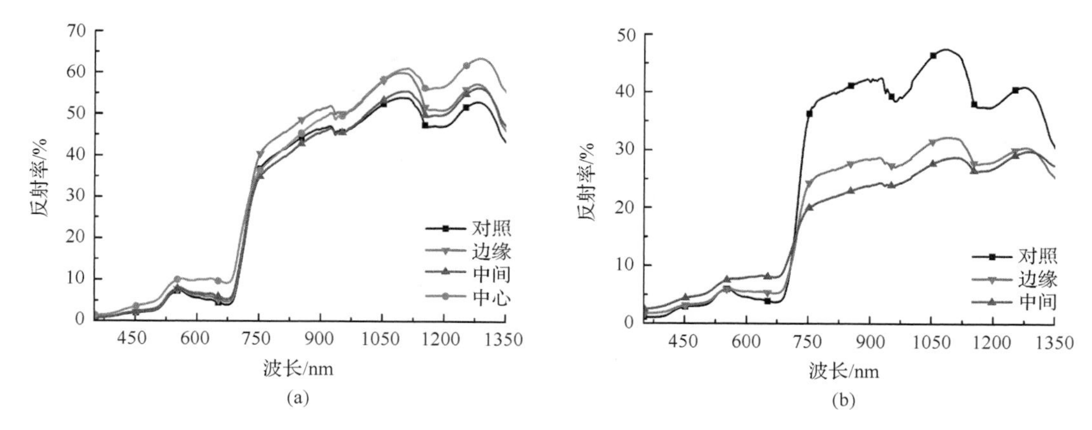

图 6-2　CO_2 泄漏胁迫下草地与大豆冠层光谱曲线

(a) 草地光谱曲线；(b) 大豆光谱曲线

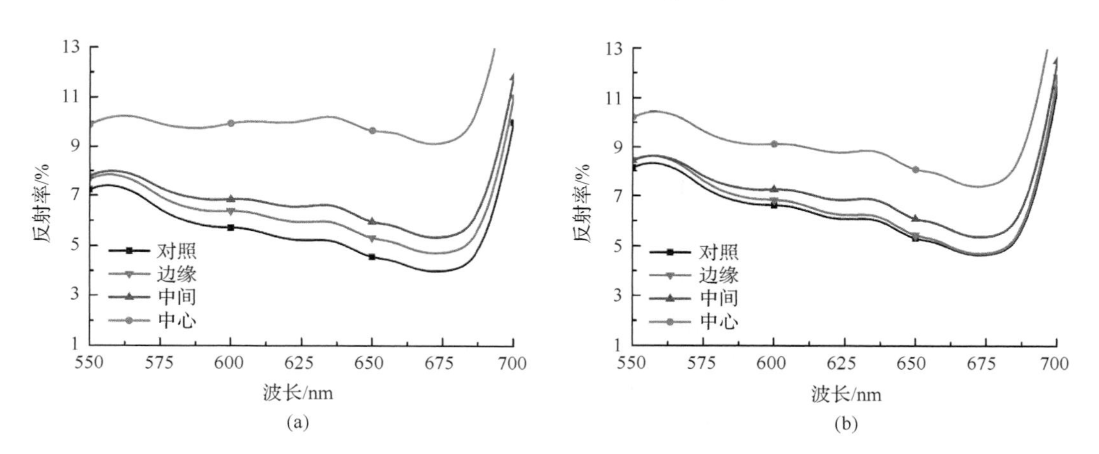

图 6-3　CO_2 泄漏胁迫下草地在 550～700nm 波段光谱曲线

(a) 7 月 25 日光谱曲线；(b) 8 月 15 日光谱曲线

从图 6-4(a)、(b)可见，大豆冠层光谱在 580～680nm 波段范围内与草地光谱变化规律一致，随着 CO_2 泄漏胁迫程度的增加，其反射率逐渐增大。且在整个试验期内，在 580～680nm 波段范围内光谱始终保持以上规律。

6.3.3　面积指数定义

根据图 6-3 与图 6-4 可知，随着 CO_2 泄漏胁迫程度的增加，草地与大豆冠层光谱反射率在 580～680nm 逐渐增大，考虑到面积指数包含较多的波段信息，具有较好的稳定性(蒋金豹等，2013b；张金恒，2006)。因此，本书拟通过构建面积指数(选择冠层光谱在 580～680nm 波段范围内光谱曲线所围成的面积)识别 CO_2 泄漏胁迫下的草地与大豆，其面积指数($Area_{(580\sim680nm)}$)定义如图 6-5 所示。

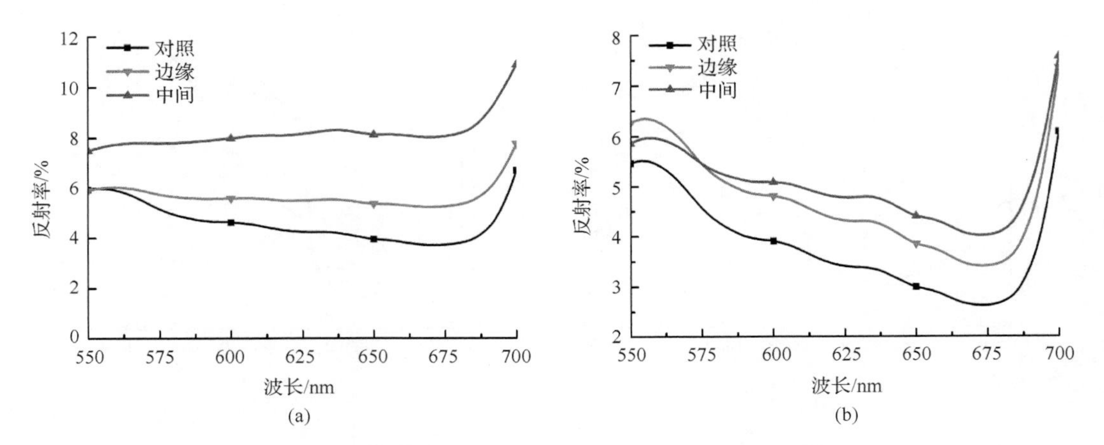

图 6-4 CO_2 泄漏胁迫下大豆在 550～700nm 波段光谱曲线

(a) 大豆在 7 月 25 日光谱曲线；(b) 大豆在 8 月 15 日光谱曲线

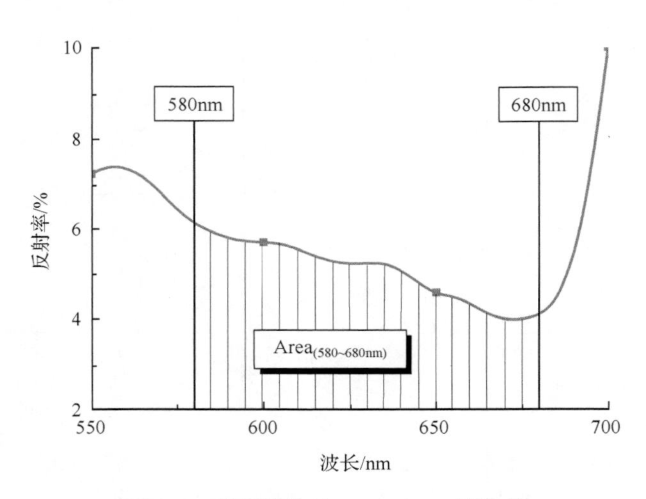

图 6-5 面积指数 $Area_{(580\sim680nm)}$ 的定义

6.3.4 不同胁迫程度草地与大豆指数($Area_{(580\sim680nm)}$)的变化规律

图 6-6(a)为 9 月 2 日不同采样点胁迫与对照区草地的面积指数 $Area_{(580\sim680nm)}$ 值的差异图。从图中可以看出，CO_2 泄漏胁迫下草地的面积指数 $Area_{(580\sim680nm)}$ 值明显大于对照区同一位置的面积指数值，边缘 1 与边缘 2 点对照与胁迫草地的 $Area_{(580\sim680nm)}$ 值差距最小，中间 1 与中间 2 点差距明显变大，中心点差距最大。随着土壤中 CO_2 浓度的增大，胁迫与对照区植被面积指数 $Area_{(580\sim680nm)}$ 值的差值逐渐增大。

图 6-6(b)为 7 月 30 日不同采样点胁迫与对照区草地的面积指数 $Area_{(580\sim680nm)}$ 图，可以看到 CO_2 泄漏胁迫下大豆 $Area_{(580\sim680nm)}$ 的值显著大于对照区的指数值，边缘 1 与边缘 2 点对照与 CO_2 泄漏胁迫大豆的指数值差距较小，中间 1 与中间 2 点指数值差距逐渐变大，说明大豆与草地在面积指数 $Area_{(580\sim680nm)}$ 值变化规律方面具有一致性。

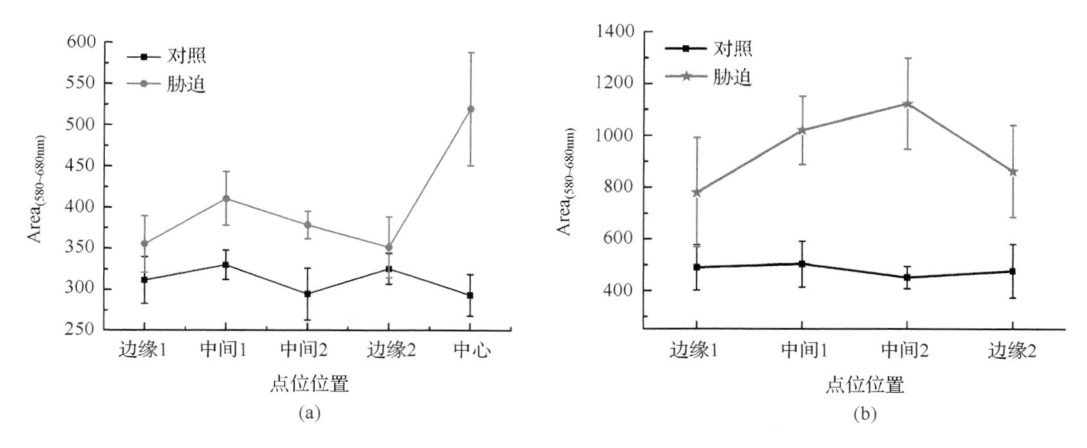

图 6-6 CO_2 泄漏胁迫与对照区草地与大豆的采样点剖面面积指数

(a) 草地；(b) 大豆

6.3.5 草地与大豆面积指数识别

由图 6-7(a)可知，不同 CO_2 泄漏胁迫程度与对照区草地的指数 $Area_{(580\sim680nm)}$ 值在整个生育期内的变化趋势一致，其值大小始终为中心区＞中间区＞边缘区＞对照区。但边缘区域草地与对照区在试验中期(7 月 30 日、8 月 15 日)的差异不显著，容易造成光谱混淆。

从图 6-7(b)可知，遭受 CO_2 泄漏胁迫下大豆的指数 $Area_{(580\sim680nm)}$ 值均大于对照区大豆的值，且其值始终保持中间区＞边缘区＞对照区规律，变化规律与草地一致。

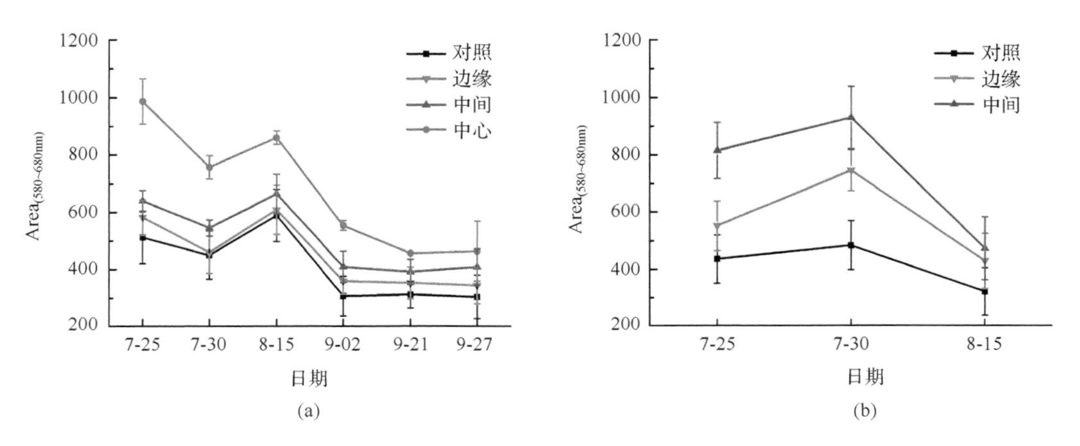

图 6-7 CO_2 泄漏胁迫下草地与大豆 $Area_{(580\sim680nm)}$ 指数识别

(a) 草地；(b) 大豆

6.3.6 面积指数 $Area_{(580\sim680nm)}$ 识别结果 *J-M* 距离检验

为了更好定量说明面积指数 $Area_{(580\sim680nm)}$ 的识别能力，拟选择 *J-M* 距离对模型进行检验。*J-M* 距离可以正确的反映类别的可分性（童庆禧等，2006b），其判别标准如下：当 $0<J_{ij}^2\leqslant 1.0$ 时，类别之间不具备光谱可分性；当 $1.0<J_{ij}^2\leqslant 1.8$ 时，类别之间具有一定的光谱可分性，但存在较大程度的重叠；当 $1.8<J_{ij}^2\leqslant 2$ 时，类别之间具有很好的光谱可分性（蒋金豹等，2013b；赵德刚等，2010）。计算了不同胁迫程度下草地与大豆的面积指数 $\text{Area}_{(580\sim680\text{nm})}$ 间的 *J-M* 距离，以检验其识别不同 CO_2 泄漏胁迫程度下草地与大豆的能力。*J-M* 距离计算公式请参照文献（童庆禧等，2006b；张金恒，2006）。

从表 6-1 可以看到，指数 $\text{Area}_{(580\sim680\text{nm})}$ 能够很好地把 CO_2 泄漏胁迫下中间区、中心区草地与对照区分开，*J-M* 距离均大于 1.8 且接近 2。同时该指数也能够把 CO_2 泄漏胁迫下边缘区、中间区及中心区草地区分开，但 CO_2 泄漏胁迫边缘区与对照区草地的 *J-M* 距离在整个试验期内并不总大于 1.8。因此指数 $\text{Area}_{(580\sim680\text{nm})}$ 无法在整个生育期内有效区分边缘区与对照区草地，这个结果与图 6-7(a)结果一致。

表 6-1　草地与大豆面积指数 $\text{Area}_{(580\sim680\text{nm})}$ 的 *J-M* 距离

植被种类	日期	状态	对照	边缘	中间	植被种类	日期	状态	对照	边缘	中间
草地	7-25	边缘	1.996			草地	7-30	边缘	0.699		
		中间	2	1.977				中间	2	2	
		中心	2	2	2			中心	2	2	2
	8-15	边缘	1.271				9-02	边缘	1.997		
		中间	1.999	1.981				中间	2	1.998	
		中心	2	2	2			中心	2	2	2
	9-21	边缘	2				9-27	边缘	1.934		
		中间	2	1.978				中间	2	2	
		中心	2	2	2			中心	2	2	1.989
大豆	7-25	边缘	2			大豆	7-30	边缘	2		
		中间	2	2				中间	2	2	
	8-15	边缘	2								
		中间	2	1.906							

对于大豆，指数 $\text{Area}_{(580\sim680\text{nm})}$ 在整个试验时期内 *J-M* 距离均大于 1.8，表明该指数可以区分开对照区与胁迫区的大豆，且具有可靠、稳健的识别能力，此结果与图 6-7(b)结果一致。

根据野外试验数据，分析了地下封存的 CO_2 轻微泄漏对草地与大豆的冠层光谱变化规律，得到以下一些有益的结果：

(1) CO_2 轻微泄漏胁迫下草地与大豆的冠层光谱在 580～680nm 区域反射率大于对照区光谱反射率，且胁迫程度越严重，反射率越大。

(2) CO_2 轻微泄漏胁迫下草地与大豆的面积指数 $\text{Area}_{(580\sim680\text{nm})}$ 值大于同一位置点对照区的面积指数值，且随土壤中 CO_2 浓度增大，指数 $\text{Area}_{(580\sim680\text{nm})}$ 值的差异越大。

(3) 在整个试验期内，指数 $Area_{(580\sim680nm)}$ 能够很好地识别出 CO_2 泄漏胁迫下中间区与中心区的草地，但对边缘区草地的识别能力不足（*J-M* 距离小于 1.8）。但该指数也能在整个试验期内可靠、稳健地识别出对照区与胁迫区的大豆。

通过对遭受 CO_2 轻微泄漏胁迫草地及大豆两种地表植被的光谱特征分析，构建面积指数 $Area_{(580\sim680nm)}$，结果表明该指数能够识别地下封存的 CO_2 轻微泄漏胁迫下的植被，且具有一定的普适性和稳定性。

6.4 连续小波变换分析方法识别 CO_2 泄漏胁迫下的草地

6.4.1 数据来源与处理方法

冠层光谱数据来自测量的 6 次数据。

小波变换包括离散小波变换（DWT）和连续小波变换（CWT）。但在高光谱数据分析中 DWT 输出参数难以解释（Kalacska et al.，2007；廖钦洪等，2013），且需要一次与原始光谱反射率相比较的逆离散小波变换（Kalacska et al.，2007），而 CWT 处理的小波系数能够提供更多光谱吸收特征的形状和位置信息（Blackburn and Ferwerda，2008）。因此选择 CWT 方法对 CO_2 泄漏胁迫下草地冠层光谱进行处理。

CWT 是一种线性变换，利用一个小波基函数将高光谱反射率数据在不同尺度上转换成一系列的小波系数，其变换公式（Cheng et al.，2010）如下：

$$f(a,b)=\langle f,\psi_{a,b}\rangle=\int_{-\infty}^{+\infty}f(t)\psi_{a,b}(t)\mathrm{d}t \tag{6-1}$$

$$\psi_{a,b}(t)=\frac{1}{\sqrt{a}}\psi\left(\frac{t-b}{a}\right) \tag{6-2}$$

式中，$f(t)$为光谱反射率数据；t 为光谱波段；$\psi_{a,b}(t)$ 为小波基函数，本书选择最简单的 Haar（哈尔）正交小波基函数（孙红进，2010）；a 为尺度因子，b 为平移因子。

经 CWT 处理后，小尺度因子变换得到的小波系数反映原始光谱反射率的窄峰细节，而大尺度因子变换后反映原始光谱反射率的宽锋信息等（姜安等，2012）。本书选取 2^1、2^2、2^3、2^4、2^5、2^6 共六个尺度，因此每条光谱曲线会得到相应 6 个不同尺度下的小波系数。本书利用 Matlab 软件对草地冠层光谱数据进行 CWT 处理。

计算上述 6 个尺度的冠层光谱小波系数能量总和，确定对 CO_2 泄漏较为敏感的波段，然后利用敏感波段的小波系数能量总和构建模型识别遭受 CO_2 泄漏胁迫的草地，从而间接探测 CO_2 泄漏信息。

6.4.2 冠层光谱不同尺度 CWT 分析

选择可见光与近红外区域（400～800nm）的草地冠层光谱反射率进行多尺度 CWT 分析，发现草地冠层光谱的小波系数曲线仅在红光区（680～760nm）发生明显变化，如图 6-8 所示（图 6-8 仅显示 600～800nm 小波系数）。

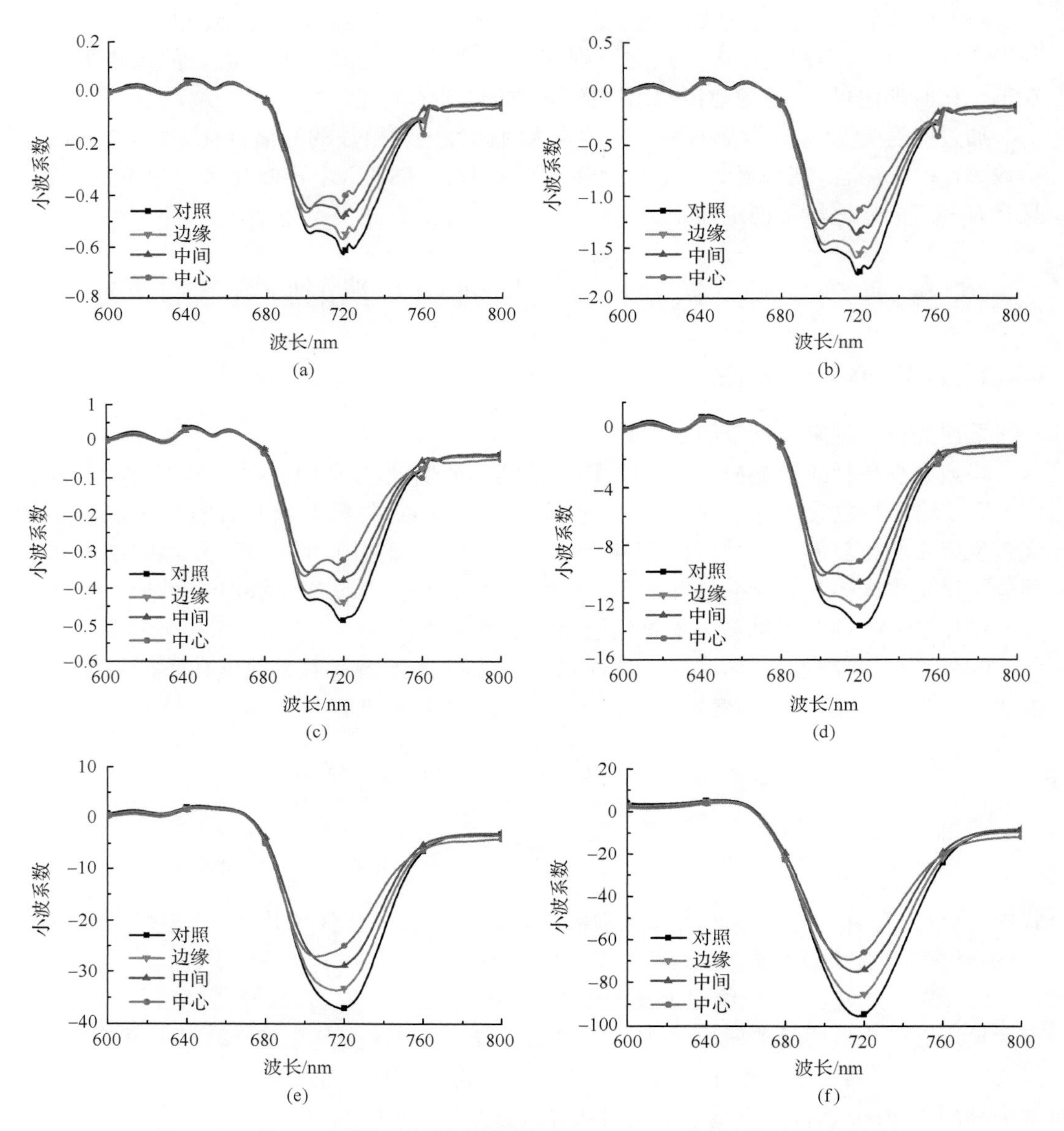

图 6-8 8 月 15 日采样时期草地冠层光谱在 CWT 不同尺度变换下小波系数

(a) 2 尺度;(b) 4 尺度;(c) 8 尺度;(d) 16 尺度;(e) 32 尺度;(f) 64 尺度

对照区的小波系数均小于 CO_2 泄漏胁迫下边缘、中间与中心区的系数,其他区域无明显变化,且在整个生育期都具有相同的规律,文中仅显示了 8 月 15 日数据,其他 5 个采样期数据未在文中显示。从图 6-8 还可知,随着尺度因子的增大,小波系数曲线逐渐变得平滑,表明小尺度 CWT 分析,小波系数曲线可以反映草地冠层光谱的细微信息,致使信息量较大;大尺度 CWT 分析,小波系数曲线可以忽略部分细微信息,使曲线变得平滑。

6.4.3 草地小波系数尺度能量总和分析

多尺度能量统计分布在统计学上能够反映不同曲线特性，具有一定的特征识别能力(何正友和陈小勤，2006)。根据以上分析得到的不同尺度因子下小波系数曲线在680～760nm波段范围内具有相似变化规律，将经过CWT处理后得到的不同尺度下的小波系数能量进行求和，利用小波系数能量总和进行分析CO_2泄漏胁迫下草地冠层光谱的变化特征。

设X_i为CWT处理后的小波系数，i代表不同的尺度因子($i=2^1$、2^2、2^3、2^4、2^5、2^6)，则小波系数能量为各尺度下小波系数的平方(何正友和陈小勤，2006)，设E_i为小波系数能量，即

$$E_i = X_i^2 \tag{6-3}$$

设小波系数能量总和为S，则

$$S = \sum_{i=1}^{n} E_i \tag{6-4}$$

图6-9为不同时期草地在680～760nm波段内小波系数能量总和的变化曲线。由图6-9可见，在7月25日到8月15日内[图6-9(a)～(c)]，小波系数能量总和在710～745nm波段内变化规律一致，其小波系数能量总和依次为对照区＞边缘区＞中间区＞中心区。9月2日至9月27日[图6-9(d)～(f)]采样期，小波系数能量总和在720～750nm波段范围内的大小依次为对照区＞边缘区＞中间区＞中心区，仅9月2日对照区与边缘区小波系数能量总和差异很小。从整个试验期来看，在720～745nm波段内，草地对照区与CO_2泄漏胁迫区之间的小波系数能量总和的变化规律存在一致性，其规律为：对照区＞边缘区＞中间区＞中心区。

6.4.4 利用725nm处小波系数能量总和识别CO_2泄漏胁迫的草地

通过计算720～745nm内对照区和CO_2泄漏胁迫区草地小波系数能量总和的差值，寻找到CO_2泄漏胁迫区与对照区草地小波系数能量总和差异最大值所处的波段位置，其结果见表6-2。从表6-2可知，整个试验时期内，随着CO_2泄漏胁迫持续，草地小波系数能量总和最大值有向长波移动的趋势，主要是由于草地在CO_2泄漏胁迫下其叶绿素含量逐渐降低、长势减弱等原因造成的，最大值波段位于725nm附近。因此选择725nm处小波系数能量总和识别遭受CO_2泄漏胁迫的草地，其结果见图6-10。从图6-10可知，在同一采样期，随着CO_2泄漏胁迫程度加重，725nm处草地的小波系数能量总和逐渐减小，且不同胁迫程度草地之间小波系数能量总和具有明显的差异(仅9月2日草地对照区与边缘区差异较小)。在整个生育期内，725nm处草地的小波系数能量总和都具有上述规律。因此如果某个区域内草地725nm处冠层光谱小波系数能量总和的值与周围草地相应的值相比出现明显减小，则该区域即为疑似CO_2泄漏点，然后再通过人工野外验证该点究竟是否出现CO_2泄漏。

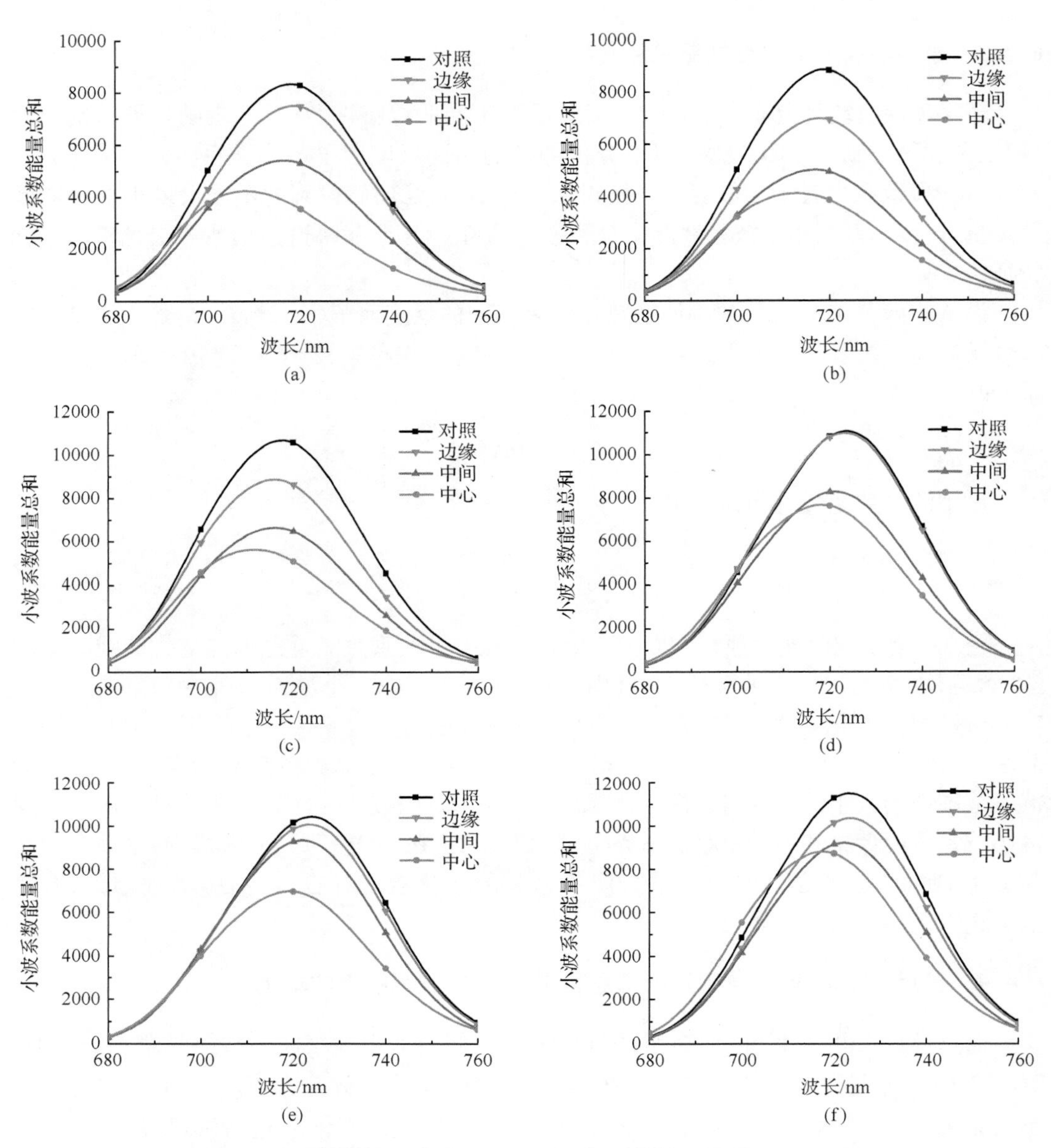

图 6-9　草地各采样时期 680～760nm 波段范围内小波系数能量总和

(a) 7 月 25 日；(b) 7 月 30 日；(c) 8 月 15 日；(d) 9 月 2 日；(e) 9 月 21 日；(f) 9 月 27 日

表 6-2　草地 CO_2 泄漏胁迫区与对照区小波系数能量总和最大差异值所处波段

日期	波长位置/nm			日期	波长位置/nm		
	边缘	中间	中心		边缘	中间	中心
7 月 25 日	720	720	722	7 与 30 日	720	721	722
8 月 15 日	724	720	721	9 月 02 日	736	729	730
9 月 21 日	733	734	729	9 月 27 日	722	728	731

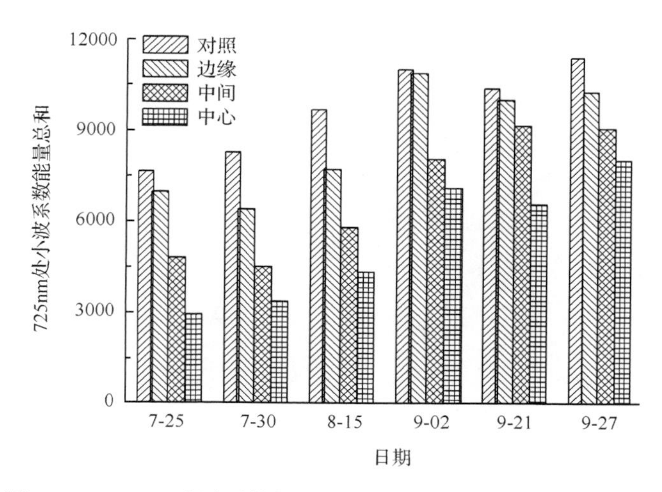

图 6-10　725nm 小波系数能量总和识别 CO_2 泄漏胁迫下的草地

通过对 CO_2 泄漏胁迫下草地冠层光谱进行 CWT 处理，经分析得到以下结果：

(1) 分别分析了 6 个尺度下 CO_2 泄漏胁迫下草地冠层光谱的小波系数，发现草地冠层光谱的小波系数曲线在 680～760nm 波段内发生明显变化，小波系数变化规律为：对照区＜边缘区＜中间区＜中心区（负值），而其他波段范围内小波系数无显著变化，且在整个生育期都具有相同的规律。

(2) 在 720～745nm 波段内，随着 CO_2 泄漏胁迫程度的增加，草地冠层光谱小波系数能量总和逐渐减小，且在整个试验期小波系数能量总和的值变化规律具有一致性。

(3) 随着 CO_2 泄漏胁迫持续，草地冠层光谱小波系数能量总和最大值有向长波移动的趋势，其最大值波段位置位于 725nm 附近。利用 725nm 处小波系数能量总和可以识别遭受不同程度 CO_2 泄漏胁迫的草地，且具有较好的识别能力。

6.5　波段深度与吸收宽度识别 CO_2 泄漏胁迫下草地与大豆

6.5.1　数据来源与预处理

1. 数据来源

数据为草地与大豆实验区测量的冠层光谱数据，其中草地冠层光谱 6 次，大豆冠层光谱 3 次。

2. 冠层光谱数据处理

本书采用五点平滑法对草地与大豆冠层光谱数据进行平滑处理，具体方法请参照相关文献(Smith et al.，2004b)。

3. Area 指数定义

植被冠层光谱数据经过平滑与连续统去除处理后，计算每一个波段的波段深度。其

公式(Noomen et al. ,2006;Kokaly and Clark,1999)如下:

$$BD(\lambda) = [1 - CRR(\lambda)] \times 100\% \tag{6-5}$$

式中,BD(λ) 为波段深度;CRR(λ) 为连续统去除处理后光谱反射率值;λ 为波段。

在获得波段深度光谱曲线后,定义在 680～780nm 波段内的最大值为最大波段深度(maximum of band depth,MBD),最大波段深度一半处的光谱带宽为波段吸收宽度(Half band width,HBW),如图 6-11 所示,Area 指数定义为(王纪华等,2008)

$$Area = MBD \times HBW \tag{6-6}$$

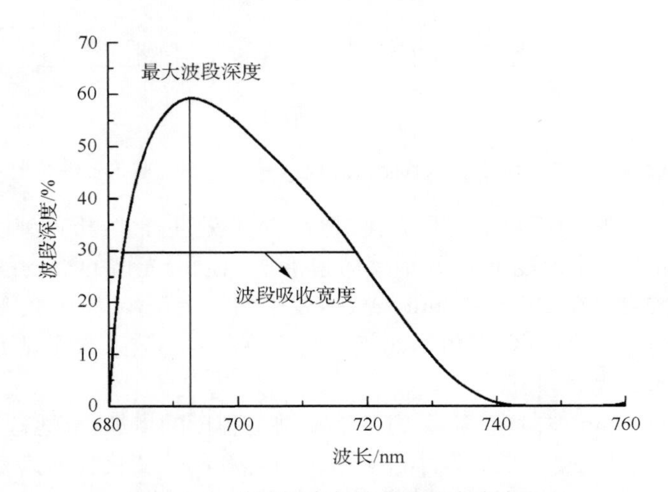

图 6-11 波段深度与波段吸收宽度定义

4. 光谱可分性准则

J-M 距离具有收敛性,可以正确地反映类别的可分性(童庆禧等,2006b),其判别标准如下:当 $0 < J_{ij}{}^2 \leqslant 1.0$ 时,类别之间不具备光谱可分性;当 $1.0 < J_{ij}{}^2 \leqslant 1.8$ 时,类别之间具有一定的光谱可分性,但存在较大程度的重叠;当 $1.8 < J_{ij}{}^2 \leqslant 2$ 时,类别之间具有很好的光谱可分性(蒋金豹等,2013b;赵德刚等,2010)。*J-M* 距离计算公式请参照文献(蒋金豹等,2012;童庆禧等,2006b;张金恒,2006)。

6.5.2 同一生育期不同胁迫程度植被冠层光谱 BD 曲线变化特征

随着 CO_2 泄漏胁迫程度增加,草地冠层光谱 MBD 逐渐减小。从图 6-12(a)可见,在 680～740nm 波段范围内,对照区草地的 MBD 明显大于 CO_2 泄漏胁迫下中间区与中心区草地 MBD,而与胁迫边缘区草地 MBD 差异较小。

随着 CO_2 泄漏胁迫程度增加,大豆冠层光谱 MBD 逐渐减小。从图 6-12(b)可见,在 680～740nm 波段,对照区大豆的 MBD 最大,边缘区大豆的 MBD 次之,中间区大豆 MBD 最小。

草地与大豆在 CO_2 泄漏胁迫下其具有相同的变化规律,即随着 CO_2 胁迫程度增加,在 680～740nm 范围内的 MBD 逐渐变小。这主要因为草地与大豆在 CO_2 泄漏胁迫下叶绿素含量降低、光合能力减弱造成的。

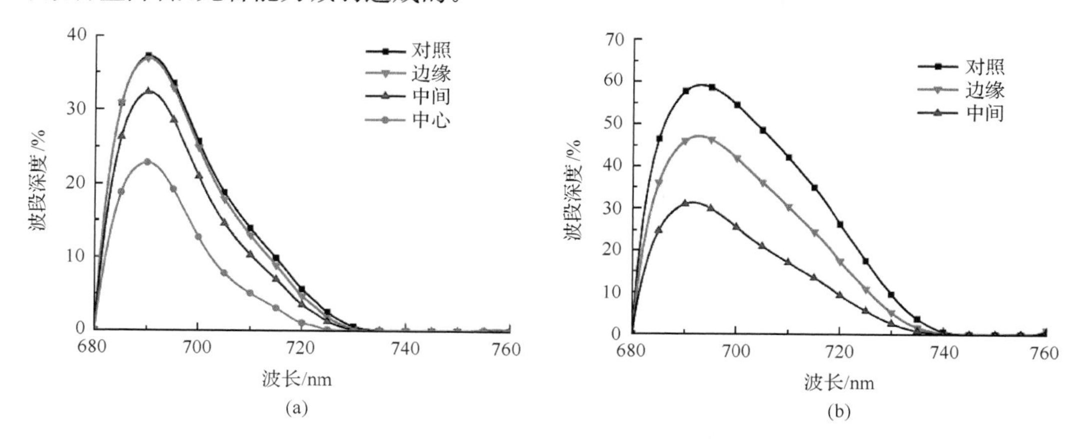

图 6-12　不同胁迫程度的植物冠层光谱的波段深度(彩图附后)

(a) 草地；(b) 大豆

6.5.3　整个试验期内草地与大豆不同胁迫程度下 HBW 变化规律

如图 6-13(a)所示，总体上，在不同生育期，不同胁迫程度下草地 HBW 的变化规律一致，即随着胁迫程度的增加，其冠层光谱的 HBW 逐渐减小，仅仅 7 月 25 日对照与边缘区域 HBW 不符合上述规律，主要是数据测量误差所导致。

如图 6-13(b)所示，在不同生长阶段，不同胁迫程度下大豆 HBW 的变化规律一致，即随着胁迫程度的增加，其冠层光谱的 HBW 逐渐减小，与草地具有相同的规律。

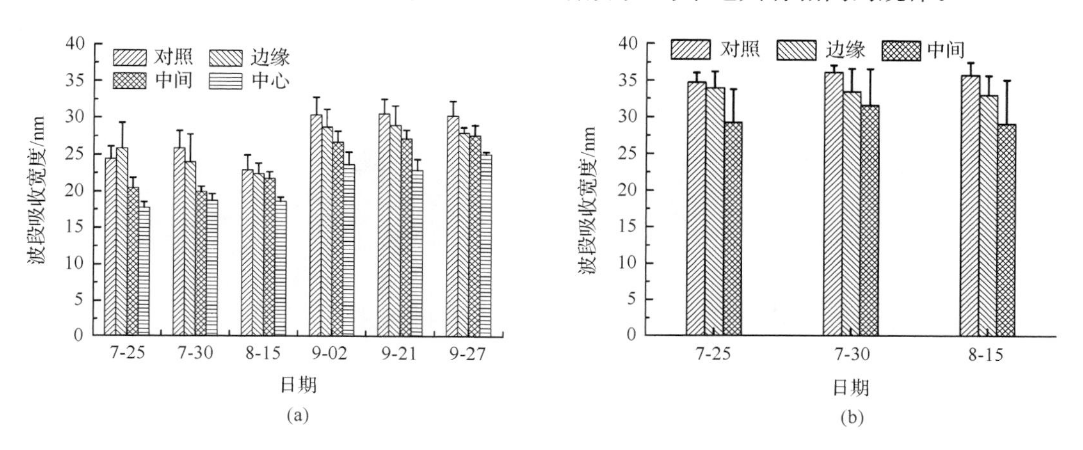

图 6-13　在实验期植被冠层光谱吸收波段宽度变化规律

(a) 草地；(b) 大豆

6.5.4　整个试验期内草地与大豆不同胁迫程度下 MBD 的变化分析

在整个试验期内，在同一生育期，随着胁迫程度增大草地冠层光谱 MBD 逐渐变小，

即 $MBD_{对照}>MBD_{边缘}>MBD_{中间}>MBD_{中心}$。如图 6-14(a)所示。同理，对于大豆，在整个试验期内 MBD 具有与草地相同的变化规律，如图 6-14(b)所示。

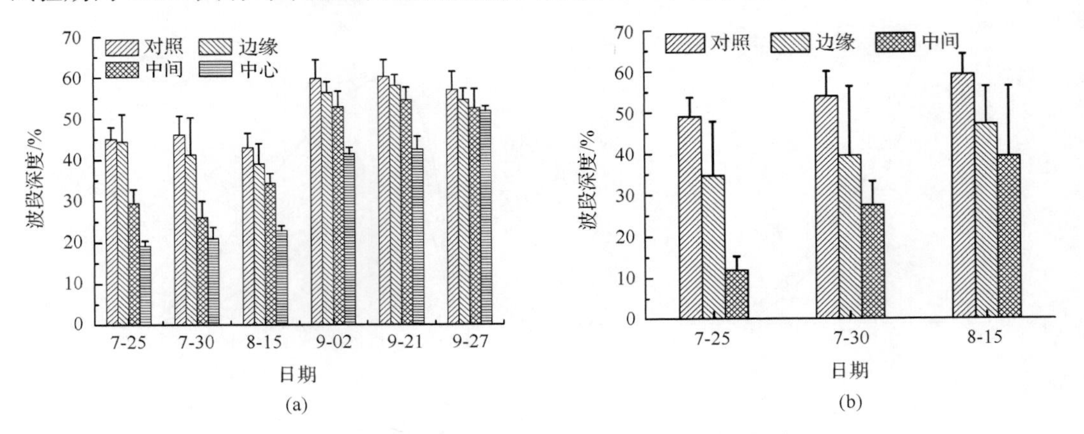

图 6-14　波段深度最大值在整个实验期变化规律

(a) 草地；(b)大豆

6.5.5　同一生育期不同位置草地与大豆 Area 指数的变化规律

在同一生育期，草地对照区 Area 指数值与 CO_2 泄漏胁迫区 Area 指数值具有明显差异。如图 6-15(a)所示，中心区与对照区 Area 指数值差异最大，其次是中间 1 与中间 2 区域，差异最小的为边缘 1 与边缘 2 区域。说明随着土壤中 CO_2 浓度增大，胁迫草地 Area 指数值有逐渐变小的趋势，即利用 Area 指数可以识别出对照与遭受 CO_2 泄漏胁迫的草地，且能够识别出不同程度胁迫的草地。

同样大豆对照区 Area 指数值与 CO_2 泄漏胁迫区 Area 指数值也具有明显的差异。如图 6-15(b)所示，中间 1 与中间 2 区与对照区 Area 指数值差异最大，其次是边缘 1 与边缘 2 区域。说明大豆与草地的面积指数 Area 值具有相同的特点与规律。

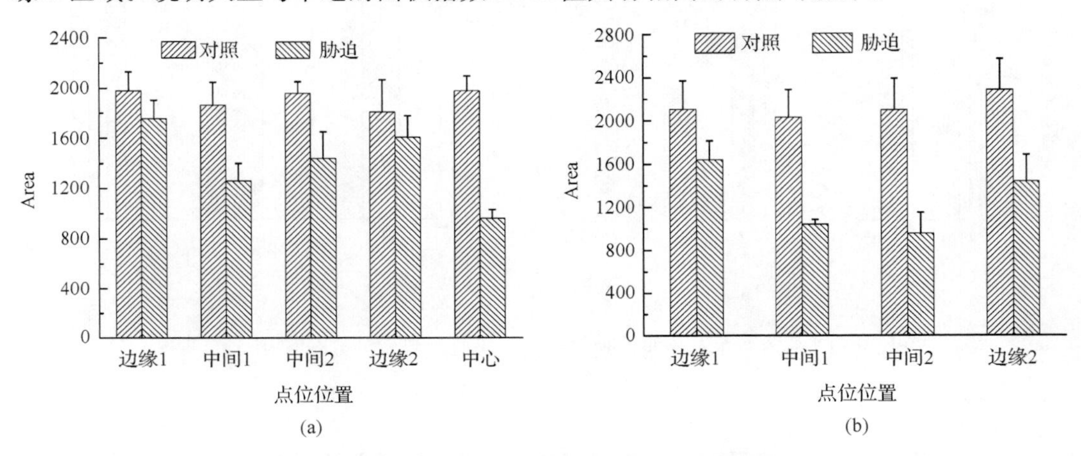

图 6-15　草地与大豆采样点剖面上面积指数

(a) 草地；(b) 大豆

6.5.6 在整个生育期指数 Area 识别 CO_2 泄漏胁迫下草地与大豆

如图 6-16(a)所示，总体上在整个生育期内 CO_2 泄漏胁迫草地的 Area 值变化趋势一致，具有相同的规律，$Area_{对照}>Area_{边缘}>Area_{中间}>Area_{中心}$，仅 7 月 25 日对照与边缘区域规律有异，主要是测量误差导致的。

如图 6-16(b)所示，遭受 CO_2 泄漏胁迫下大豆的指数 Area 值均小于对照区大豆的 Area 值，且其值始终保持 $Area_{对照}>Area_{边缘}>Area_{中间}$ 规律，此变化规律与草地一致。说明利用 Area 指数可以在整个生育期内均可以识别出遭受 CO_2 泄漏胁迫的植被。

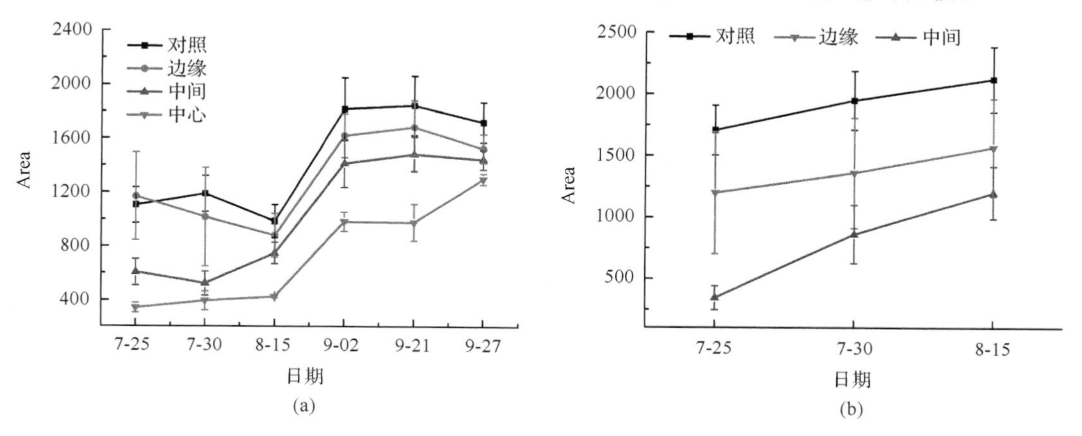

图 6-16 用面积指数识别 CO_2 泄漏胁迫下的草地与大豆(彩图附后)

(a) 草地；(b) 大豆

6.5.7 *J-M* 距离检验

尽管图 6-16 显示对照区域与 CO_2 泄漏胁迫区域的 Area 指数具有差异，但需要通过定量计算判定对照区域与 CO_2 泄漏胁迫区域的 Area 指数可分性。本书通过计算指数之间的 *J-M* 距离进行判定 Area 指数识别不同胁迫程度植被的能力。

从表 6-3 可以看到，所有指数之间的 *J-M* 距离都大于 1.8，所以指数 Area 能够很好地把 CO_2 泄漏胁迫下草地与大豆区分开。这个结果与图 6-16 结果一致。

根据野外试验数据，研究分析了地下封存的 CO_2 泄漏对草地与大豆的冠层光谱变化规律，得到以下一些结果：

(1) 在整个试验期内，草地在 680～730nm 波段范围内随着 CO_2 泄漏胁迫程度增大，波段深度逐渐减小；而大豆在 680～740nm 波段，对照区波段深度最大，边缘区次之，中间区最小。

(2) 由定性分析结果可以看出，随时间的变化，草地的指数 Area 值逐渐增大，对照区草地与胁迫区草地的指数 Area 在整个生育期内的变化趋势一致，且大豆的 Area 指数变化规律与草地一致。

(3) 由 *J-M* 距离定量分析结果可知，在整个试验期内，指数 Area 能够很好地识别出 CO_2 泄漏胁迫下中间区与中心区的草地，但对边缘区草地的识别能力不足(*J-M* 距离小于1.8)。但该指数也能在整个试验期内可靠、稳健地识别出对照区与胁迫区的大豆。

表 6-3　草地与大豆指数 Area 的 *J-M* 距离

植被种类	日期	状态	对照	边缘	中间	植被种类	日期	状态	对照	边缘	中间
草地	7-25	边缘	1.796			草地	7-30	边缘	2		
		中间	2	2				中间	2	2	
		中心	2	2	2			中心	2	2	2
	8-15	边缘	2				9-02	边缘	2		
		中间	2	2				中间	2	2	
		中心	2	2	2			中心	2	2	2
	9-21	边缘	2				9-27	边缘	2		
		中间	2	2				中间	2	2	
		中心	2	2	2			中心	2	2	2
大豆	7-25	边缘	2			大豆	7-30	边缘	2		
		中间	2	2				中间	2	2	
	8-15	边缘	2								
		中间	2	2							

6.6　利用单叶与冠层微分光谱识别 CO_2 泄漏胁迫大豆

6.6.1　数据来源及处理

1. 数据来源及光谱处理

采用测量大豆的单叶光谱数据与冠层光谱数据。对上述光谱数据进行平滑处理、连续统去除及一阶微分处理。单叶光谱采样点与冠层光谱测量点位置见图 5-25。

2. 生化参数测量

本实验测量了大豆叶片的叶绿素含量与相对含水量。在单叶光谱测量完毕后，即用 SPAD-502 测量大豆叶片的叶绿素含量，每个叶片测量 7～11 次取其均值作为最终值。随后利用电子天平测量叶片鲜重(FW)，所有叶片被放在烘箱中以 80℃温度连续烘干 24 小时，然后再称其干重(DW)，则相对含水量(RWC)利用式(6-7)计算：

$$\mathrm{RWC} = [(\mathrm{FW} - \mathrm{DW})/\mathrm{FW}] \times 100 \tag{6-7}$$

光谱数据与生化参数测量时间与内容见表 6-4。

表 6-4 光谱数据与生化参数测量表

日期	测量参数
2008-7-14	叶片 RWC,单叶光谱
2008-7-21	叶片 RWC、叶绿素含量,单叶光谱
2008-7-25	冠层光谱
2008-7-28	叶片 RWC、叶绿素含量,单叶光谱
2008-7-30	冠层光谱
2008-8-04	叶片 RWC、叶绿素含量,单叶光谱
2008-8-11	叶片 RWC、叶绿素含量,单叶光谱
2008-8-15	冠层光谱
2008-8-18	叶片 RWC、叶绿素含量,单叶光谱

6.6.2 土壤中 CO_2 浓度

土壤中 CO_2 浓度最高在中间区域,但在该区域土壤中 O_2 浓度则最低,表明在 CO_2 泄漏胁迫下土壤中 O_2 被 CO_2 所取代(Al-Traboulsi et al.,2012;Hoeks,1972;White,1997)。土壤中低 O_2 浓度会阻碍植被根部呼吸、影响植被营养吸收,则植被叶绿素含量、高度、生物量及其他生理生化参数都会受到影响。

地下储存的 CO_2 泄漏进入大气会提升大气中的 CO_2 浓度,但本书不考虑大气中 CO_2 浓度增加对植被造成的影响。Vodnik 等(2006)发现在土气界面 CO_2 浓度变化剧烈,在土壤中 20cm 深度内 CO_2 浓度达到 100%,但在土壤表明离地 10cm 范围内 CO_2 浓度仅为 0.5%。即从地下泄漏出来的 CO_2 对地表大豆的光合作用影响甚微。

6.6.3 大豆胁迫症状

随着可控的 CO_2 注入土壤,大豆在地表出现大约直径 100cm 的圆形,该范围内的叶片变黄了,这个区域也是土壤中 CO_2 浓度最高的区域。在胁迫发生 11 天后首次观察到大豆叶片轻微变黄,随着胁迫进行,大豆在土壤 CO_2 高浓度区变得早熟、落叶甚至枯死。但是在整个实验期内边缘区域没有出现明显的胁迫症状。在中间区域,大豆叶片出现轻微的变黄且在胁迫早期大豆植株变得矮小。

与 Smith 等(2004b)研究结果相比,中心区大豆在胁迫发生 7 天后就出现胁迫症状了,而 Smith 等(2004b)指出大麦与大豆在花盆中天然气泄漏胁迫 14~21 天后才出现明显的胁迫症状。Hoeks(1972)发现植被在天然气泄漏 1~3 个月后才出现明显胁迫症状。Smith 等(2005b)研究表明在不同胁迫发生 8~21 天后胁迫症状出现。而可见胁迫症状空间在 0.5~1m 圆形范围内,与其他研究人员(Scholenberger,1930;Smith et al.,2004a,2005)结果是一致的。

6.6.4 大豆叶片叶绿素含量与相对含水量

如图 6-17 所示,7 月 21 日,CO_2 注入 17 天后,在中间与中心区的大豆叶片叶绿素含量出现变化，其叶绿素含量比对照大豆叶绿素含量低。然而，对照与边缘区域的大豆叶绿素含量没有明显的变化。但7月28日后，边缘区域大豆叶绿素含量与对照区域大豆叶绿素含量相比逐渐变小。

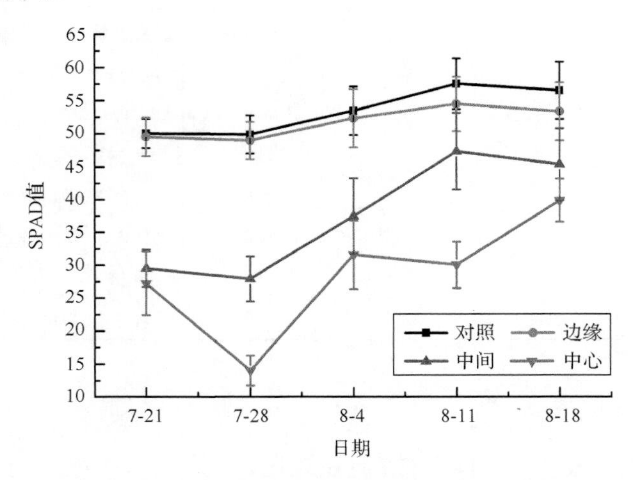

图 6-17　在 CO_2 泄漏胁迫下大豆叶片叶绿素含量变化图

从图6-17可见，7月28日后中心区大豆叶片叶绿素含量增加了，主要原因在于大豆已经逐渐适应了 CO_2 泄漏胁迫环境，生长状态慢慢从 CO_2 泄漏胁迫中恢复。Smith等(2004a)也发现具有类似的现象，其报告指出天然气泄漏仅仅能够在生长发育早期影响春小麦与大豆的生长，当小麦与大豆冠层长到一定程度后天然气泄漏将对其没有影响。本书中大豆也许在7月28日后发育完成了根系系统，其可以在土壤中 CO_2 浓度较低的区域进行营养与水分吸收。

图6-18表明在边缘、中间与对照区大豆叶片含水量没有明显差异。然而中心区域与对照区域的大豆含水量有明显差异。上述结果表明轻微的 CO_2 泄漏并能够导致大豆叶片含水量降低，这与Noomen等(2008)研究结果一致。如果土壤中 CO_2 浓度大于35%，

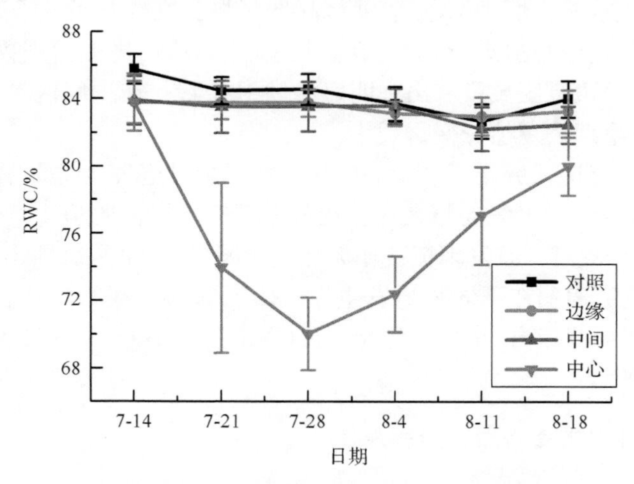

图 6-18　在 CO_2 泄漏胁迫下大豆叶片相对含水量变化图

则 CO_2 泄漏胁迫将会导致叶片含水量降低，这与 Noomen 和 Skidmore(2009)研究结果一致，当土壤中 CO_2 浓度大于 50%时叶片含水量降低了。

6.6.5 CO_2 泄漏胁迫下大豆连续统去除后光谱特征

1. 大豆单叶光谱特征

叶绿素含量的降低将会导致光谱反射率在可见光区域增加，而在近红外区域减小。很多研究发现多种植被在水浸、营养、重金属、病害及土壤缺氧胁迫作用下都具有上述特征(Anderson and Perry, 1996; Carter, 1993; Carter and Miller, 1994; Horler et al., 1983a; Milton et al., 1989; Smith et al., 2004a; Wooley, 1971; 蒋金豹等, 2007a)。

然而，大豆单叶光谱经过连续统去除方法处理后，随着土壤中 CO_2 浓度增加，光谱反射率在 400～680nm 增大，如图 6-19 所示。光谱反射率曲线在形状上基本一致，只是在大小上存在差异，最显著地差异在 550nm 处，但在近红外区域无明显差异。

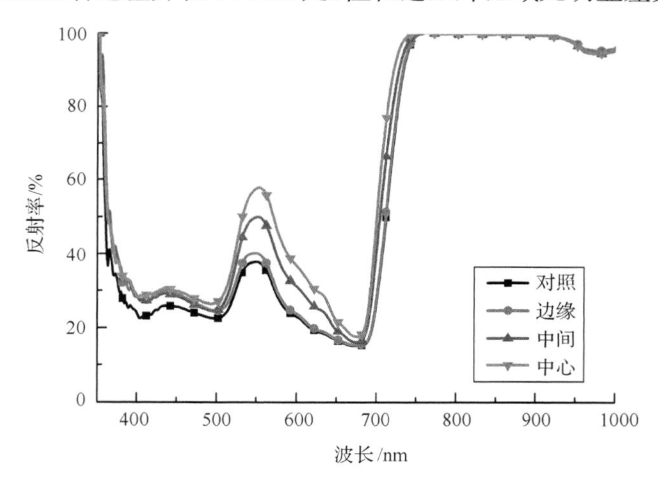

图 6-19 大豆连续统去除单叶光谱反射率(彩图附后)

2. 冠层光谱反射率

连续统去除后冠层光谱曲线如图 6-20 所示。冠层光谱曲线与单叶光谱曲线在形状上基本一致，仅在反射率大小上有差异。随着胁迫严重度增加，大豆冠层光谱反射率在可见光区域增加，而在近红外没有明显差异。

6.6.6 CO_2 泄漏胁迫下大豆连续统去除后一阶微分光谱分析

对于单叶一阶微分光谱，在 680～760nm 没有双峰，仅有一个主峰位于 700～730nm。图 6-21 显示在可见光区域的一阶微分光谱曲线。一阶微分光谱在对照与边缘区域没有明显的变化，即当土壤中 CO_2 浓度低于 15%时对大豆光谱的影响是微弱的。随着土壤中 CO_2 浓度增加，胁迫大豆的一阶微分光谱在 500～550nm 大于对照大豆的一阶微分光谱。此外，在 500～550nm 一阶微分光谱之和(sum of first derivative in green region, SD_g)也

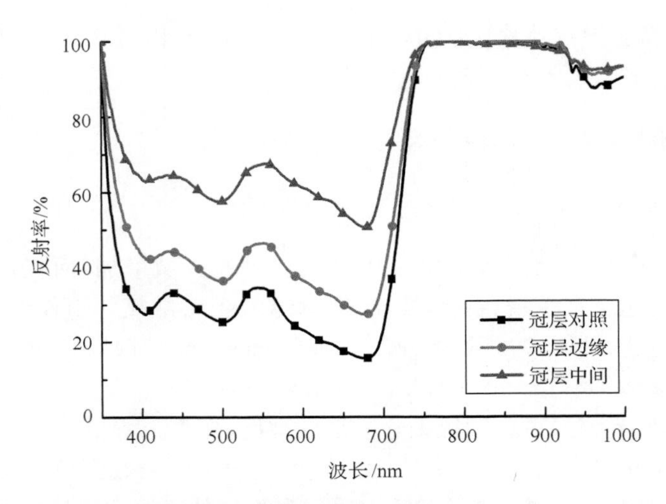

图 6-20　连续统去除后冠层光谱反射率(彩图附后)

将增大。随着土壤中 CO_2 浓度增大,一阶微分光谱在 680～760nm 没有明显变化,只是在红光区光谱曲线变得陡且窄。因此,在边缘、中间与中心区一阶微分光谱之和(sum of first derivative in red region,SD_r)将变小。

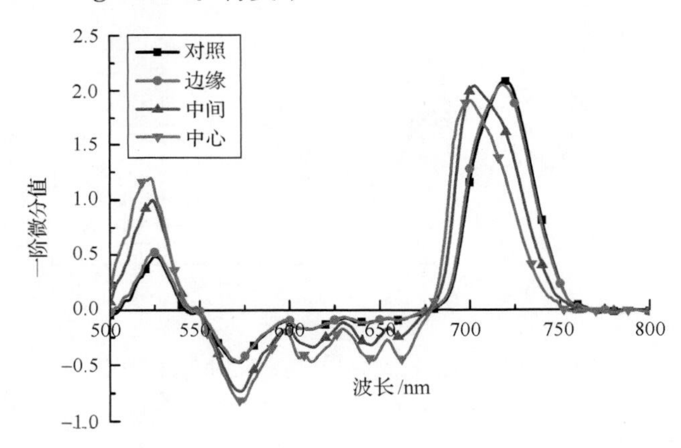

图 6-21　大豆单叶一阶微分光谱(彩图附后)

随着土壤 CO_2 浓度增加大豆一阶微分光谱红边位置向短波方向移动,对于冠层光谱也具有相同的现象,如图 6-22 所示。上述现象与其他学者(Noomen et al.,2008;Smith et al.,2005b)研究结果一致,其发现在天然气泄漏胁迫下大豆、玉米与大麦一阶微分光谱红边向蓝光波段移动。上述现象说明如果仅仅利用一阶微分光谱最大值或单波段信息监测 CO_2 泄漏点是不可靠的。

冠层一阶微分光谱在红边区域有双峰现象,如图 6-23 所示。该特征与 Smith 等(2004a)研究结果一致。随着土壤中 CO_2 浓度增加一阶微分光谱在红边区域逐渐降低,但在绿边区域是增大的。因此在红边区域胁迫大豆的一阶微分光谱之和也将小于对照大豆的一阶微分光谱之和,在绿边区域一阶微分光谱之和则大于对照大豆的一阶微分光谱之和。

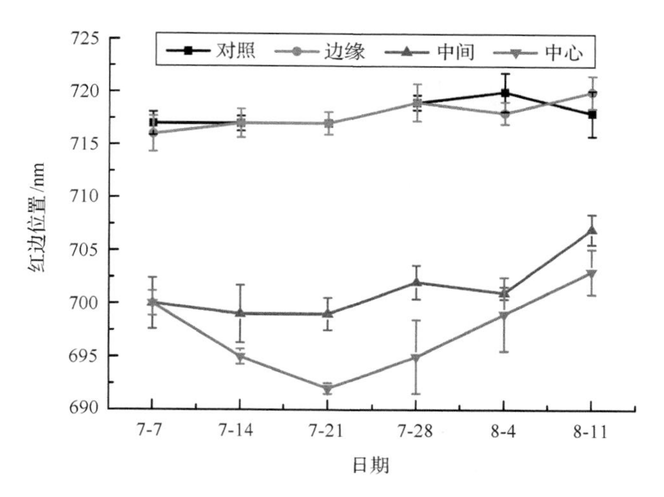

图 6-22 在整个生育期大豆叶片红边位置变化情况

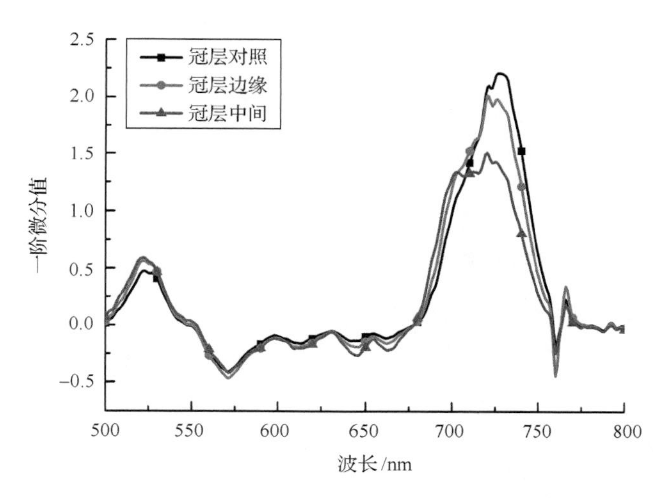

图 6-23 大豆冠层一阶微分光谱特征(彩图附后)

经过分析单叶与冠层一阶微分光谱特征发现,无论胁迫大豆的单叶还是冠层一阶微分光谱均在 500～550nm 区域增大,在 680～760nm 区域减小。Smith 等(2004a)曾成功利用 725nm 与 702nm 处一阶微分光谱比值识别天然气泄漏胁迫下植被,考虑到随着胁迫增大,红边位置向短波方向移动,因此仅仅利用单波段信息构建 CO_2 泄漏胁迫识别植被模型将是不可靠的且能力是不足的。然而,红边蓝移对于 SD_r 和 SD_g 值影响很小,因此,SD_r 和 SD_g 值在稳定性与可靠性方面优于单波段信息,如图 6-22 与图 6-23 所示。

6.6.7 指数 SD_r/SD_g 的识别能力

大豆冠层及单叶光谱特征分析结果表明,随着胁迫程度提高,SD_g 逐渐增大而 SD_r 逐渐减小,所以可以用指数 SD_r/SD_g 识别 CO_2 泄漏胁迫下的大豆。为了避免出现负值,在计算一阶微分之和时取其绝对值后再进行相加,计算方法见式(6-8):

$$SD_r/SD_g = \frac{\sum_{680}^{760} |D_i|}{\sum_{500}^{550} |D_i|} \tag{6-8}$$

式中，i 为波段；D_i为第 i 波段的一阶微分值。

单叶光谱的比值指数 SD_r/SD_g值在中间区域约下降 30%～40%，土壤中 CO_2 浓度 15%～35%；而在中心区域 SD_r/SD_g 值下降约 50%，其土壤中 CO_2 浓度大于 35%，如图 6-24 所示。

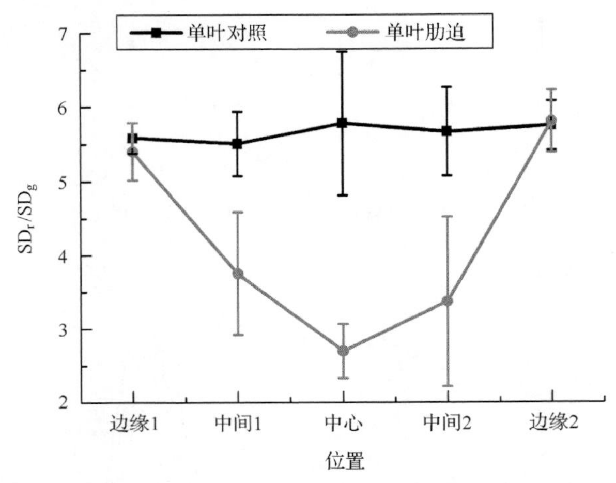

图 6-24 单叶比值指数 SD_r/SD_g在沿着对角线不同位置变化情况

CO_2 泄漏胁迫区中心区域的 SD_r/SD_g指数值小于对照区域的 SD_r/SD_g指数值，中间区域的 SD_r/SD_g指数值介于边缘区域与中心区域之间，然而边缘区域的 SD_r/SD_g指数值与对照区域的指数值没有明显差异。这表明在中间区域即使没有出现明显的胁迫症状，高光谱遥感仍旧可以探测其对植被的影响。

对于冠层光谱也具有同样的特征，中心区域 SD_r/SD_g指数值要比对照区指数值小约 60%，如图 6-25 所示。

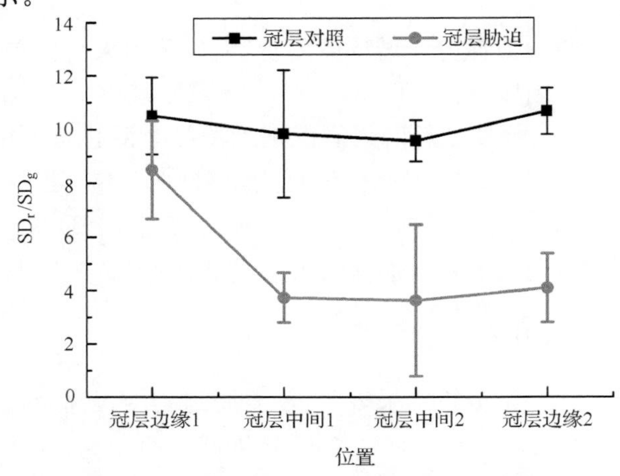

图 6-25 冠层光谱比值指数 SD_r/SD_g在沿着对角线不同位置变化情况

用单叶光谱计算的 SD_r/SD_g 指数在胁迫发生 11 天后能够识别出中间与中心区域的大豆，且该规律在整个生育期保持稳定，如图 6-26 所示。然而，该指数没有足够的能力在胁迫发生 25 天(7 月 28 日)内识别边缘区域大豆。

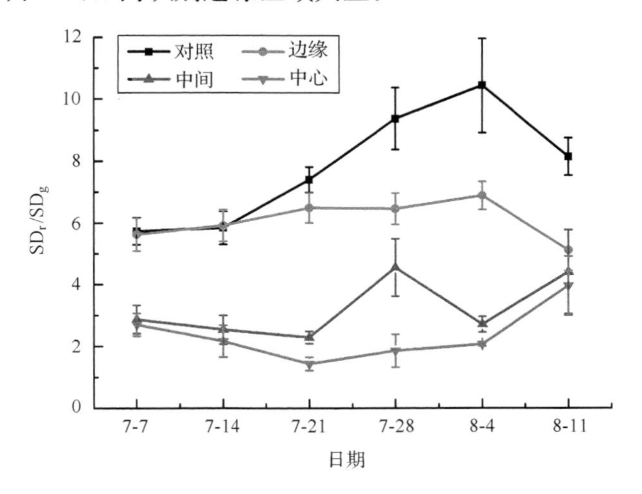

图 6-26　单叶光谱比值指数 SD_r/SD_g 识别 CO_2 泄漏胁迫大豆

同样，用冠层光谱计算的 SD_r/SD_g 指数在胁迫发生 22 天后能够识别出边缘与中间区域的大豆，且在整个生育期内该指数都能够完全区分 CO_2 泄漏胁迫的大豆，如图 6-27 所示。

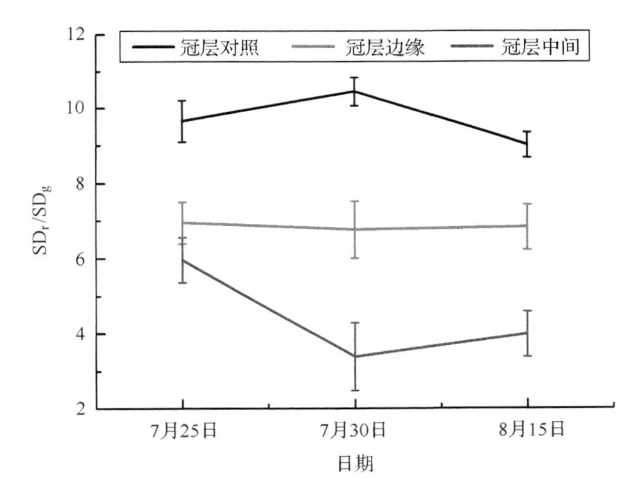

图 6-27　冠层光谱比值指数 SD_r/SD_g 识别 CO_2 泄漏胁迫大豆(彩图附后)

6.6.8　SD_r/SD_g 指数与 SPAD 值之间的关系

随着土壤中 CO_2 浓度提升大豆叶片叶绿素含量降低了。大豆单叶与冠层光谱的一阶微分值在 500～550nm 与 680～760nm 出现明显变化(图 6-22、图 6-23)。SD_r/SD_g 指数值可以较好地反演叶绿素含量，结果如图 6-28 所示($R^2=0.5687$，$N=197$)。

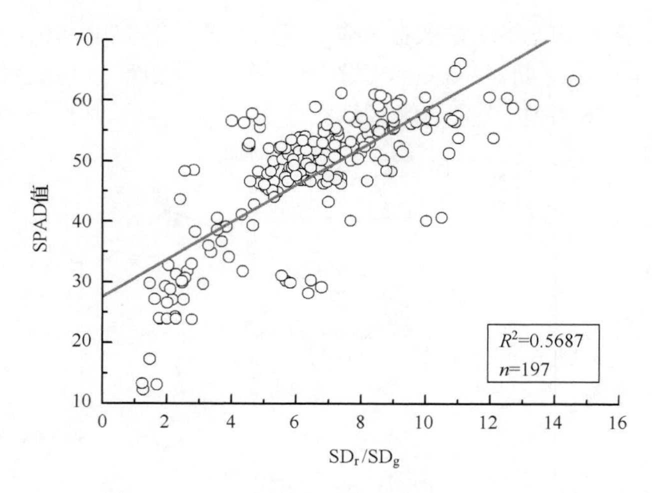

图 6-28　SD_r/SD_g 与 SPAD 值之间的关系

通过以上研究表明，单叶光谱 SD_r/SD_g 指数能够在胁迫发生 11 天后就可以识别出 CO_2 泄漏胁迫大豆，冠层光谱 SD_r/SD_g 指数也能够在 22 天后识别出 CO_2 泄漏胁迫大豆，且该规律一直保持到实验结束。因此，该指数能够敏感且有能力区分出 CO_2 泄漏胁迫与未胁迫大豆。

在野外探测时，如果指数值与周围植被指数值出现变小的现象，则该区域有可能出现 CO_2 泄漏。因此，如果在 CO_2 储存区 SD_r/SD_g 指数出现异常，可以认为该区域为疑似泄漏区，我们可以结合地质图、地形图及土壤质量图，然后派工作人员去疑似区实地探查是否是泄漏点。因此，可以首先通过高光谱遥感大面积探查 CO_2 疑似泄漏点，然后委派调查人员实地查看疑似泄漏点，可以大大提高工作效率。

第7章　模拟地下储存 CO_2 泄漏对地表生态环境影响的控制实验方法

随着全球气候变暖的不断加剧，人们逐渐认识到过量排放温室气体 CO_2 会引起气候变化。由于人类大规模使用化石燃料，大气中 CO_2 的浓度从工业革命前 280ppm 逐步上升到现在的 384ppm，每年平均升幅达到 1.9%。为了减缓全球气候变暖的速度，科学家提议采用 CCS(carbon capture and storage)技术把工厂、电厂等排放的 CO_2 气体进行捕捉、液化后储存到地下，以减少排放到大气中的 CO_2 量。但是把 CO_2 封存在地下具有泄漏的风险，CO_2 通过裂缝、地质断层、埋藏井等泄漏进入地表土壤层，会对地表的土壤、植被、生态、环境造成影响。CO_2 泄漏究竟会对地表土壤、植被、生态、环境造成什么程度的影响，需要进行模拟实验研究。本方法可以人工控制模拟地下封存的 CO_2 气体泄漏速率、测量地表土壤中 CO_2 气体的浓度、了解 CO_2 泄漏在土壤中的传播规律，以及其立体空间分布、评估对地表土壤环境、植被的影响等。

7.1　实验方案设计原理

为了模拟研究地下储存的 CO_2 气体微泄漏对地表植被生态环境的影响，需要设计一个人工可控的实验装置与方法。主要包括以下部分：①温室气体(CO_2)储存系统；②计算机远程控制系统；③气体管道连接及实验场布设方法；④实验田块布置方法；⑤土壤中 CO_2 浓度测量方法等方面组成。实验原理图见图 7-1。

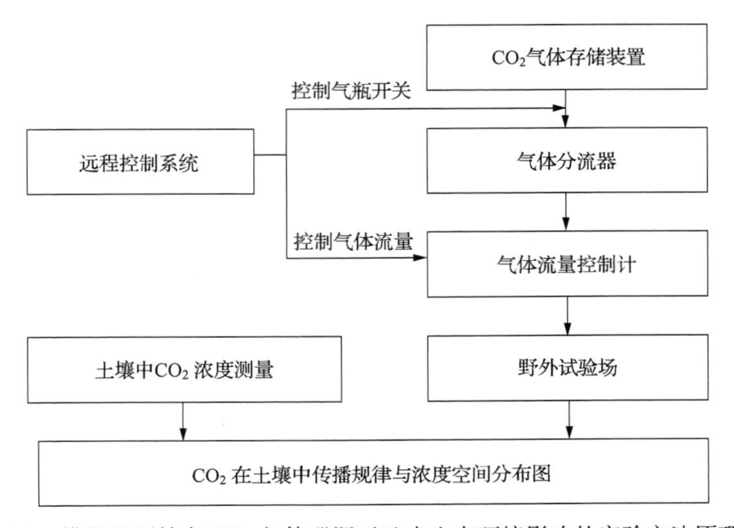

图 7-1　模拟地下储存 CO_2 气体泄漏对地表生态环境影响的实验方法原理图

实验系统应该满足的要求包括：

(1) CO_2 气体存储装置设计，每天 24 小时可以不间断供气；

(2) 气体流量计算机控制系统，可以通过远程计算机系统人工控制 CO_2 气体的流量，便于模拟 CO_2 在不同泄漏强度下对地表生态环境的影响；

(3) 管道布设方法，设计了 CO_2 气体管道埋设深度以及管道泄漏口形状，可以使 CO_2 气体泄漏进入土壤在 360°空间范围内分布状态基本一致；

(4) 地表实验田块布局方法，结合 CO_2 气体流量、管道泄漏口深度，在满足相邻田块互不干扰的条件下设计了地表实验田块的布局方案；

(5) 地表土壤中 CO_2 浓度测量方法。本方法可以测量实验田块不同位置、不同深度的 CO_2 浓度。

7.2 实验方案设计

7.2.1 温室气体(CO_2)储存系统设计

为了确保每天 24 小时不间断供气的要求，CO_2 存储气瓶采用双瓶设计，每个高压气瓶容量为 300～500L，两个气瓶采用并联方式进行连接。通过远程控制气瓶连接管道开关，首先开启其中一个气瓶的开关，使用一个存储气瓶的 CO_2 浓度气体，当该瓶 CO_2 气体即将用完(气压小于 1.2 倍大气压)，自动开启另外一个气瓶开关，无 CO_2 的气瓶开关自动关闭，该方法可使泄漏实验 24 小时不间断，且空气瓶可以再次灌装 CO_2 气体。

7.2.2 计算机远程控制系统

本系统主要完成两个方面的工作：一是监测 CO_2 气体瓶中的气体压力并控制开关切换；二是控制每根通气管道的气体流量。

为了使 CO_2 气体的泄漏速率保持不变，当 CO_2 储存罐中气压小于 1.2 倍标准气压时，电子开关自动切换气源。

通往实验地块的每根气体管道都装有独立的气体流量控制器，通过远程计算机系统控制，确保使每个气体流量控制器输出的 CO_2 速率与实验设计一致。

7.2.3 气体管道连接及实验场布设方法

CO_2 由液态转化为气体时要吸收大量热量，为避免管道损伤，气瓶与气体分流管道之间的连接管采用外径 10～12mm 的铜质无缝管道，气体开关同样采用铜质开关；气体分流管道与气体流量控制器之间采用外径 6～8mm 的铜质无缝管道，从气体流量控制器引出的管道仍旧采用铜质管道(约 2m 长)，再接不锈钢钢管(外径 8mm)一直连接到实验地块边缘，进入地下部分则为外径 16mm 的 PVC 管道。

PVC 管道埋入地下有两种方法。

一种是从实验地块的一侧斜着插入地下，深度根据实验设计目的设定，如在英国诺丁汉大学开展的实验，即从离实验田块北边缘 60cm 处斜着插入地下，泄漏口位于实验田块中心点处且离地面 60cm(图 7-2)。

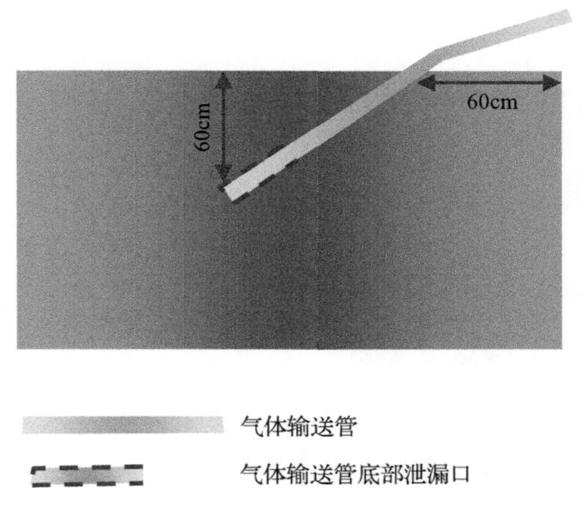

图 7-2　输气管道斜插入实验田块示意图

另外一种方法是 PVC 管道水平埋入离地面 70cm 深处，在实验田块中心点通过直角弯管使管道口垂直向上，管道口离地面 60cm。管道口用橡皮塞封上，在离管口 1cm 处周围均匀钻 6 个直径约为 5mm 的泄漏孔，泄漏孔的轴线与垂直向上方向的夹角为 30°，见图 7-3(a)，然后用塑料纱布把管道口及泄漏孔包裹起来，防止土壤颗粒通过泄漏孔进入管道，见图 7-3(b)。

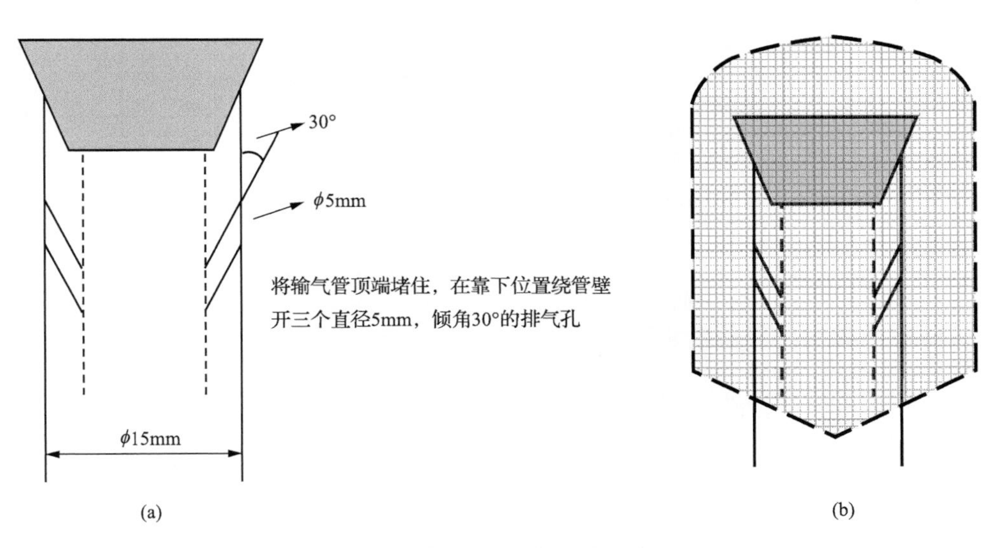

图 7-3　CO_2 管道泄漏口设计图、防堵塞装置设计图

(a) CO_2 管道泄漏口设计图；(b) CO_2 管道泄漏口防堵塞装置设计图

7.2.4 实验田块布置方法

为了避免测量误差以及外界不确定因素的影响，实验需要重复进行，具体根据实验方案设计重复实验田块的个数。为了尽量确保田块边缘土壤中 CO_2 浓度低于 10%，甚至小于 5%，田块设计为边长为 2.5～3m 的正方形实验小区；实验小区与小区之间的间隔为 1m，见图 7-4。距离 CO_2 泄漏区 5m 的地方布置同样数量、规格、布局的实验小区，作对照实验使用。对照小区与胁迫小区也可以间隔布设，如图 5-1 所示。

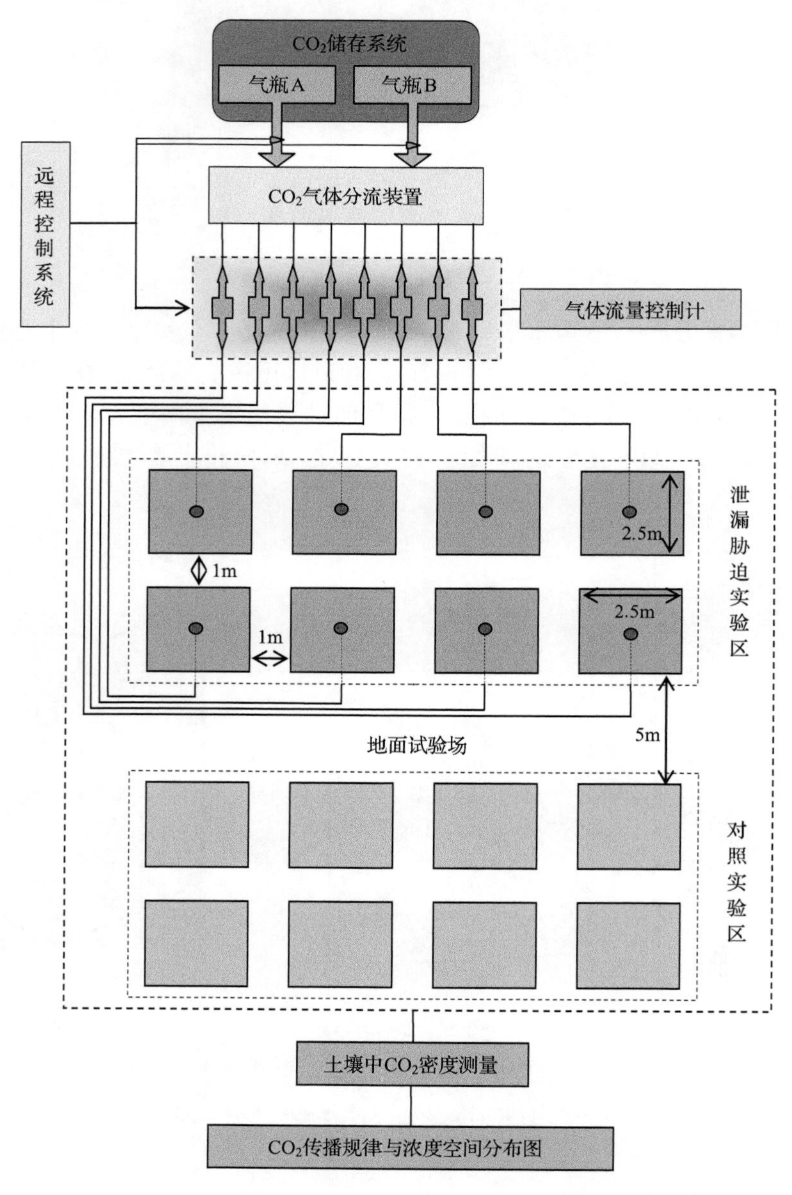

图 7-4 实验装置、管线与场地布局图(彩图附后)

7.2.5 土壤中 CO_2 浓度测量方法

为了测量不同区域、不同土壤深度 CO_2 气体的浓度(图 7-5),设计了土壤中 CO_2 气体的测量方法。

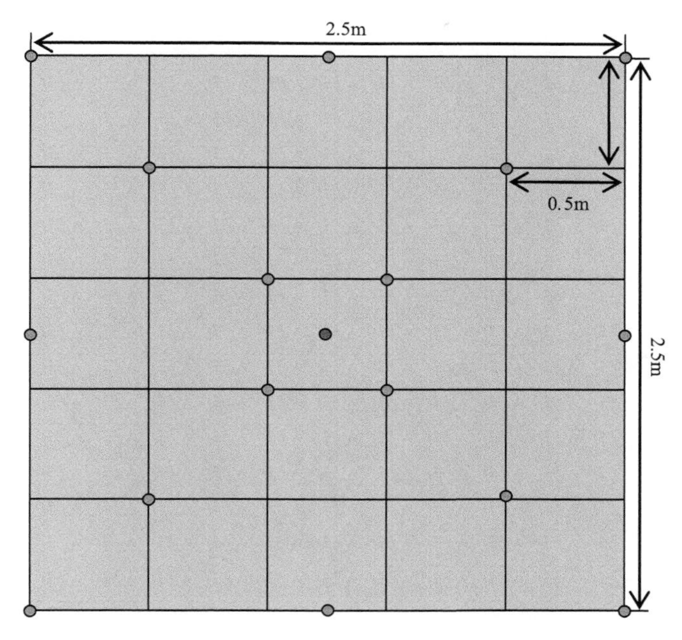

图 7-5 实验田块 CO_2 泄漏点与土壤气体浓度测量点分布图(彩图附后)

● 蓝色为地面测量点; ● 红色为地下 CO_2 泄漏点

土壤中 CO_2 浓度测量方法设计:把一定长度的硬质橡胶管(外径 10mm、内径 8mm)的底部用软橡胶塞严密封上,在离底部 15cm 的距离内在硬橡胶管周围均匀钻 10~12 个 5mm 小孔(气体交换孔),以便使管道内外气体进行自由交换。为了防止土壤颗粒堵住气体交换孔,在管道打孔部分的内部铺上窗纱,这样土壤中气体与管道中气体可以自由交换,从而达到含量一致。硬质橡胶管顶端同样采用软橡胶塞封堵,通过软橡胶塞插入一个具有开关系统的连接器,平时开关是关闭的,在测量管道内气体含量时开关打开。测量气体的仪器(气体成分分析仪)与连接器进行连接,打开管道开关,就可以测量出管道内气体的各成分含量,测量完毕,关闭开关。

管道根据要测量土壤深度确定其长度,为方便测量地面以上部分保留 80cm 为宜,可以通过土钻打孔的方法把管道插入需要测量的深度,然后再把土壤压实(图 7-6)。

测量每个田块不同位置、不同深度土壤中的 CO_2 浓度,重复设置区的同一位置、同一深度测量结果取均值,然后通过差分方法,绘制出不同深度土壤中 CO_2 浓度分布图。

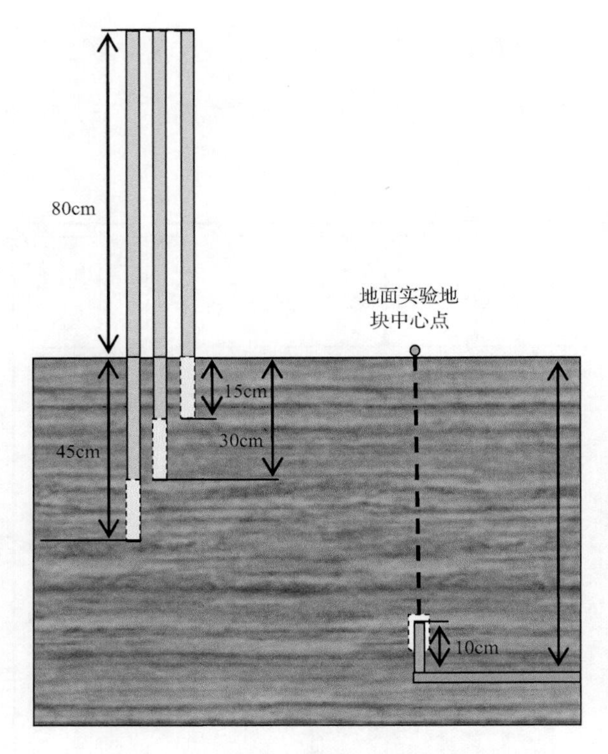

图 7-6　CO_2 浓度测量管道装置设计图

7.3　利用空间差分技术绘制土壤中 CO_2 浓度分布图

通过实测不同位置不同深度的土壤中土壤中 CO_2 的浓度，取相同位置相同深度的测量值的均值作为该点该深度土壤 CO_2 浓度，利用差分技术可以绘制不同深度土壤中 CO_2 浓度空间分布图；再结合不同深度土壤中 CO_2 浓度数据，可以绘制不同点位土壤中 CO_2 浓度立体空间分布图。

CO_2 气体泄漏进入土壤会影响土壤中 O_2 含量，随着 CO_2 浓度增大，土壤中 O_2 含量逐渐减小，从而抑制植被的呼吸作用，导致植被养分合成与吸收出现困难，间接影响植被的生长发育。当地表土壤中 CO_2 浓度大于 35％时，地表植被会有显著的反应，地表植被在该区域甚至会出现枯死现象；当土壤中 CO_2 浓度为 15％～35％时，植被会有一定的反应，但肉眼直观特征不显著，但光谱特征、生化参数会发生变化；当土壤中 CO_2 浓度为小于 15％时，肉眼基本上观察不出地表植被的变化，但光谱、生化参数会发生轻微变化。由于实验田块间隔为 1m，实验田块之间的相互影响甚微。

CO_2 通气管道通过北边缘斜着插入土壤中，CO_2 以 1L/min 泄漏速率泄漏进入土壤，其在 15～30cm 深度土壤中 CO_2 浓度空间分布如图 7-7 所示。其 O_2 浓度如图 7-8 所示。从图 7-7 可见，土壤中 CO_2 浓度越高，则 O_2 浓度越低。

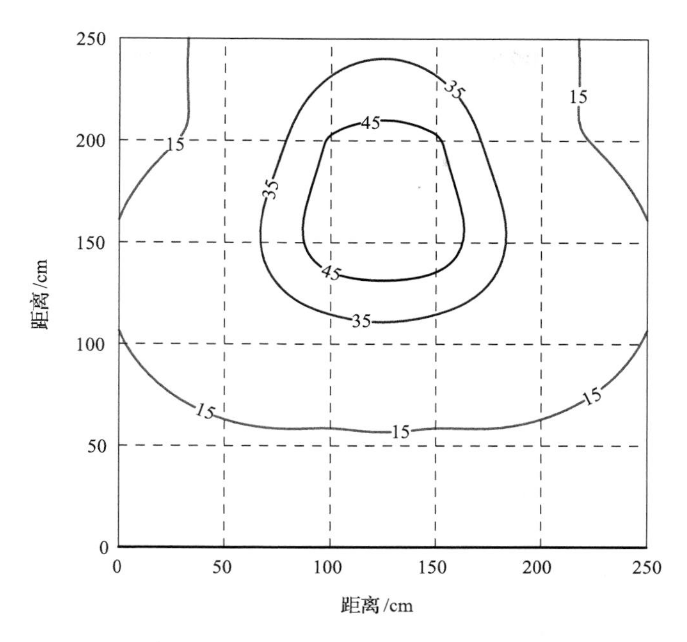

图 7-7　实验田块 15～30cm 深度土壤 CO_2 浓度分布图

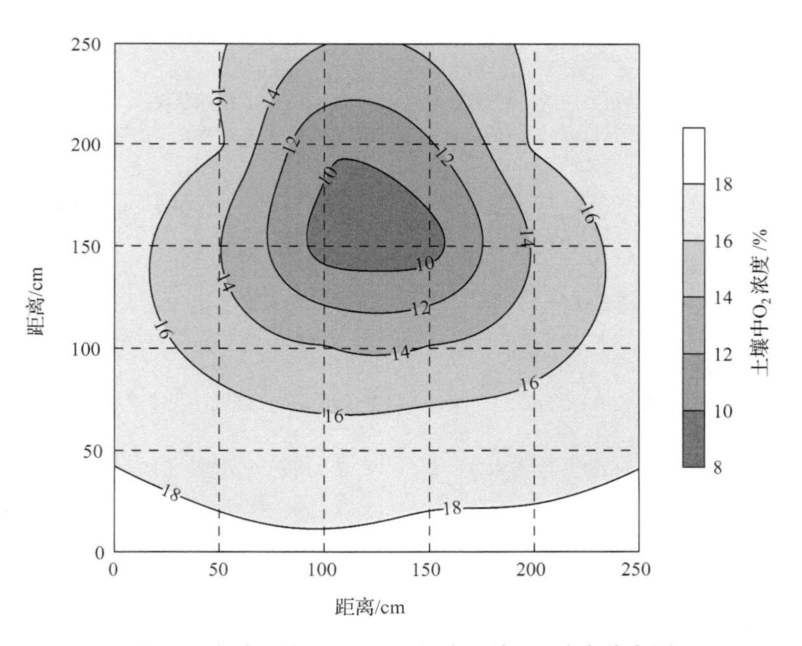

图 7-8　实验田块 15～30cm 深度土壤 O_2 浓度分布图

参 考 文 献

陈述彭，童庆禧，郭华东. 1998. 遥感信息机理研究. 北京：科学出版社.

陈莹，尹义星，陈兴伟. 2011. 19 世纪末以来中国洪涝灾害变化及影响因素研究. 自然资源学报，26(12)：2110～2119.

陈云浩，蒋金豹，Michael D S，宫阿都，李一凡. 2012. 地下储存 CO_2 泄漏胁迫下地表植被光谱变化特征及识别研究. 光谱学与光谱分析，32(7)：1882～1885.

陈云浩，蒋金豹，黄文江，王圆圆. 2009. 主成分分析法与植被指数经验方法估测冬小麦条锈病严重度的对比研究. 光谱学与光谱分析，29(8)：2161～2165.

承继成. 2004. 精准农业技术与应用. 北京：科学出版社.

丁丽霞，王志辉，葛宏立. 2010. 基于包络线法的不同树种叶片高光谱特征分析. 浙江农林大学学报，27(6)：809～814.

冯伟，王晓宇，宋晓，贺利，王晨阳，郭天财. 2013. 白粉病胁迫下小麦冠层叶绿素密度的高光谱估测. 农业工程学报，29(13)：114～123.

冯伟，姚霞，朱艳，田永超，曹卫星. 2008a. 基于高光谱遥感的小麦叶片含氮量监测模型研究. 麦类作物学报，28(5)：851～860.

冯伟，朱艳，田永超，曹卫星，姚霞，李映雪. 2008b. 基于高光谱遥感的小麦叶片氮积累量. 生态学报，28(1)：24～32.

冯伟，朱艳，田永超，马吉锋，庄森，曹卫星. 2008c. 基于高光谱遥感的小麦冠层叶片色素密度监测. 生态学报，28(10)：4902～4911.

冯伟，朱艳，姚霞，田永超，郭天财，曹卫星. 2009. 利用红边特征参数监测小麦叶片氮素积累状况. 农业工程学报，25(11)：194～201.

谷艳芳，丁圣彦，陈海生，高志英，邢倩. 2008. 干旱胁迫下冬小麦(Triticum aestivum)高光谱特征和生理生态响应. 生态学报，28(6)：2690～2697.

关丽，刘湘南. 2009. 镉污染胁迫下水稻生理生态表征高光谱识别模型. 生态环境学报，18(2)：488～493.

何正友，陈小勤. 2006. 基于多尺度能量统计和小波能量熵测度的电力暂态信号识别方法. 中国电机工程学报，26(10)：33～39.

胡田田，康绍忠. 2005. 植物淹水胁迫响应的研究进展. 福建农林大学学报：自然科学版，34(1)：18～24.

黄春燕，王登伟，闫洁，张煜星，曹连莆，程诚. 2007. 棉花叶绿素密度和叶片氮积累量的高光谱监测研究. 作物学报，33(6)：931～936.

黄凤岗，宋克欧，秦嘉奇. 1996. 基于离散马尔可夫模型的三维运动目标识别. 模式识别与人工智能，9(1)：91～95.

黄建晔，董桂春，杨洪建，王余龙，朱建国，杨连新，单玉华. 2003. 开放式空气 CO_2 增高对水稻物质生产与分配的影响. 应用生态学报，14(2)：253～257.

黄木易. 2003. 冬小麦条锈病害的高光谱遥感监测. 安徽农业大学硕士学位论文.

黄木易，黄文江，刘良云，黄义德，王纪华，赵春江，万安民. 2004. 冬小麦条锈病单叶光谱特性及严重度反演. 农业工程学报，20(1)：176～180.

黄木易，王纪华，黄文江，黄义德，赵春江，万安民. 2003. 冬小麦条锈病的光谱特征及遥感监测. 农业工程学报，19(6)：154～158.

黄文江，赵春江，王纪华，王锦地，马智宏. 2004. 红边参数在作物营养诊断和品质预报上的应用. 农业工程学报，20(6)：1～5.

吉海彦，王鹏新，严泰来. 2007. 冬小麦活体叶片叶绿素和水分含量与反射光谱的模型建立. 光谱学与光谱分析，27(3)：514～516.

贾海峰，刘雪华. 2006. 环境遥感原理与应用. 北京：清华大学出版社.

姜安，彭江涛，王怀松，彭思龙，谢启伟. 2012. 基于连续小波变换的 FTIR 光谱拟合算法. 光谱学与光谱分析，32(9)：2385～2388.

蒋金豹. 2009. 胁迫条件下的植物高光谱遥感实验研究——以条锈病、CO_2 泄漏、水浸胁迫为例. 北京师范大学博士学位论文.

蒋金豹，Michael D S，何汝艳，蔡庆空. 2013a. 水浸胁迫下植被高光谱遥感识别模型对比分析. 光谱学与光谱分析，33(11)：3106～3110.

蒋金豹,Michael D S,何汝艳,蔡庆空,陈云浩,徐谨.2013b.利用大豆光谱特征判定地下封存 CO_2 泄漏.农业工程学报,29(12):163～169.

蒋金豹,陈云浩,黄文江.2010.利用高光谱红边与黄边位置距离识别小麦条锈病.光谱学与光谱分析,30(6):1614～1618.

蒋金豹,陈云浩,黄文江.2007a.病害胁迫下冬小麦冠层叶片色素含量高光谱遥感估测研究.光谱学与光谱分析,27(7):1363～1367.

蒋金豹,陈云浩,黄文江.2007b.冬小麦条锈病严重度高光谱遥感反演模型研究.南京农业大学学报,30(3):63～67.

蒋金豹,陈云浩,黄文江.2007c.利用高光谱微分指数进行冬小麦条锈病病情的诊断研究.光学技术,33(4):620～623.

蒋金豹,陈云浩,黄文江.2007d.用高光谱微分指数监测冬小麦病害的研究.光谱学与光谱分析,27(12):2475～2479.

蒋金豹,陈云浩,黄文江,李京.2008.条锈病胁迫下冬小麦冠层叶片氮素含量的高光谱估测模型研究.农业工程学报,24(1):35～39.

蒋金豹,李一凡,郭海强,刘益青,陈云浩.2012.不同病害胁迫下大豆的光谱特征及识别研究.光谱学与光谱分析,32(10):2775～2779.

竞霞,王纪华,宋晓宇,徐新刚,陈兵,黄文江.2010.棉花黄萎病病情严重度的连续统去除估测法.农业工程学报,26(1):193～198.

李凤秀,张柏,宋开山,王宗明,刘焕军,杨飞.2008.基于垂直植被指数的东北黑土区玉米LAI反演模型研究.干旱地区农业研究,26(3):33～38.

李光博,曾士迈,李振歧.1989.小麦病虫草鼠害综合治理.北京:中国农业科技出版社.

李映雪,朱艳,田永超,姚霞,秦晓东,曹卫星.2006.小麦叶片氮含量与冠层反射光谱指数的定量关系.作物学报,32(3):358～362.

梁亮,杨敏华,张连蓬,林卉,周兴东.2012.基于SVR算法的小麦冠层叶绿素含量高光谱反演.农业工程学报,28(20):162～171.

廖钦洪,顾晓鹤,李存军,陈立平,黄文江,杜世州,付元元,王纪华.2013.基于连续小波变换的潮土有机质含量高光谱估算.农业工程学报,28(23):132～139.

刘宏斌,张云贵,李志宏,张彩月,胡德永.2004.光谱技术在冬小麦氮素营养诊断中的应用研究.中国农业科学,37(11):1743～1748.

刘良云,黄木易,黄文江,王纪华,赵春江,郑兰芬,童庆禧.2004.利用多时相的光谱航空图像监测冬小麦条锈病.遥感学报,8(3):275～281.

刘顺忠.2005.数理统计理论、方法、应用和软件计算.武汉:华中科技大学出版社.

刘占宇.2008.水稻主要病虫害胁迫遥感监测研究.浙江大学博士学位论文.

刘占宇,黄敬峰,王福民,王渊.2008.估算水稻叶面积指数的调节型归一化植被指数.中国农业科学,41(10):3350～3356.

路威.2005.面向目标探测的高光谱影像特征提取与分类技术研究.中国人民解放军信息工程大学博士学位论文.

梅安新.2001.遥感导论.北京:高等教育出版社.

孟卓强,胡春胜,程一松.2007.高光谱数据与冬小麦叶绿素密度的相关性研究.干旱地区农业研究,25(6):74～79.

牛铮,陈永华,隋洪智,张庆员,赵春江.2000.叶片化学组分成像光谱遥感探测机理分析.遥感学报,4(2):125～129.

农业部.2006.农业部关于印发《小麦条锈病中长期治理指导意见》的通知.http://www.lawyee.net/act/act_display.asp? rid=459369.2006-11-03.

浦瑞良,宫鹏.2000.高光谱遥感及其应用.北京:高等教育出版社.

宋开山,张柏,王宗明,刘殿伟,刘焕军,杨飞.2007.基于小波分析的大豆叶面积高光谱反演.生态学杂志,26(10):1690～1696.

孙红进.2010.Haar小波在图像多尺度分解与重构中的应用.煤炭技术,29(11):157～159.

孙雪梅,周启发,何秋霞.2005.利用高光谱参数预测水稻叶片叶绿素和籽粒蛋白质含量.作物学报,31(7):844～850.

谭昌伟,郭文善,朱新开,李春燕,王纪华.2008.不同条件下夏玉米冠层反射光谱响应特性的研究.农业工程学报,24(9):131～135.

唐延林，王纪华，黄敬峰，王人潮，何秋霞. 2003. 水稻成熟过程中高光谱与叶绿素、类胡萝卜素的变化规律研究. 农业工程学报，19(6)：167～173.

唐延林，王人潮，黄敬峰，孔维姝，程乾. 2004. 不同供氮水平下水稻高光谱及其红边特征研究. 遥感学报，8(2)：185～192.

田永超，朱艳，曹卫星，戴廷波. 2004. 小麦冠层反射光谱与植株水分状况的关系. 应用生态学报，15(11)：2072～2076.

田铮，林伟. 2008，投影寻踪方法与应用. 西安：西北工业大学出版社.

童庆禧，田国良. 1990. 中国典型地物波谱及其特征分析. 北京：科学出版社.

童庆禧，张兵，郑兰芬. 2006a. 高光谱遥感的多学科应用. 北京：电子工业出版社.

童庆禧，张兵，郑兰芬. 2006b. 高光谱遥感——原理、技术与应用. 北京：高等教育出版社.

万安民. 2000. 小麦条锈病的发生状况和研究现状. 世界农业，5：39～40.

王登伟，黄春燕，张伟，马勤建，赵鹏举. 2008. 高光谱数据与棉花叶绿素含量和叶绿素密度的相关分析. 棉花学报，20(5)：368～371.

王纪华，赵春江，郭晓维，黄文江，田庆久. 2000. 利用遥感方法诊断小麦叶片含水量的研究. 华北农学报，15(4)：68～72.

王纪华，赵春江，郭晓维，田庆久. 2001. 用光谱反射率诊断小麦叶片水分状况的研究. 中国农业科学，34(1)：104～107.

王纪华，赵春江，黄文江. 2008. 农业定量遥感基础与应用. 北京：科学出版社.

王莉雯，卫亚星. 2013. 植被氮素浓度高光谱遥感反演研究进展. 光谱学与光谱分析，33(10)：2823～2827.

王人潮，陈铭臻，蒋亨显. 1993. 水稻遥感估产的农学机理研究——Ⅰ. 不同氮素水平的水稻光谱特征及其敏感波段的选择. 浙江农业大学学报，19(增刊)：7～14.

王秀珍，黄敬峰，李云梅，王人潮. 2004. 水稻叶面积指数的高光谱遥感估算模型. 遥感学报，8(1)：81～88.

吴长山，项月琴，郑兰芬，童庆禧. 2000. 利用高光谱数据对作物群体叶绿素密度估算的研究. 遥感学报，4(3)：228～232.

吴孟书，吴喜之. 2008. 基于遗传算法的投影寻踪聚类. 统计与信息论坛，23(3)：19～22.

熊鹰，刘波，岳跃民. 2013. 基于 ASD 和 FISS 的植被叶片氮素含量反演研究. 生态环境学报，22(4)：582～587.

薛利红，曹卫星，罗卫红，张宪. 2004. 小麦叶片氮素状况与光谱特性的相关研究植物. 生态学报，28(2)：172～177.

薛利红，杨林章. 2008. 采用不同红边位置提取技术估测蔬菜叶绿素含量的比较研究. 农业工程学报，24(9)：165～169.

杨峰，范亚民，李建龙，钱育蓉，王艳，张洁. 2010. 高光谱数据估测稻麦叶面积指数和叶绿素密度. 农业工程学报，26(2)：237～243.

杨可明. 2007. 高光谱影像像元的光谱响应与信息提取研究. 中国矿业大学(北京)博士学位论文.

杨璐，高永光，胡振琪. 2008. 利用“红边”估算铜胁迫下玉米叶绿素浓度研究. 矿业研究与开发，28(5)：77～79.

杨晓华，黄敬峰，王秀珍，王福民. 2008. 基于支持向量机的水稻叶面积指数高光谱估算模型研究. 光谱学与光谱分析，28(8)：1837～1841.

易尧华，梅天灿，秦前清，龚健雅. 2004. 高光谱影像中人工目标非监督提取的投影寻踪方法. 测绘通报，2：20～22.

张宏名. 1994. 农田作物光谱特征及其应用. 光谱学与光谱分析，14(5)：25～30.

张金恒. 2006. 基于连续统去除法的水稻氮素营养光谱诊断. 植物生态学报，30(1)：78～82.

张良培，张立福. 2005. 高光谱遥感. 武汉：武汉大学出版社.

张良培，张立福. 2011. 高光谱遥感. 北京：测绘出版社.

张喜杰，李民赞，张彦娥，赵朋，张建平. 2004. 基于自然光照反射光谱的黄瓜叶片含氮量预测. 农业工程学报，20(6)：11～14.

张雪红，刘绍民，何蓓蓓. 2007. 不同氮素水平下油菜高光谱特征分析. 北京师范大学学报：自然科学版，43(3)：245～249.

赵春江，黄文江，王纪华，杨敏华，薛绪掌. 2002. 不同品种、肥水条件下冬小麦光谱红边参数研究. 中国农业科学，35(8)：980～987.

赵德刚，占玉林，刘翔，刘成林，庄大方. 2010. 基于波段选择的 MODIS 全国土地覆盖分类. 国土资源遥感，22(3)：108～113.

郑兰芬,王晋年.1992.成像光谱遥感技术及其图像光谱信息提取的分析研究.环境遥感,7(1):49~58.

朱春梧,曾青,朱建国,谢祖彬,黄文昭,陈改苹,陈春梅.2006.大气 CO_2 浓度升高对水稻和稗草根系生长的影响.生态与农村环境学报,22(1):1~4.

Adams R S J,Ellis R J. 1960. Some physical and chemical changes in the soil brought about by saturation with natural gas. Soil Science Society of America Proceedings,24(1):41~44.

Alberto M C R,Neue H U,Lantin R S,Aduna J B. 1996. Determination of soil-entrapped methane. Communication in Soil Science and Plant Analysis,27(5~8):1561~1570.

Al-Traboulsi M,Sjögersten S,Colls J,Steven M,Craigon J,Black C. 2012. Potential impact of CO_2 leakage from carbon capture and storage(CCS) systems on growth and yield in spring field bean. Environmental and Experimental Botany,80(3):43~53.

Anderson J E,Perry J E. 1996. Characterization of wetland plant stress using leaf spectral reflectance: Implications for wetland remote sensing. Wetlands,16(4):477~487.

Arthur J J,Leone I A,Flower F B. 1985. Response of tomato plants to simulated landfill gas mixtures. Journal of Environmental Science and Health,20(8):913~925.

Bateson L,Vellico M,Beaubien S E,Annunziatellis A,Ciotoli G. 2006. Testing remote sensing monitoring technologies for potential CO_2 leaks. CO_2 GeoNet Internal.

Bateson L,Vellico M,Beaubien S,Pearce E J M,Annunziatellis A,Ciotoli G,Coren F,Lombardi S,Marsh S. 2008. The application of remote-sensing techniques to monitor CO_2-storage sites for surface leakage: Method development and testing at Latera(Italy) where naturally produced CO_2 is leaking to the atmosphere. International Journal of Greenhouse Gas Control,2(3):388~400.

Beaubien S E,Ciotoli G,Coombs P,Dictor M C,Krüger M,Lombardi S,Pearce J M,West J M. 200The impact of a naturally occurring CO_2 gas vent on the shallow ecosystem and soil chemistry of a Mediterranean pasture(Latera,Italy). International journal of greenhouse gas control,2(3):373~387.

Bellanger M. 1984. Digital Processing of Signals: Theory and Practice. New York: Wiley-Interscience.

Bergfeld D,Evans W C,Howle J F,Farrar C D. 2006. Carbon dioxide emissions from vegetation-kill zones around the resurgent dome of Long Valley caldera,eastern California,USA. Journal of Volcanology and Geothermal Research,152(1):140~156.

Birky A K. 2001. NDVI and a simple model of deciduous forest seasonal dynamics. Ecological Modelling,143(1~2):43~58.

Blackburn G A. 1998. Quantifying chlorophylls and caroteniods at leaf and canopy scales: An evaluation of some hyperspectral approaches. Remote Sensing of Environment,66(3):273~285.

Blackburn G A. 1999. Relationships between spectral reflectance and pigment concentrations in stacks of deciduous broadleaves. Remote Sensing of Environment,70(99):224~237.

Blackburn G A,Ferwerda J G. 2008. Retrieval of chlorophyll concentration from leaf reflectance spectra using wavelet analysis. Remote Sensing of Environment,112(4):1614~1632.

Boru G,Vantoai T,Alves J,Knee M. 2003. Responses of soybean to oxygen deficiency and elevated root-zone carbon dioxide concentration. Annals of Botany,91(4):447~453.

Broge N H,Leblanc E. 2001. Comparing prediction power and stability of broadband and hyperspectral vegetation indices for estimation of green leaf area index and canopy chlorophyll density. Remote Sensing of Environment,76(2):156~172.

Broge N H,Mortensen J V. 2002. Deriving green crop area index and canopy chlorophyll density of winter wheat from spectral reflectance data. Remote Sensing of Environment,81(1):45~57.

Bruzzone L,Roli F,Serpico S B. 1995. An extension of the Jeffreys-Matusita distance to multiclass cases for feature selection. IEEE Transactions on geoscience and remote sensing,33(6):1318~1321.

Carter G A. 1991. Primary and secondary effects of water content on the spectral reflectance of leaves. American Journal of Botany, 78(7): 916～924.

Carter G A. 1993. Responses of leaf spectral reflectance to plant stress. American Journal of Botany, 80(3): 239～243.

Carter G A, Miller R L. 1994. Early detection of plant stress by digital imaging within narrow stress-sensitive wavebands. Remote Sensing of Environment, 50(3): 295～302.

Ceccato P, Flasse S, Tarantola S, Jacquemoud S, Grégoire J M. 2001. Detecting vegetation leaf water content using reflectance in the optical domain. Remote sensing of Environment, 77(1): 22～33.

Celia M A, Peters C A, Bachu S. 2002. Geologic storage of CO_2: Leakage pathways and environmental risks. American Geophysical Union, Spring Meeting 2002, abstract #GC32A～03 in SAO/NASA Astrophysics Data System.

Cheng Q, Huang J, Wang R, Tang Y. 2003. Analyses of the correlation between rice LAI and simulated MODIS vegetation indices, red edge position. Transactions of the Chinese Society of Agricultural Engineering, 19(5): 36～41.

Cheng T, Rivard B, Sánchez-Azofeifa A G, Feng J, Calvo-Polanco M. 2010. Continuous wavelet analysis for the detection of green attack damage due to mountain pine beetle infestation. Remote Sensing of Environment, 114(4): 899～910.

Chiang S S, Chang C I, Ginsberg I W. 2001. Unsupervised target detection in hyperspectral images using projection pursuit. IEEE Transactions on Geoscience and Remote Sensing, 39(7): 1380～1391.

Cho M A, Skidmore A K. 2006. A new technique for extracting the red edge position from hyperspectral data: The linear extrapolation method. Remote Sensing of Environment, 101(2): 181～193.

Clevers J G P W, Gitelson A A. 2013. Remote estimation of crop and grass chlorophyll and nitrogen content using red-edge bands on Sentinel-2 and-3. International Journal of Applied Earth Observation and Geoinformation, 23(8): 344～351.

Clevers J G P W, Kooistra L. 2012. Using hyperspectral remote sensing data for retrieving canopy chlorophyll and nitrogen content. IEEE Journal of Selected Topics in Applied Earth Observations and Remote Sensing, 5(2): 574～583.

Clymo R S, Pearce D M E, Conrad R. 1995. Methane and carbon dioxide production in, transport through, and efflux from a peatland. Philosophical Transactions: Physical Sciences and Engineering, 351(1696): 249～259.

Collins W. 1978. Remote sensing of crop type and maturity. Photogrammetric Engineering and Remote Sensing, 44(1): 43～55.

Cook A D, Tissue D T, Roberts S W, Oechel W C. 1998. Effects of long-term elevated CO_2 from natural CO_2 springs on Nardus stricta: Photosynthesis, biochemistry, growth and phenology. Plant Cell and Environment, 21(4): 417～425.

Coppin P, Jonckheere I, Nackaerts K, Muys B, Lambin E. 2004. Review ArticleDigital change detection methods in ecosystem monitoring: A review. International Journal of Remote Sensing, 25(9): 1565～1596.

Cotrufo M F, Raschi A, Lanini M, Ineson P. 1999. Decomposition and nutrient dynamics of Quercus pubescens leaf litter in a naturally enriched CO_2 in Mediterranean ecosystem. Functional Ecology, 13(3): 343～351.

Danson F M, Steven M D, Malthus T J, Clark J A. 1992. High-spectral resolution data for determining leaf water content. International Journal of Remote Sensing, 13(3): 461～470.

Daughtry CS T, Walthall C L, Kim M S, Colstoun E Brown de, McMurtrey J E. 2000. Estimating corn leaf chlorophyll concentration from leaf and canopy reflectance. Remote Sensing of Environment, 74(2): 229～239.

Delalieux S, Aardt J V, Keulemans W, Schrevens E, Coppin P. 2007. Detection of biotic stress(Venturia inaequalis) in apple trees using hyperspectral data: Non-parametric statistical approaches and physiological implications. European Journal of Agronomy, 27(1): 130～143.

Delalieux S, Somers B, Hereijgers S, Verstraeten W W, Keulemans W, Coppin P. 2008. A near-infrared narrow-waveband ratio to determine Leaf Area Index in orchards. Remote Sensing of Environment, 112(10): 3762～3772.

Drew M C, Lynch J M. 2003. Soil anaerobiosis, microorganisms, and root function. Annual Reiew of Phytopathology, 18: 37～66.

Drew M C, Sisworo E J. 1979. The development of waterlogging damage in young barley plants in relation to plant nutrient status and changes in soil properties. New Phytologist, 82(2): 301～314.

Feng W, Zhu Y, Tian Y, Ma J, Zhuang S, Cao W. 2008. Monitoring canopy leaf pigment density in wheat with hyperspectral remote sensing. European Journal of Agronomy, 28(10): 4902～4911.

Fernandez S, Vidal D, Simon E, Soll3-Sugranes L. 1994. Radiometric characteristics of Triticium aestivum cv, Astral under water and nitrogen stress. International Journal of Remote Sensing, 15(9): 1867～1884.

Filella I, Peñuelas J. 1994. The red edge position and shape as indicators of plant chlorophyII content, biomass. and hydric status. International Journal of Remote Sensing, 15(7): 1459～1470.

Gamon J A, Peñuelas J, Field C B. 1992. A narrow-waveband spectral index that tracks diurnal changes in photosynthetic efficiency. Remote Sensing of Environment, 41(1): 35～44.

Gao B. 1996. NDWI a normalized difference water index for remote sensing of vegetation liquid water from space. Remote Sensing of Environment, 58(3): 257～266.

Gausman H W, Allen W A, Cardenas R, Richardson A J. 1970. Relation of light reflectance to histological and physical evaluation of cotton leaf maturity. Applied Optics, 9(3): 545～552.

Gitelson A A, Kaufman Y J, Merzlyak M N. 1996. Use of a green channel in remote sensing of global vegetation from EOS-MODIS. Remote Sensing of Environment, 58(3): 289～298.

Glinski J, Stepniewski W. 1985. Soil Aeration and Its Role for Plants. Florida: CRC Press.

Gong P, Pu R, Heald R C. 2002. Analysis of in situ hyperspectral data for nutrient estimation of giant sequoia. International Journal of Remote Sensing, 23(9): 1827～1850.

Govindan R, Korre A, Durucan S, Imrie C E. 2011. A geostatistical and probabilistic spectral image processing methodology for monitoring potential CO_2 leakages on the surface. International Journal of Greenhouse Gas Control, 5(3): 589～597.

Haboudane D, Miller J R, Pattey E, Zarco-Tejada P J, Strachan I B. 2004. Hyperspectral vegetation indices and novel algorithms for predicting green LAI of crop canopies: Modeling and validation in the context of precision agriculture. Remote Sensing of Environment, 90(3): 337～352.

Haboudane D, Miller J R, Tremblay N, Zarco-Tejada P J, Dextraze L. 2002. Integrated narrow-band vegetation indices for prediction of crop chlorophyll content for application to precision agriculture. Remote Sensing of Environment, 81(2～3): 416～426.

Hansen P M, Schjoerring J K. 2003. Reflectance measurement of canopy biomass and nitrogen status in wheat crops using normalized difference vegetation indices and partial least squares regression. Remote Sensing of Environment, 86(4): 542～553.

Hepple R P, Benson S M. 2001. A review of human health and ecological risks due to CO_2 exposure. American Geophysical Union, Spring Meeting 2001, abstract #H31C-13.

Hepple R P, Benson S M. 2005. Geologic storage of carbon dioxide as a climate change mitigation strategy: Performance requirements and the implications of surface seepage. Environmental Geology, 47(4), 576～585.

Hill M J, Held A A, Leuning R, Coops N C, Hughes D, Cleugh H A. 2006. MODIS spectral signals at a flux tower site: Relationships with high-resolution data, and CO_2 flux and light use efficiency measurements. Remote Sensing of Environment, 103(3): 351～368.

Hillel D. 1998. Environmental Soil Physics. New York: Academic Press.

Hoeks J. 1970. Effect of leaking natural gas on soil and vegetation in urban areas. Environmental Pollution, 4(4): 313～314.

Holben B N, Schutt J B, James M Ⅲ. 1983. Leaf water stress detection utilizing thematic mapper bands 3, 4 and 5 in soybean plants. International Journal of Remote Sensing, 4(2): 289～297.

Hoque E, Hutzler P J S. 1992. Spectral blue-shift of red edge monitors damage class of beech trees. Remote Sensing of Environment, 39(1): 81～84.

Horler D N H, Dockray M, Barber J. 1983a. The red edge of plant leaf reflectance. International Journal of Remote Sensing, 4(2): 273～288.

Horler D N H, Barber J, Darch J P, Ferns D C, Barringer A R. 1983b. Approaches to detection of geochemical stress in vegetation. Advances in Space Research, 3(2): 175～179.

Horler D N H, Dockray M, Barber J, Barringer A R. 1983c. Red edge measurements for remotely sensing plant chlorophyll content. Advances in Space Research, 3(2): 273～277.

Huang W, Lamb D W, Niu Z, Zhang Y, Liu L, Wang J. 2007. Identification of yellow rust in wheat using in-situ spectral reflectance measurements and airborne hyperspectral imaging. Precision Agriculture, 8(4～5): 187～197.

Huang Z, Turner B J, Dury S J, Wallis I R, Foley W J. 2004. Estimating foliage nitrogen concentration from HYMAP data using continuum removal analysis. Remote Sensing of Environment, 93(1～2): 18～29.

IPCC. 2007. Climate Change 2007: Synthesis Report. Contribution of Working Groups I, II and III to the Fourth Assessment Report of the Intergovernmental Panel on Climate Change. In: Core Writing Team, Pachauri R K, Reisinger A (eds). IPCC, Geneva, Switzerland.

IPCC. 2005. Special report on carbon dioxide capture and storage. In: Metz B, Davidson O, de Coninck HC, Loos M, Meyer LJ (eds). Cambridge University Press, Cambridge, United Kingdom.

Jackson R D, Ezra C E. 1985. Spectral response of cotton to suddenly induced water stress. International Journal of Remote Sensing, 6(6): 177～185.

Jiang J, Michael D S, Cai Q, He R, Guo H, Chen Y. 2014. Detecting bean stress response to CO_2 leakage with the utilization of leaf and canopy spectral derivative ratio. Greenhouse Gases: Science and Technology, 4(4): 468～480.

Jiang J, Michael D S, Cai Q, Shan S. 2011. Using hyperspectral remote sensing to retrieve maize chlorophyll content under CO_2 leakage stress. In: Zhou X L. 2011 International Conference on Energy and Environment(VII). IEEE. 467～470.

Jiang J, Michael D S, Chen Y. 2012. Use leaf spectral ratio indices to estimate leaf relative water content of beetroot under CO_2 leakage stress. Sensor Letters, 10(1～2): 501～505(5).

Jiang J, Michael D S, He R, Chen Y, Du P, Guo H. 2015. Identifying the spectral responses of several plant species under CO_2 leakage and waterlogging stresses. International Journal of Greenhouse Gas Control, 37: 1～11.

Jonckheere I, Fleck S, Nackaerts K, Muys B, Coppin P, Weiss M, Baret F. 2004. Review of methods for in situ leaf area index determination: Part I. Theories, sensors and hemispherical photography. Agricultural and Forest Meteorology, 121(1～2): 19～35.

Jones M C, Sibson R. 1987. What is projection pursuit. Journal of the Royal Statistical Society, 150(1): 1～37.

Kalacska M, Sanchez-Azofeifa G A, Rivard B, Caellib T, Whited H P, Calvo-Alvaradoc J C. 2007. Ecological fingerprinting of ecosystem succession: Estimating secondary tropical dry forest structure and diversity using imaging spectroscopy. Remote Sensing of Environment, 108(1): 82～96.

Keith C J, Repasky K S, Lawrence R L, Jay S C, Carlsten J L. 2009. Lawrence Monitoring effects of a controlled subsurface carbon dioxide release on vegetation using a hyperspectral imager. International Journal of Greenhouse Gas Control, 3(5): 626～632.

Knipling E B. 1970. Physical and physiological basis for the reflectance of visible and near-infrared radiation from vegetation. Remote Sensing of Environment, 1(3): 155～159.

Kokaly R F, Clark R N. 1999. Spectroscopic determination of leaf biochemistry using band-depth analysis of absorption features and stepwise multiple linear regression. Remote Sensing of Environment, 67(3): 267～287.

Lakkaraju V R, Zhou X, Apple M E, Unningham A C, Dobeck L M, Gullickson K, Spangler L H. 2010. Studying the vegetation response to simulated leakage of sequestered CO_2 using spectral vegetation indices. Ecological Informatics, 5(5): 379～389.

Larcher W. 1987. Streß bei Pflanzen. Naturwissenschaften, 74(4): 158～167.

Lelong C C D, Pinet P C, Poilve H. 1998. Hyperspectral imaging and stress mapping in agriculture: A case study on wheat in Beauce(France). Remote Sensing of Environment, 66(2): 179～191.

Lewicki J L, Hilley G E, Oldenburg C M. 2005. An improved strategy to detect CO_2 leakage for verification of geologic carbon sequestration. Geophysical Research Letters, 32(19): 156～171.

Lichtenthaler H K, Lang M, Sowinska M, Heisel F, Miehé J A. 1996. Detection of vegetation stress via a new high resolution fluorescence imaging system. Journal of Plant Physiology, 148(5): 599～612.

Lin C, Chang C. 2015. LIBSVM-A library for support vector machines. http://www. csie. ntu. edu. tw/～cjlin/libsvm/. htm. [2015-12-14].

Malthus T J, Madeira A C. 1993. High resolution spectroradiometry: Spectral reflectance of field bean leaves infected by Botrytis fabae. Remote Sensing of Environment, 45(1): 107～116.

Maček I, Pfanz H, Francetič V, Batič F, Vodnik D. 2005. Root respiration response to high CO_2 concentrations in plants from natural CO_2 springs. Environmental and Experimental Botalny, 54(1): 90～99.

Miglietta F, Berrarini I, Raschi A, Korner C, Vaccari F P. 1998. Isotope discrimination and photosynthesis of vegetation growing in the Bossoleto CO_2 spring. Chemosphere, 36(4～5): 771～776.

Milton N M, Ager C M, Eisworth B A, Power M S. 1989. Arsenic and selenium-induced changes in spectral reflectance and morphology of soybean plants. Remote Sensing of Environment, 30(3): 263～269.

Mutanga O, Skidmore A K, Van Wieren S. 2003. Discriminating tropical grass(Cenchrus ciliaris) canopies grown under different nitrogen treatments using spectroradiometry. ISPRS Journal of Photogrammetry and Remote Sensing, 57(4): 391～403.

Nguyen H T, Lee B W. 2006. Assessment of rice leaf growth and nitrogen status by hyperspectral canopy reflectance and partial least square regression. European Journal of Agronomy, 24(4): 349～356.

Noomen M F, Skidmore A K. 2009. The effects of high soil CO_2 concentrations on leaf reflectance of maize plants. International Journal of Remote Sensing, 30(2): 481～497.

Noomen M F, Skidmore A K, Van Der Meer F D, Prins H H T. 2006. Continuum removed band depth analysis for detecting the effects of natural gas, methane and ethane on maize reflectance. Remote Sensing of Environment, 105(3): 262～270.

Noomen M F, Smith K L, Colls J J, Steven M D, Skidmore A K, Van Der Meer F D. 2008. Hyperspectral indices for detecting changes in canopy reflectance as a result of underground natural gas leakage. International Journal of Remote Sensing, 29(20): 5987～6008.

Noordwijk M V, Martikennen P, Bottner P, Cuevas E, Rouland C, Dhillion S S. 1998. Global change and root function. Global Change Biology, 4(7): 759～772.

Oldenburg C M, Lewicki J L. 2006. On leakage and seepage of CO_2 from geologic storage sites into surface water. Environmental Geology, 50(5): 691～705.

Oppelt N, Mauser W. 2004. Hyperspectral monitoring of physiological parameters of wheat during a vegetation period using AVIS data. International Journal Remote Sensing, 25(1): 145～159.

Patil R H, Colls J J, Steven M D. 2010. Effects of CO_2 gas as leaks from geological storage sites on agro-ecosystems. Energy, 35(12): 4587～4591.

Pearce J M, West J M. 2006. Study of potential impacts of leaks from onshore CO_2 storage projects on terrestrial ecosystems. British Geological Survey Report.

Peñuelas J, Filella I, Lloret P, Muñoz F, Vilajeliu M. 1995a. Reflectance assessment of mite effects on apple trees. International Journal of Remote Sensing, 16(14): 2727～2733.

Peñuelas J, Frederic B, Filella I. 1995b. Semi-empirical indices to assess carotenoids/chlorophyll-a ratio from leaf spectral reflectance. Photosynthetica, 31(2): 221～230.

Peñuelas J, Gamon J A, Fredeen A L, Merino J, Field C B. 1994. Reflectance indices associated with physiological changes in nitrogen and water-limited sunflower leaves. Remote Sensing of Environment, 47(2): 135～146.

Peñuelas J, Filella I, Biel C, Serrano L, Savé R. 1993a. The reflectance at the 950～970nm region as an indicator of plant water status. International journal of remote sensing, 14(10): 1887～1905.

Peñuelas J, Gamon J A, Griffin K L, Field C B. 1993b. Assessing community type, plant biomass, pigment composition, and photosynthetic efficiency of aquatic vegetation from spectral reflectance. Remote Sensing of Environment, 46(2): 110～118.

Peñuelas J, Inoue Y. 1999. Reflectance indices indicative of changes in water and pigment contents of peanut and wheat leaves. Photosynthetica, 36(3): 355～360.

Peñuelas J, Pinol J, Ogaya R, Filella I. 1997. Estimation of plant water concentration by the reflectance water index WI (R_{900}/R_{970}). International journal of remote sensing, 18(13): 2869～2875.

Pickerill J M, Malthus T J. 1998. Leak detection from rural aqueducts using airborne remote sensing techniques. International journal of remote sensing, 19(12): 2427～2433.

Pinar A, Curran P J. 1996. Technical Note Grass chlorophyll and the reflectance red edge. International Journal of Remote Sensing, 17(2): 351～357.

Rasmussen M S. 1997. Operational yield forecast using AVHRR NDVI data: Reduction of environmental and inter-annual variability. International Journal of Remote Sensing, 18(5): 1059～1077.

Ray S S, Das G, Singh J P, Panigrahy S. 2006. Evaluation of hyperspectral indices for LAI estimation and discrimination of potato crop under different irrigation treatments. International Journal of Remote Sensing, 27(24): 5373～5387.

Rondeaux G, Steven M, Baret F. 1996. Optimization of soil-adjusted vegetation indices. Remote Sensing of Environment, 55(2), 95～107.

Rouse J W. 1974. Monitoring the vernal advancement and retrogradation (greenwave effect) of natural vegetation. In: Greenbelt M D. NASA/GSFC Final Report, NASA.

Rouse J W, Haas R H, Schell J A, Deering D W. 1974. Monitoring vegetation systems in the Great Plains with ERTS. NASA Special Publication, 351: 309.

Savitzky A, Golay M J E. 1964. Smoothing and differentiation of data by simplified least squares procedures. Analytical Chemistry, 36(8): 1627～1639.

Schlerf M, Atzberger C, Hill J. 2005. Remote sensing of forest biophysical variables using HyMap imaging spectrometer data. Remote Sensing of Environment, 95(2): 177～194.

Schmidt K S, Skidmore A K. 2003. Spectral discrimination of vegetation types in a coastal wetland. Remote Sensing of Environment, 85(1): 92～108.

Schollenberger J C. 1930. Effect of leaking natural gas upon the soil. Soil Science, 29(4): 261～266.

Seelig H D, Hoehn A, Stodieck L S, Klaus D M, Adams W W III, Emery W J. 2008. The assessment of leaf water content using leaf reflectance ratios in the visible, near-, and short-wave-infrared. International Journal of Remote Sensing, 29(13): 3701～3713.

Shibayama M, Akiyama T. 1989. Seasonal visible, near-infrared and mid-infrared spectra of rice canopies in relation to LAI and above-ground dry phytomass. Remote Sensing of Environment, 27(2): 119～127.

Shibayama M, Akiyama T. 1991. Estimating grain yield of maturing rice canopies using high spectral resolution reflectance measurement. Remote Sensing of Enviornment, 36(1): 45～53.

Sims D A, Gamon J A. 2002. Relationships between leaf pigment content and spectral reflectance across a wide range of species, leaf structure and developmental stages. Remote Sensing of Environment, 81(2～3): 337～354.

Smith K L, Colls J J, Steven M D. 2005a. A facility to investigate effects of elevated soil gas concentration on vegetation. Water Air and Soil Pollution, 161(1～4): 75～96.

Smith K L, Steven M D, Colls J J. 2005b. Plant spectral responses to gas leaks and other stresses. International Journal of Remote Sensing, 26(18): 4067～4081.

Smith K L, Steven M D, Colls J J. 2004a. Use of hyperspectral derivative ratios in the red-edge region to identify plant stress responses to gas leaks. Remote Sensing of Environment, 92(2): 207～217.

Smith K L, Steven M D, Colls J J. 2004b. Spectral responses of pot-grown plants to displacement of soil oxygen. International Journal of Remote Sensing, 25(20): 4395～4410.

Smith K L. 2002. Remote sensing of leaf response to leaking underground natural gas. University of Nottingham Ph. D thesis.

Stephens J C, Hering J G. 2002. Comparative characterization of volcanic ash soils exposed to decad-long elevated carbon dioxide concentrations at Mammoth Mountain, California. Chemical Geology, 186(3～4): 301～313.

Steven M D, Smith K L, Beardsley M D, Colls B. 2006. Oxygen and methane depletion in soil affected by leakage of natural gas. European Journal of Soil Science, 57(6): 800～807.

Stone M L, Solie J B, Raun W R, Whitney R W, Taylor S L, Ringer J D. 1996. Use of spectral radiance for correcting in-season fertilizer nitrogen deficiencies in winter wheat. Transactions of the ASAE, 39(5): 1623～1631.

Strachan I B, Pattey E, Boisvert J B. 2002. Impact of nitrogen and environmental conditions on corn as detected by hyperspectral reflectance. Remote Sensing of Environment, 80(2): 213～224.

Thomas J R, Namken L N, Oerther G F, Brown R G. 1971. Estimating leaf water content by reflectance measurements. Agronomy Journal, 63(6): 845～847.

Tian Q, Tong Q, Pu R, Guo X, Zhao C. 2001. Spectroscopic determination of wheat water status using 1650～1850nm spectral absorption features. International Journal of Remote Sensing, 22(12): 2329～2338.

Tian Y, Gu K, Chu X, Xia Y, Cao W, Zhu Y. 2014. Comparison of different hyperspectral vegetation indices for canopy leaf nitrogen concentration estimation in rice. Plant and Soil, 376(1～2): 193～209.

Trought M C T, Drew M C. 1980. The development of waterlogging damage in wheat seedings(Tritium Aestivum L.): I. Shoot and root growth in relation to change in the concentration of dissolved gases and solutes in the soil solution. Plant and Soil, 54(1): 77～94.

Tóth, E, Boros, D, Samuelsson, L, Deák, F, Marx G, Sükösd C. 1994. High radon activity in northeast Hungary. Physica Scripta, 50(6): 726～730.

Vodnik D, Kastelec D, Pfanz H, Maček I, Turk B. 2006. Small-scale spatial variation in soil CO_2 concentration in a natural carbon dioxide spring and some related plant responses. Geoderma, 133(4): 309～319.

Vodnik D, Videmšek U, Pintar M, Maček I, Hardy P. 2009. The characteristics of soil CO_2 fluxes at a site with natural CO_2 enrichment. Geoderma, 150(1): 32～37.

Walburg G, Bauer M E, Daughtry C S T, Housley T L. 1982. Effects of nitrogen nutrition on the growth, yield and reflectance characteristic of corn canopies. Agronomy Journal, 74(4): 677～683.

Welles J M. 1990. Some indirect methods of estimating canopy structure. Remote Sensing Reviews, 5(1): 31～43.

White R E. 1997. Principles and Practice of Soil Science: The Soil as a Natural Resource. Oxford: Blackwell Science.

Wit D. 1978. Morphology and function of roots and shoot growth of crop plants under oxygen deficiency. In: Hook D D, Crawford R M H. Plant Life in Anaerobic Environment. Ann Arbor Science.

Wooley J T. 1971. Reflectance and transmittance of light by leaves. Plant Physiology, 47(5): 656～662.

Yoder B J, Pettigrew-Crosby R E. 1995. Predicting nitrogen and chlorophyll content and concentrations from reflectance spectra(400～2500nm)at leaf and canopy scales. Remote Sensing of Environment, 53(3): 199～211.

Zarco-Tejada P J, Miller J R, Mohammed G H, Noland T L, Sampson P H. 2002. Vegetation stress detection through chlorophyll a+b estimation and fluorescence effects on hyperspectral imagery. Journal of Environmental Quality, 31(5): 1433～1441.

Zarco-Tejada P J, Miller J R, Morales A, Berjón A, Agüera J. 2004. Hyperspectral indices and model simulation for chlorophyll estimation in open-canopy tree crops. Remote Sensing of Environment, 90(4): 463～476.

Zarco-Tejada P J, Rueda C A, Ustin S L. 2003. Water content estimation in vegetation with MODIS reflectance data and model inversion methods. Remote sensing of Environment, 85(1): 109～124.

Zhang M, Qin Z, Liu X, Ustin S L. 2003. Detection of stress in tomatoes induced by late blight disease in California, USA, using hyperspectral remote sensing. International Journal of Applied Earth Observation Geoinformation, 4(4): 295～310.

Zhang M, Qin Z, Liu X. 2005. Remote sensed spectral imagery to detect late blight in field tomatoes. Precision Agriculture, 6(6): 489～508.

Zhao D, Reddya K R, Kakania V G, Reddy V R. 2005. Nitrogendeficiency effects on plant growth, leaf photosynthesis, and hyperspectral reflectance properties of sorghum. European Journal of Agronomy, 22(4): 391～403.

彩　　图

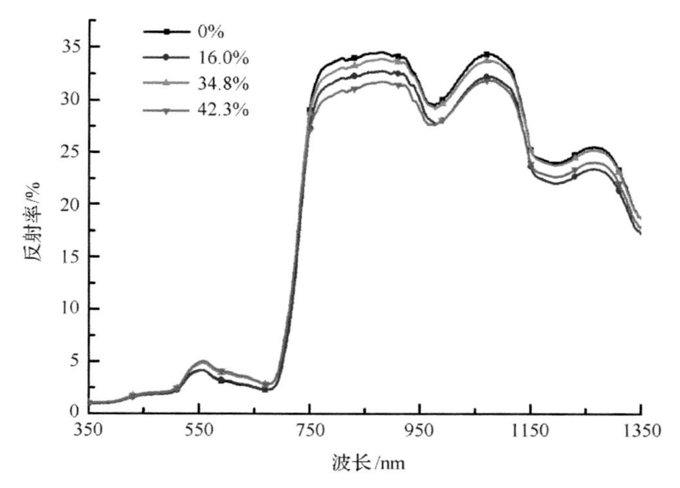

图 2-3　乳熟期不同 DI 的小麦冠层光谱

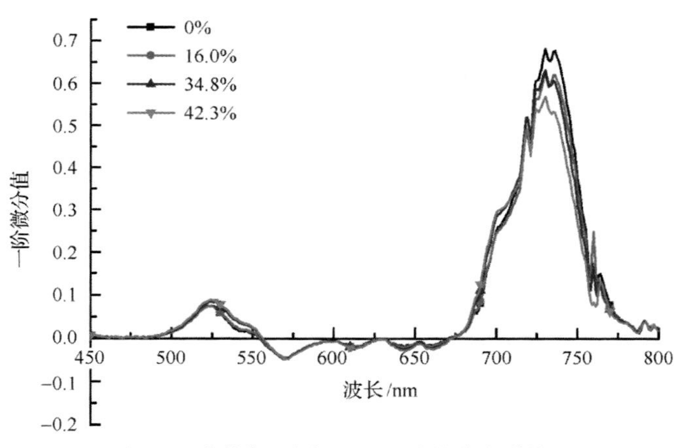

图 2-4　乳熟期不同 DI 的一阶微分光谱特征

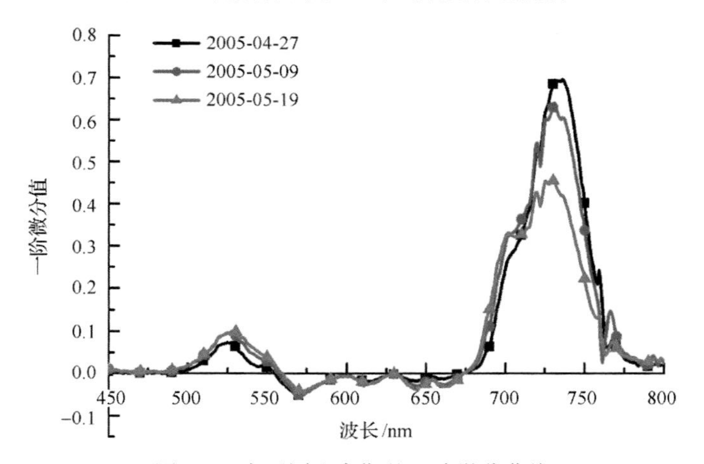

图 2-5　在不同生育期的一阶微分曲线

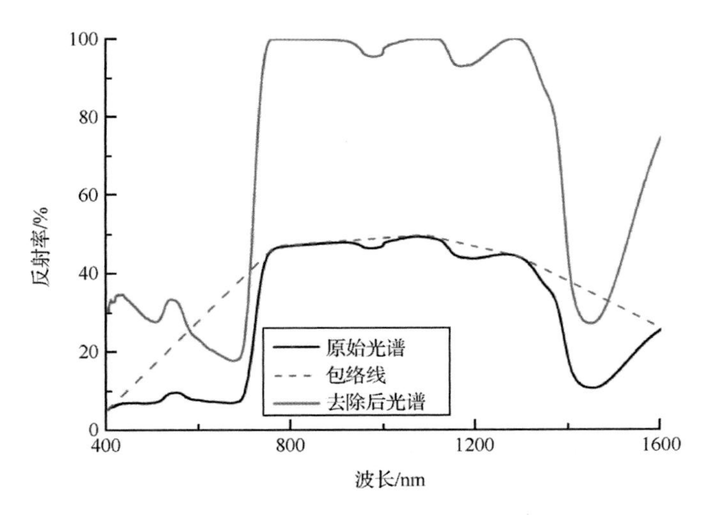

图 2-20　大豆光谱特征及其连续统

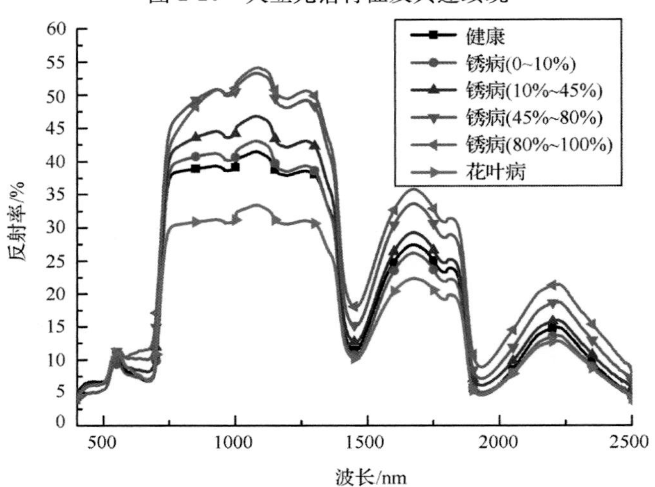

图 2-21　大豆原始光谱曲线图

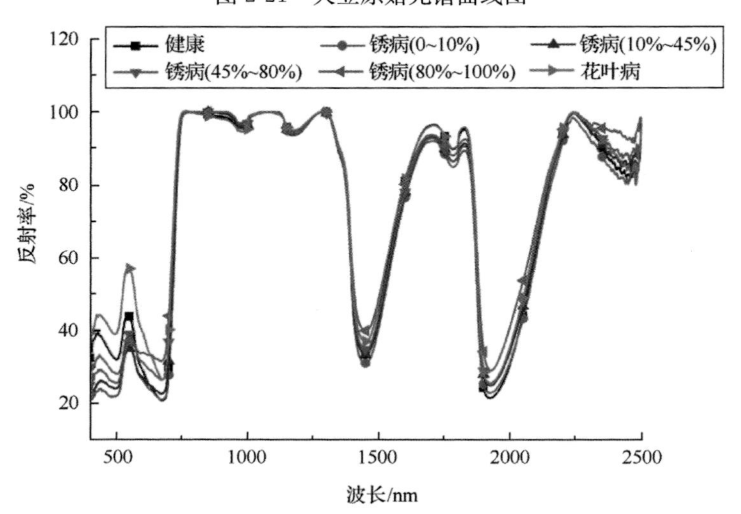

图 2-22　大豆连续统去除光谱曲线图

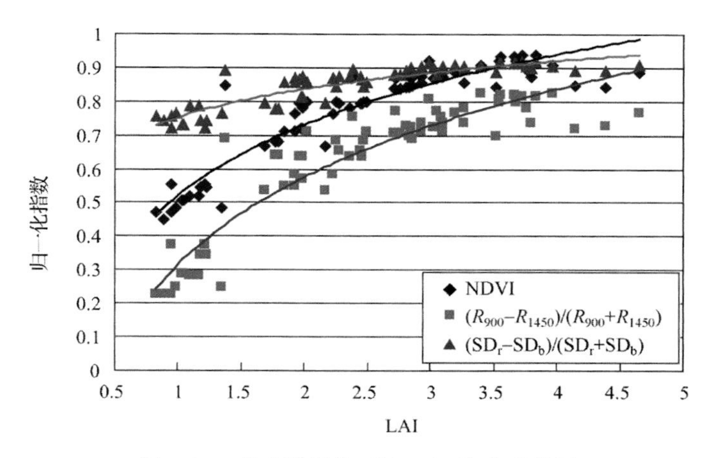

图 3-21　高光谱指数反演 LAI 饱和度分析

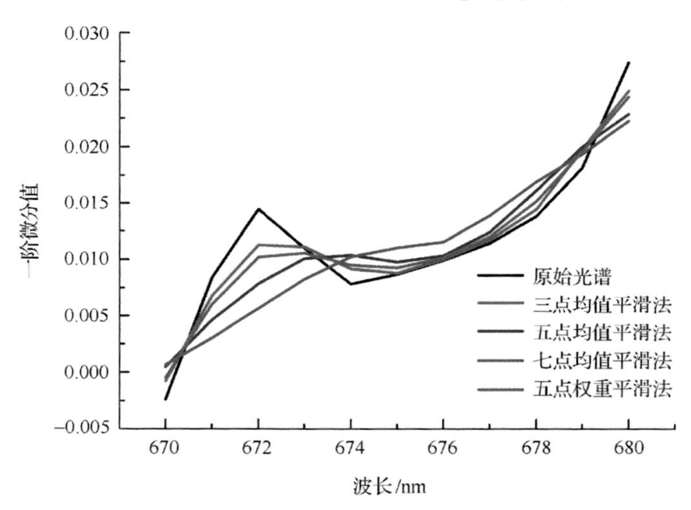

图 4-1　不同平滑方法对光谱处理结果的影响

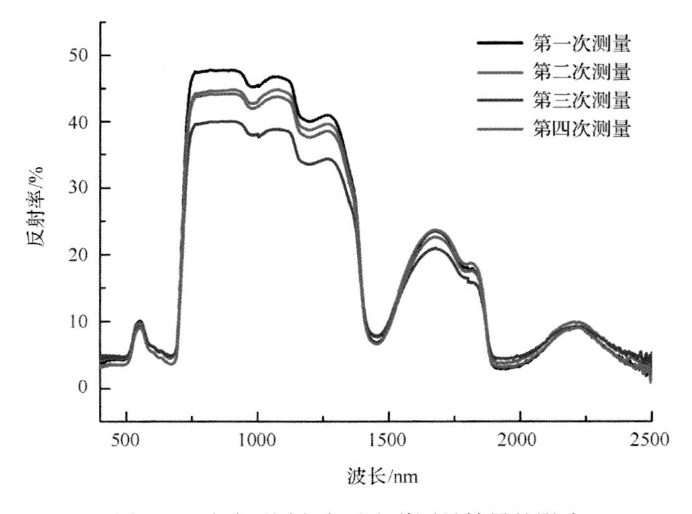

图 4-2　叶片不同方向对光谱测量结果的影响

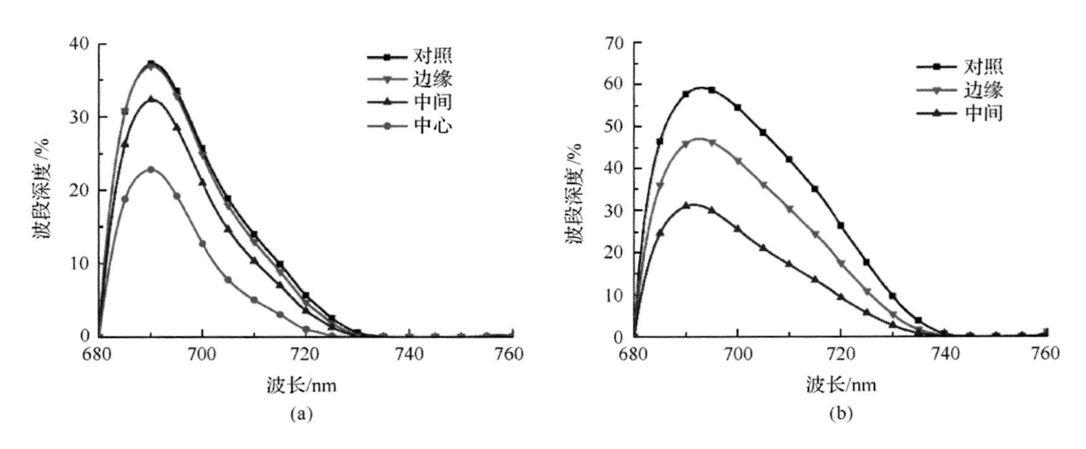

图 6-12　不同胁迫程度的植物冠层光谱的波段深度

(a) 草地；(b) 大豆

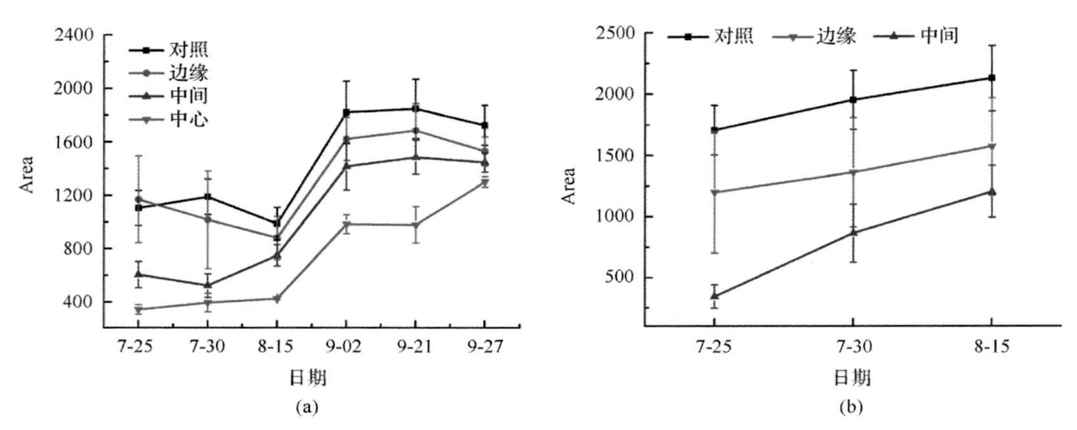

图 6-16　用面积指数识别 CO_2 泄漏胁迫下的草地与大豆

(a) 草地；(b) 大豆

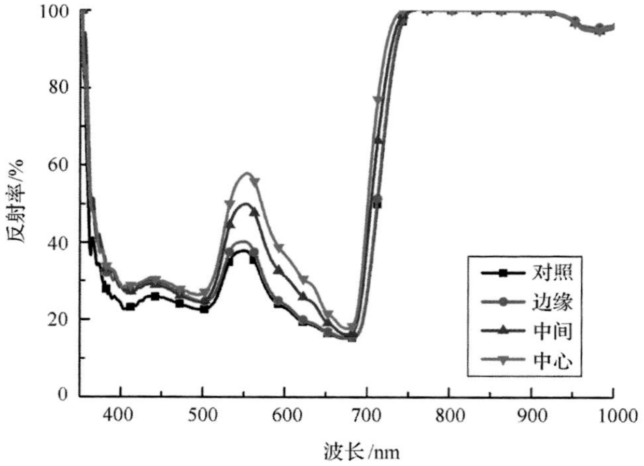

图 6-19　大豆连续统去除单叶光谱反射率

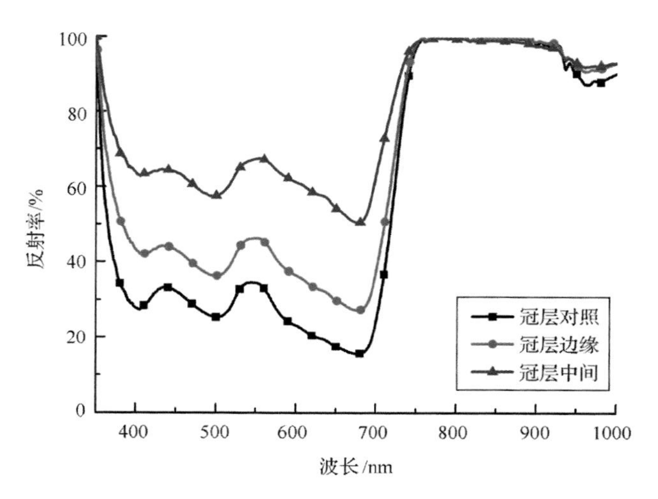

图 6-20　连续统去除后冠层光谱反射率

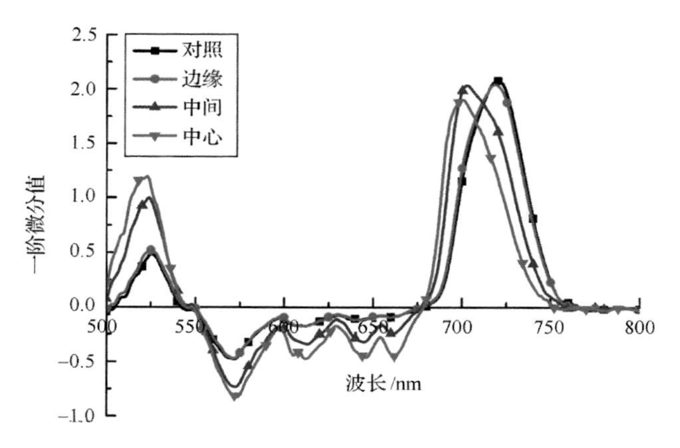

图 6-21　大豆单叶一阶微分光谱

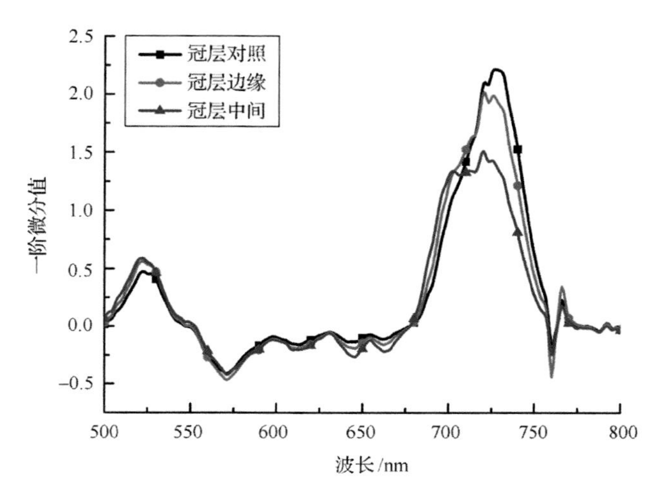

图 6-23　大豆冠层一阶微分光谱特征

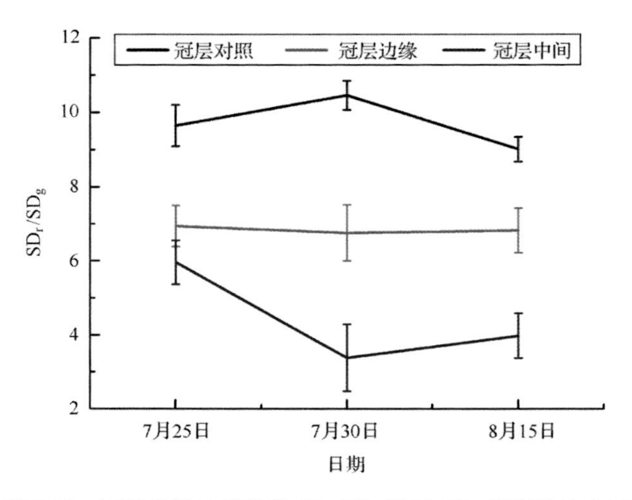

图 6-27　冠层光谱比值指数 SD_r/SD_g 识别 CO_2 泄漏胁迫大豆

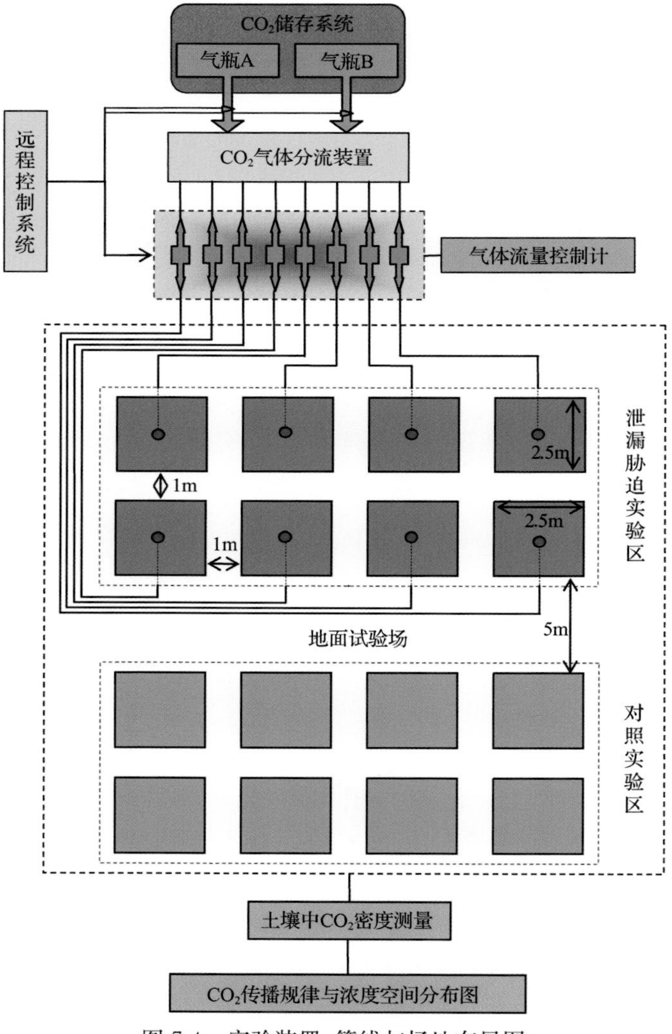

图 7-4　实验装置、管线与场地布局图

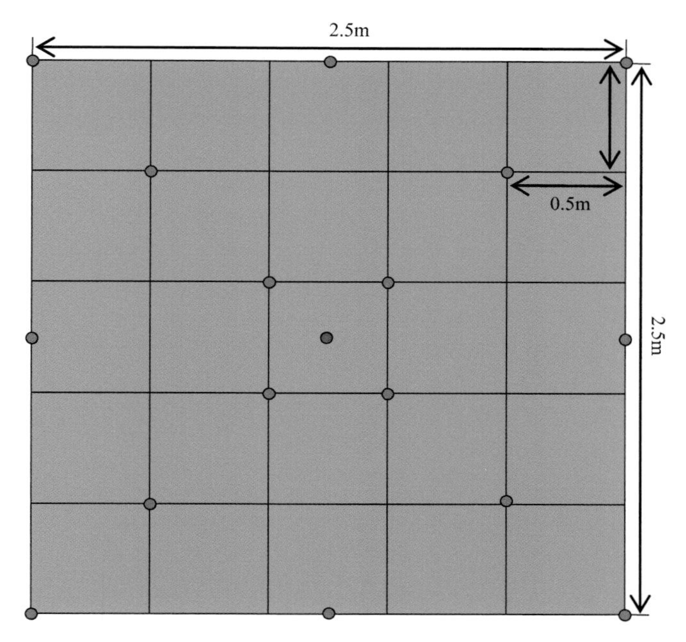

图 7-5　实验田块 CO_2 泄漏点与土壤气体浓度测量点分布图

● 蓝色为地面测量点；● 红色为地下 CO_2 泄漏点

野外实验场

平整野外实验田地

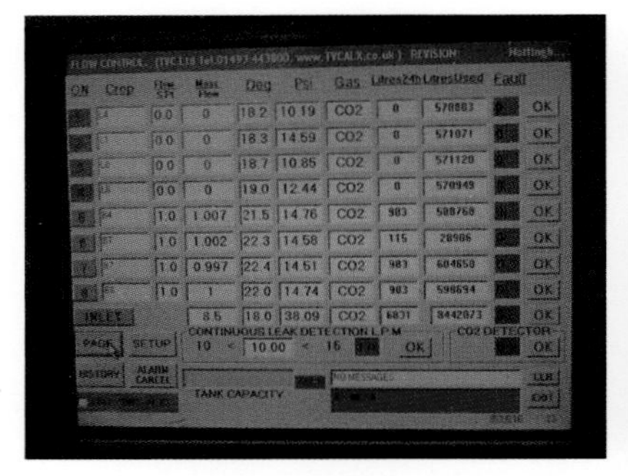

计算机控制流量

CO_2 输送管道

对照大豆

胁迫大豆

对照草地

胁迫草地